既有建筑绿色改造系列丛书

Series of Green Retrofitting Solutions for Existing Buildings

医院建筑绿色改造工程案例集

Green Retrofitting for Existing Hospital Buildings-Case Studies

赵 伟　　狄彦强　　张宇霞　等编著

Zhao Wei　Di Yanqiang　Zhang Yuxia Editor

中国建筑工业出版社

图书在版编目（CIP）数据

医院建筑绿色改造工程案例集/赵伟等编著. —北京：中国建筑
工业出版社，2015.12
既有建筑绿色改造系列丛书
ISBN 978-7-112-18615-0

Ⅰ.①医… Ⅱ.①赵… Ⅲ.①医院-建筑设计-改造-案例-中国
Ⅳ.①TU246.1

中国版本图书馆 CIP 数据核字（2015）第 250640 号

本书共收录国内严寒地区、寒冷地区、夏热冬冷地区和夏热冬暖地区医院建筑绿色改造及扩建案例 38 项，其中改造案例 23 项，改扩建案例 7 项，美国、挪威、韩国等国家的绿色医院案例 8 项，这些不同领域、不同等级的医院典型改造案例，均从工程概况、改造目标、改造技术、改造效果、改造经济性、改造思考与启示等方面进行了阐述和分析；改扩建案例亦从"四节一环保"的角度进行了详细介绍，比较客观地反映了当前绿色技术在医院建筑中应用的实际情况，使读者对绿色改造技术的应用有了进一步的认识，对下一步指导既有医院建筑的规模化绿色改造及新建医院建筑的绿色建设提供了有益的参考。

责任编辑：张文胜　姚荣华
责任设计：董建平
责任校对：陈晶晶　刘　钰

既有建筑绿色改造系列丛书
医院建筑绿色改造工程案例集
赵　伟　狄彦强　张宇霞　等编著
*
中国建筑工业出版社出版、发行（北京西郊百万庄）
各地新华书店、建筑书店经销
北京科地亚盟排版公司制版
北京圣夫亚美印刷有限公司印刷
*
开本：787×1092 毫米　1/16　印张：20¼　字数：487 千字
2015 年 11 月第一版　2015 年 11 月第一次印刷
定价：**65.00** 元
ISBN 978-7-112-18615-0
（27770）

既有建筑绿色改造系列丛书
Series of Green Retrofitting Solutions for Existing Buildings

指导委员会
Steering Committee

名誉主任：刘加平　中国工程院　院士，西安建筑科技大学教授
Honorary Chair：LIU Jiaping，Academician of Chinese Academy of Engineering，Professor of Xi'an University of Architecture and Technology
主任：王　俊　中国建筑科学研究院　院长
Chair：WANG Jun，President of China Academy of Building Research
副主任：（按汉语拼音排序）
Vice Chair：（In order of the Chinese pinyin）
郭理桥　住房和城乡建设部建筑节能与科技司　副司长
GUO Liqiao，Deputy Director General of Ministry of Building Energy Efficiency and Science & Technology，Ministry of Housing and Urban-rural Development
韩爱兴　住房和城乡建设部建筑节能与科技司　副司长
HAN Aixing，Deputy Director General of Ministry of Building Energy Efficiency and Science & Technology Ministry of Housing and Urban-rural Development
李朝旭　中国建筑科学研究院　副院长
LI Chaoxu，Vice President of China Academy of Building Research
孙成永　科技部社会发展科技司　副司长
SUN Chengyong，Deputy Director General of Department of S&T for Social Development，Ministry of Science and Technology
王清勤　住房和城乡建设部防灾研究中心　主任
WANG Qingqin，Director of Disaster Prevention Research Center of Ministry of Housing and Urban-rural Development
王有为　中国城市科学研究会绿色建筑委员会　主任
WANG Youwei，Chairman of China Green Building Council
委　员：（按汉语拼音排序）
Committee Members：（In order of the Chinese pinyin）

3

陈光杰　科技部社会发展科技司　调研员
CHEN Guangjie，Consultant of Department of S&T for Social Development，Ministry of Science and Technology

陈其针　科技部高新技术发展及产业化司　处长
CHEN Qizhen，Division Director of Department of High and New Technology Development and Industrialization，Ministry of Science and Technology

陈　新　住房和城乡建设部建筑节能与科技司　处长
CHEN Xin，Division Director of Department of Building Energy Efficiency and Science & Technology，Ministry of Housing and Urban-rural Development

何革华　中国生产力促进中心协会　副秘书长
HE Gehua，Deputy Secretary General of China Association of Productivity Promotion Centers

李百战　重庆大学城市建筑与环境工程学院　院长/教授
LI Baizhan，Professor and Dean of Urban Construction and Environmental Engineering，Chongqing University

汪　维　上海市建筑科学研究院　资深总工　教授级高工
WANG Wei，Senior Chief Engineer and Professor of Shanghai Research Institute of Building Sciences

徐禄平　科技部社会发展科技司　处长
XU Luping，Division Director of Department of S&T for Social Development，Ministry of Science and Technology

张巧显　中国21世纪议程管理中心　处长
ZHANG Qiaoxian，Division Director of The Administrative of Center for China's Agenda 21

朱　能　天津大学　教授
ZHU Neng，Professor of Tianjin University

《医院建筑绿色改造工程案例集》
Green Retrofitting for Existing Hospital Buildings-Case Studies

编写委员会
Editorial Committee

总　序

截至 2014 年 12 月 31 日，全国共评出 2538 项绿色建筑评价标识项目，总建筑面积达到 2.9 亿 m^2。其中，绿色建筑设计标识项目 2379 项，占总数的 93.7%，建筑面积为 27111.8 万 m^2；绿色建筑运行标识项目 159 项，占总数的 6.3%，建筑面积为 1954.7 万 m^2。我国目前既有建筑面积已经超过 500 亿 m^2，其中绿色建筑运行标识项目的总面积不到 2000 万 m^2，所占比例不到既有建筑总面积的 0.04%。绝大部分的非绿色"存量"建筑，大都存在资源消耗水平偏高、环境负面影响偏大、工作生活环境亟需改善、使用功能有待提升等方面的不足，对其绿色化改造是解决问题的最好途径之一。随着既有建筑绿色改造工作的推进，我国在既有建筑改造、绿色建筑与建筑节能方面相继出台一系列相关规定及措施，为既有建筑绿色改造相关技术研发和工程实践的开展提供了较好的基础条件。

为了推动我国既有建筑绿色改造技术的研究和相关产品的研发，科学技术部、住房和城乡建设部批准立项了"十二五"国家科技支撑计划项目"既有建筑绿色化改造关键技术研究与示范"，该项目包括以下 7 个课题：既有建筑绿色化改造综合检测评定技术与推广机制研究，典型气候地区既有居住建筑绿色化改造技术研究与工程示范，城市社区绿色化综合改造技术研究与工程示范，大型商业建筑绿色化改造技术研究与工程示范，办公建筑绿色化改造技术研究与工程示范，医院建筑绿色化改造技术研究与工程示范，工业建筑绿色化改造技术研究与工程示范。该项目由中国建筑科学研究院、上海市建筑科学研究院（集团）有限公司、深圳市建筑科学研究院股份有限公司、中国建筑技术集团有限公司、上海现代建筑设计（集团）有限公司、上海维固工程实业有限公司等单位共同承担。

通过项目的实施，将提出既有建筑绿色改造相关的推广机制建议，为促进我国开展既有建筑绿色改造工作的进程提供必要的政策支持；制定既有建筑绿色改造相关的标准、导则及指南，为我国既有建筑绿色化改造的检测评估、改造方案设计、相关产品选用、施工工艺、后期评价推广等提供技术支撑，促使我国既有建筑绿色化改造工作做到技术先进、安全适用、经济合理；形成既有建筑绿色改造关键技术体系，为加速转变建筑行业发展方式、推动相关传统产业升级、改善民生、推进节能减排进程等方面提供重要的技术保障；形成既有建筑绿色改造相关产品和装置，提高我国建筑产品的技术含量和国际竞争力；建设多项各具典型特点的既有建筑绿色改造示范工程，为既有建筑绿色改造的推广应用提供示范案例，促使我国建设一个全国性、权威性、综合性的既有建筑绿色改造技术服务平台，培养一支熟悉绿色建筑的既有建筑改造建设人才的队伍。为有效推动本项目的科研工作，"既有建筑绿色化改造关键技术研究与示范"项目实施组负责对项目的研究方向、技术路线、成果水平、技术交流等总体负责。为了宣传课题成果、促进成果交流、加强技术扩散，项目实施组决定组织出版既有建筑绿色改造技术系列丛书，及时总结项目的阶段性成果。本系列丛书将涵盖居住建筑、城市社区、商业建筑、办公建筑、医院建筑、工业建筑等多类型建筑的绿色化改造技术，并根据课题的研究进展情况陆续出版。

既有建筑绿色改造涉及结构安全、功能提升、建筑材料、可再生能源、土地资源、自然环境等，内容繁多，技术复杂。将科研成果及时编辑成书，无疑是一种介绍、推广既有建筑绿色改造技术的直观方法。相信本系列丛书的出版将会进一步推动我国既有建筑绿色改造事业的健康发展，为我国既有建筑绿色改造事业做出应有的贡献。

中国建筑科学研究院院长
"既有建筑绿色化改造关键技术研究与示范"项目实施组组长　王俊

Series of Green Retrofitting Solutions for Existing Buildings
Preface

By Dec. 31, 2014, altogether 2538 projects had obtained green building evaluation labels in China with a total floor area of 0.29 billion square meters, among which 2379 projects had obtained green building design labels, accounting for 93.7% with a floor area of 0.271118 billion square meters, and 159 projects had obtained green building operation labels, accounting for 6.3% with a floor area of 19.547 million square meters. At present, the floor area of existing buildings in China has exceeded 50 billion square meters, among which the total floor area of projects with green building operation labels is less than 20 million square meters, accounting for less than 0.04% of the total floor area of existing buildings. Most non-green"stock" buildings have such problems as high energy consumption, negative environment impacts, poor working and living conditions and inadequate functions. Green retrofitting is one of the best solutions. Along with the promotion of green retrofitting for existing buildings, China has released a series of regulations and measures relevant to existing building retrofitting, green building and building energy efficiency to support R&D and project demonstration of green retrofitting technologies for existing buildings.

To promote research on green retrofitting solutions for existing buildings and development of relevant products, the Ministry of Science and Technology and the Ministry of Housing and Urban-Rural Development approved the project of "Research and Demonstration of Key Technologies of Green Retrofitting for Existing Buildings" (part of the Key Technologies R&D Program during the 12th Five-Year Plan Period). This project includes the following seven subjects: research on comprehensive testing and assessment technologies and promotion mechanism of green retrofitting for existing buildings, research and project demonstration of green retrofitting technologies for existing residential buildings in typical climate areas, research and project demonstration of green integrated retrofitting technologies for urban communities, research and project demonstration of green retrofitting technologies for large commercial buildings, research and project demonstration of green retrofitting technologies for office buildings, research and project demonstration of green retrofitting technologies for hospital buildings, and research and project demonstration of green retrofitting technologies for industrial buildings. This project is carried out by the following institutes: China Academy of Building Research, Shanghai Research Institute of Building Sciences (Group) Co., Ltd., Shenzhen Institute of Building Research Co., Ltd., China Building Technique Group Co., Ltd., Shanghai Xian Dai Architectural Design (Group) Co., Ltd., Shanghai Weigu Engineering Industrial Co., Ltd., and so on.

The targets of this project are to provide policysupport for accelerating green retrofitting for existing buildings by putting forward promotion mechanisms; to provide technical support for testing and assessment, retrofitting plan design, product selection, construction techniques and post-evaluation and promotion of green retrofitting by formulating relevant standards, rules and guidelines, so that green retrofitting for existing buildings in China can be advanced in technology, safe, suitable, economic and rational; to provide technical guarantee for accelerating development mode transfer of the building industry, promoting upgrade of relevant traditional industries, improving people's livelihood and promoting energy efficiency and emission reduction by establishing key technology systems of green retrofitting for existing buildings; to produce products and devices of green retrofitting for existing buildings and to increase technical contents and international competitiveness of China's building products; to build a national, authoritative and comprehensive technical service platform and a talent team of green retrofitting for existing buildings by establishing demonstration projects of typical characteristics. To push forward scientific research of the project, a promotion team of "Research and Demonstration of Key Technologies of Green Retrofitting for Existing Buildings" are in charge of research fields, technical roadmap, achievements and technical exchanges and so on. In order to spread project accomplishments, promote achievement exchanges and to strengthen technical expansion, the promotion team decides to publish series of green retrofitting solutions for existing buildings, which will summarize project fruits in progress. Published in accordance with research progress, this series will cover green retrofitting technologies for various types of buildings such as residential buildings, urban communities, commercial buildings, office buildings, hospital buildings and industrial buildings.

Green retrofitting for existing buildings involves diversified subjects and technologies such as structure safety, function upgrading, building materials, renewable energy, land resources, and natural environment. Publication of research results of the project is no doubt a visual method of introducing and promoting green retrofitting technologies. This series is believed to further push forward and make contributions to the healthy development of green retrofitting for existing buildings in China.

Wang Jun

President of China Academy of Building Research

Head of the Promotion Team of "Research and Demonstration of

Key Technologies of Green Retrofitting for Existing Buildings"

前　　言

　　随着社会经济持续稳定增长，人们生活水平日益提高，我国的医疗事业也在不断发展，医院建设进入了一个新的发展时期。除新建医院之外，我国既有医院也正在进行着不同程度、不同规模上的改造和扩建。据 2014 年 6 月国家卫生和计划生育委员会发布的统计报告，截止 2013 年末，我国共有医院 24709 个，其中公立医院 13396 个，民营医院 11313 个。如果按床位数划分，200 张床位数以下的医院 18625 个，200～499 张床位数的医院 3624 个，500～799 张床位数的医院 1428 个，800 张及以上床位数的医院 1212 个，平均折算下来，全国每千人病床数约为 4.55 张。由此可见，我国目前拥有的医院数量及床位数远不能满足当今社会的基本医疗需求。此外，现有的医院当中有很多建筑建造年代较为久远、规模较小、设施落后，已远无法适应现代医学科学的发展。

　　调研发现，我国既有医院建筑供能系统呈现多元化、分散化等特点，耗能数量巨大，浪费也较为严重，整体能源支出约占到医院总运行费用支出的 10% 以上。不仅如此，我国不少医院的室内外环境污染和交叉感染状况也令人担忧，节能与污染控制的矛盾始终无法解决。此外，医院空间环境布局混乱、标识系统不明显、室外绿地不足、空气品质不良、三废处理单一以及人性化设计缺乏等已经成为目前我国既有医院建筑中普遍存在的问题，而对医院进行绿色化改造无疑是解决这些问题的最佳途径。推进既有医院建筑绿色化改造，可以集约节约利用资源，提高建筑的安全性、舒适性和生态性，亦是顺应绿色医院发展的必然趋势。

　　目前我国在既有建筑改造、绿色建筑与建筑节能方面已出台一系列相关政策及措施，为相关技术研发和工程实践的开展提供了有力支撑。2012 年 5 月 24 日，科学技术部发布《"十二五"绿色建筑科技发展专项规划》，重点任务之一即为"既有建筑绿色化改造"。2014 年 10 月，住房城乡建设部、国家发展改革委和国家机关事务管理局联合发布《关于在政府投资公益性建筑及大型公共建筑建设中全面推进绿色建筑行动的通知》（建办科［2014］39 号），该通知强调，凡政府投资公益性建筑和大型公共建筑必须以绿色建筑的标准进行建设、设计和施工，并对全过程管理及保障机制做出了说明。

　　医院建筑绿色化建设及改造中的"绿色"，代表一种概念或象征，指通过相应技术的实施，实现建筑对环境无害，并能充分利用当地自然资源，且不破坏环境基本生态平衡。医院建筑的绿色化建设及改造主要集中在建筑功能布局、装饰装修材料、暖通空调系统、给水排水系统、电气与控制系统、室内外环境质量、改造施工和运行管理等方面。为了宣传科研成果，加强技术交流，"十二五"国家科技支撑计划项目——"既有建筑绿色化改造关键技术研究与示范"实施专家组决定组织出版既有建筑绿色改造系列丛书，本书即是系列丛书中的一册。该书收录的医院建筑绿色改造及扩建案例分别由中国建筑技术集团有限公司、上海建工集团股份有限公司、广东省建筑科学研究院集团股份有限公司、北京住总集团、天津市建筑设计院、天津大学建筑设计研究院、哈尔滨工业大学、同济大学等近二十家科研院所、高校、医院、设计院所、施工企业提供，在此向所有协助提供资料的单位表示由衷的感谢。

本书共收录国内严寒地区、寒冷地区、夏热冬冷地区和夏热冬暖地区医院建筑绿色改造及扩建案例38项，其中绿色改造案例23项，改扩建案例7项，共收录美国、挪威、韩国等国家的绿色医院案例8项。这些不同地域、不同等级的医院典型改造案例，均从工程概况、改造目标、改造技术、改造效果、改造经济性、改造思考与启示等方面进行了阐述和分析；改扩建案例亦从"四节一环保"的角度进行了详细介绍，客观地反映了当前绿色技术在医院建筑中应用的实际情况，使我们对绿色改造技术的应用有了进一步的认识，对下一步指导既有医院建筑的规模化绿色改造及新建医院建筑的绿色建设提供了有益的参考。

本书中的案例可为从事医院建筑绿色化改造建设的相关管理、咨询、设计、施工等技术人员提供重要的参考。

中国建筑技术集团有限公司副总裁
"医院建筑绿色化改造技术研究与工程示范"课题负责人　赵伟
2015 年 8 月 10 日

Foreword

With the social and economic sustained and stable growth, and the improvement of people's living level, Chinese medical industry develops constantly. At the same time, hospital construction has entered a new development period. In addition to the new hospital, Chinese existing hospitals are also carrying on renovation and expansion of different degrees, different size. According to the statistical reports issued by National Health and Family Planning Commission on Jun 2014, there are 24709 hospitals in china by the end of 2013, in which 13396 public hospitals and 11313 private hospitals. If classified by bed number, there are 18625 hospitals with beds less than 200, 3624 hospitals with beds between 200 and 799, and 1212 hospitals with beds more than 800. On average, the number of beds per thousand people is about 4.55. This shows that the number of hospitals and beds cannot meet the basic medical needs nowadays in china. In addition, many of the existing hospitals have characters such as a relatively long construction time, small scale, and backward facilities, making them in capable of adapting to the modern medical science development.

Energy supply system in Chinese existing hospitals is found diversified and decentralized by the survey. It has huge energy consumption and serious waste. The overall energy expenditure accounts for more than 10% of total hospital operating expenses. Moreover, the indoor and outdoor environmental pollution and cross infection of many hospitals are also worrying. The contradiction between energy saving and pollution control is still to be solve. In addition, hospital space environment layout confusion, obscure system identification, lack of outdoor green space, poor air quality, single waste treatment and lack of humanized design have became the common problems existing in the hospital building. The green transformation of the hospital is undoubtedly the best way to solve these problems. Promoting the transformation of the existing hospital building will help to conserve resources, improve building safety, comfort and ecology, and comply with the trend of green hospital development.

At present, China has introduced a series of policies and measures in the existing building construction, green building and building energy efficiency, providing a strong support for the development of related technologies research and engineering practice. In May 24, 2012, the Ministry of Science and Technology issued the "Twelfth Five Year" green building technology development special planning; in which one of the key tasks is "the green transformation of existing building". In October 2014, the national Ministry of Housing and Urban Rural Development, National Development and Reform Commission, and the national Government Offices Administration jointly issued a circular on comprehensively promoting the green building operation in construction of public welfare building invested by government and large public building. The circular stressed that public welfare building invested by government and large public building should be planned, designed and built in accordance with the green building standards, and illustrated the whole process management and protection mechanism.

"Green" in the green transformation of the hospital represents a concept or symbol, that achieves environmentally friendly building construction, local natural resources fully utilization and basic environmental ecological balance through implementation of the corresponding technology. Green construction and transformation of the hospital emphasize "Green" in building functional layout, decoration materials, HVAC system, water supply and drainage system, electrical and control system, indoor and outdoor environmental quality, construction process and operation management. In order to promote scientific research achievements and strengthen technical exchanges, the panel of "12th Five Year" National Science and technology support program Research and demonstration of key technologies of green transformation of existing buildings decided to organize the book series publication of existing buildings green transformation. This book is one of the book series, including hospital building green transformation case provide by nearly twenty scientific research institutes, universities, hospitals, design institute, construction enterprise such as China Construction Technology Group Co. , Ltd, Shanghai Construction Engineering Group Limited by Share Ltd, Guangdong Academy of Building Science Research Group, Beijing Uni-Constructron Group co. ltd, Tianjin Architecture Design Institute, Tianjin University Recearch Institwte of Architecturt Design &. Urban Planing, Harbin Institube of Technology. Tongji University. Thank all units and personal for assisting in providing information.

This book contains 38 hospital building green transformation and expansion cases, from climate zones of severely cold, cold, hot summer and cold winter, hot summer and warm winter. 23 cases are hospital buildings under green transformation, and 7 cases are under green modification and extension, and 8 cases are green hospital from America, Norway and South Korea. These typical cases in different region and different grade contain description and analysis of project overview, transformation objectives, techniques, effect, economy, thinking and inspiration. These cases also give a detailed description from the perspective of "energy saving, land saving, water saving, material saving and environmental protection", reflecting the actual situation of green technology application in hospital building. It helps people have a further understanding of green technology application, also provides a useful reference for guiding existing hospital building large-scale green transformation and green construction of the new hospital building.

The cases in the book can be referenced by technical personnel in the field of engineering management, consulting, design, construction related to green transformation of the hospital building.

Zhao Wei

Vice President of China Building Technique Group Co., Ltd.

Subject Director of "Research and Project Demonstration of

Green Retrofitting Technologies for Hospital Buildings"

Aug 10, 2015

目　　录

绿色改造篇
严寒地区

1 吉林大学中日联谊医院改造工程

项目名称： 吉林大学中日联谊医院改造工程
项目地址： 吉林省长春市仙台大街 126 号
建筑面积： 320000m²
改造面积： 28386.60m²
资料提供单位： 中国建筑技术集团有限公司、吉林大学中日联谊医院

1. 工程概况

吉林大学中日联谊医院是教育部"985"高校——吉林大学所属的、国家卫生和计划生育委员会管的集医疗、教学、科研、预防、保健、康复为一体的大型现代化综合性三级甲等医院（图 1）。建院 60 多年来，医院形成中心院区、新民院区、南湖院区、开运院区、空港院区五位一体的格局，总占地面积 68.38 万 m²，建筑面积 32 万 m²。

该项目建筑、结构等改造主要以吉林大学中日联谊医院 3 号住院楼为例，其总建筑面积为 28386.60m²，其中地下建筑面积为 3035.89m²，地上建筑面积 25350.71m²，地上 8 层，地下 1 层，建筑高度为 30.05m（图 2）。该项目涉及的改造为建筑改造、结构加固改造、电气系统改造、空调系统改造等。

图 1　医院效果图

图 2　3 号住院楼改造现场图片

2. 改造目标

吉林大学中日联谊医院部分建筑已建造十几年以上，存在着布局及使用功能不合理、设施陈旧老化、围护结构保温效果不好、能源消耗较大等问题。为解决以上问题，吉林大学中日联谊医院通过对围护结构、电气系统、能耗分项计量等进行改造，对建筑结构进行加固，以提高建筑的保温性能、节约能耗，增强建筑的整体安全性，实现能源管理的可视化与数字化为目标。通过采取上述改造措施，以期为广大患者以及医护人员提供良好的就

医与工作环境，提升医院整体形象及服务水平，并取得可观的节能、环保和经济效益。

3. 改造技术

3.1 建筑改造

3.1.1 平面布局与功能改造

医院 3 号住院楼主要针对其功能布局进行调整优化，改造后的地下一层为管道夹层、新增消防电梯积水坑；一层设置 ICU 疗区、康复科疗区、核医学疗区；二层设置肾内科疗区、介入科疗区、眼科疗区；三层设置呼吸科疗区；四层设置神经内三疗区、神经内二疗区；五层设置神经内一疗区；六层设置中医科疗区、儿科疗区；七层设置胃肠内科疗区、疼痛科疗区、妇科疗区；八层设置产科疗区、妇科疗区；屋顶层将原屋面雨水的排水方式由外排水改为内排水；新增出屋面风道及所需设备基础，屋面保温及防水等构造重新铺设。

3.1.2 竖向交通改造

原两台病床梯改为消防电梯，改造后的电梯满足消防电梯的各项规定要求，将西三角与中三角中四部楼梯间改造为直通屋顶。改造后防烟楼梯为 6 个，其疏散宽度为 9m；医用电梯 7 部，均为无障碍电梯；客用电梯 3 部，其中 2 部为消防电梯（图 3）。

图 3　内部竖向交通

3.1.3 外立面改造

将原建筑地上部分外墙面饰面砖全部铲除，清理修补后挂贴真石漆保温一体化板（保温层为 70mm 厚 A 级密封岩棉），拆除全部外门窗，更换为节能型断桥铝窗（图 4）。

3.1.4 内墙改造

根据新功能布局拆除不需要墙体，新增墙体采用 90mm 厚轻质复合隔墙板（容重 $65kg/m^2$，耐火极限≥3h，计权隔声量≥40dB）。

3.1.5 内部地面改造

清除原有全部地面面层后，在混凝土板上另根据新的地面装修做法设置面层。

图4 改造后外窗

3.2 结构改造

该项目对装修过程中改变原有建筑房间使用功能的结构构件进行复算，当不满足安全性能时，对相应的构件采取加固处理，本次加固不延长结构的原设计使用年限。改造过程中将原有建筑地面面层全部清除，露出原有结构层，清除旧有建筑面层时，采用碳纤维施工方法、梁底部单面加大截面加固施工方法、裂缝修补方法，保证不破坏原有的结构构件（图5～图7）。

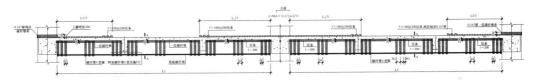

图5 框架梁碳纤维加固构造立面图

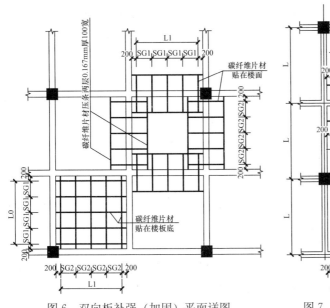

图6 双向板补强（加固）平面详图

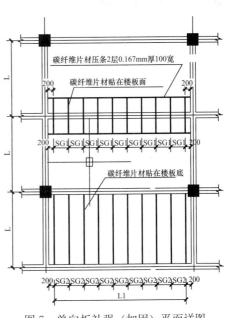

图7 单向板补强（加固）平面详图

3.3 冷热源系统

本次改造针对医院现有2个机房4套系统8台冷水机组进行节能改造，通过安装8台冷水机组智能控制柜进行智能控制（图8）。

图8 冷水机组机房

在室外安装室外温湿度传感器2个，结合医院现已安装的室内无线温湿度传感器，用于监测关键区域与最不利端的舒适度，作为冷水机组智能控制柜节能控制的依据。

对医院冬季供暖换热站，针对现有的6套供热系统，增加6组板式换热器智能控制柜，通过安装板式换热器智能控制柜进行节能控制，并针对供热板式换热器增设了出水温度优化控制、气候补偿与分时控制功能，安装1个室外温湿度传感器作为板式换热器智能控制柜的控制依据。

3.3.1 冷水机组智能控制柜介绍

本设备用来对直燃机、螺杆机、离心机、水源热泵、燃气锅炉、换热站进行智能节能控制。设备可以在节能模式和原系统工作模式间进行切换，保障系统双倍安全。

3.3.2 冷机供水温度的优化控制

通常制冷系统的供水温度设定值为7℃，此水温对应于设计负荷下的运行状况。而实际运行过程中，系统大多数处于部分负荷状态下，可适当调高供水温度以提升冷机效率，减少电耗。通常当（室内）温度达到设定值时冷机出水温度每调升1℃可节省2%～3%的冷机电费。冷机智能控制柜可根据负荷预测模型，动态调整供水温度，实现节能运行。

3.3.3 冷机启停优化控制

制冷系统通常会提前开启进行预冷，并提前关闭以利用冷水系统的蓄冷量进行末期供冷。冷机智能控制柜可利用机器学习算法，学习建筑负荷变化规律，优化冷机预冷启动时间和关闭时间，减少预冷能耗并尽量利用冷水系统蓄冷量供冷，实现节能运行。

3.3.4 冷机分时优化控制

通常建筑具有一定的全天逐时负荷变化特性，例如中午午休时间建筑内人员外出就餐大幅减少，供冷需求大幅下降。传统系统依靠供回水温度进行冷机调控，具有一定的滞后性，供冷量与需冷量不匹配，造成能源浪费。冷机智能控制柜可利用机器学习算法，学习建筑负荷变化规律，优化分时控制，实现供需匹配，实现节能运行。

3.3.5 冷机优化组合控制

夏季冷水机组运行时，在同一负荷率下存在不同的冷机运行组合，冷机智能控制柜可根据冷机自身的负荷—效率曲线，实现最优的设备运行组合，实现节能运行。

3.3.6 板式换热器的气候补偿控制

气候补偿控制是根据室外温度的变化及用户设定的不同时间对室内温度要求，按照设定曲线求出恰当的供水温度、供水流量进行自动控制，实现供热系统供水温度、流量—室外温度的自动气候补偿，避免产生室温过高而造成能源浪费的一种节能控制技术。

图 9 和图 10 分别为控制曲线图和控制原理图。

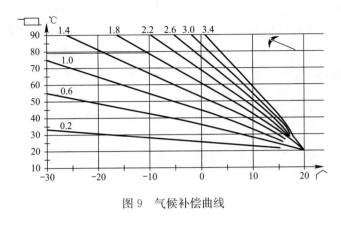

图 9 气候补偿曲线

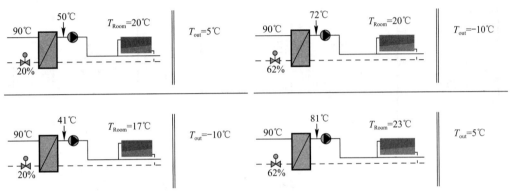

图 10 气候补偿器的原理

3.3.7 板式换热器的分时控制

板式换热器分时供暖控制的基本思路：将具有不同使用要求的建筑分类，根据各自的特点进行控制。此类分时总体分为供热时段和低温运行时段。供热时段要求室内温度不低于 16℃为基准进行调节，并应充分利用建筑的热惰性，夜晚则采用低温运行策略。

板式换热器智能控制器可利用机器学习算法，学习建筑负荷变化规律，优化分时控制策略，实现系统的供需平衡，避免过量供给造成的浪费。

3.4 水泵改造

针对医院 8 套空调循环泵（共 22 台）进行改造，提高空调循环泵的输送系数。通过安装水泵智能控制柜（8 台），结合原有的变频设备对其进行节能控制。在空调冷冻水循环管路的总供水及总回水处加装温度和压力传感器各 1 个，共 8 个温度传感器，8 个压力传感器，用于冷冻水循环水泵智能控制依据；在空调冷却水循环管路的总供水及总回水处加装温度传感器各 1 个，共 8 个，用于冷却水循环水泵智能控制依据。

3.4.1 空调循环泵智能控制系统监测内容

对冷水机组监测循环侧供、回水温度和压力，用于水泵的变频控制；对水泵的启停状态、水泵的运行状态、水泵故障报警、水泵手/自动状态、水泵变频器状态和变频器运行频率等进行监测。

3.4.2 水泵智能控制系统节能原理

水泵选型通常按照设计负荷并带有一定安全裕量（10%）选取。而实际运行过程中系统绝大多数时间运行在部分负荷下。为使循环水量在设计负荷下接近设计流量，以及在绝大多数情况下供冷量与负荷变化相适应，一般采用阀门节流等方式来调节流量，致使泵提供的能量大部分被阀门消耗，造成能量的极大浪费。此时，若对泵采用变频处理，调节泵转速，使流量与实际负荷相适应，便可达到降低泵耗的目的（图11）。

节省的泵耗主要包括两部分，一部分为设备选型过大引起的泵耗，另一部分为变频后，减少的流量所消耗的泵耗。当管网的水力特性没有改变时，依据相似理论、泵变频调节的理论关系，当流量变化很少时，功率的节约仍然是非常可观的。

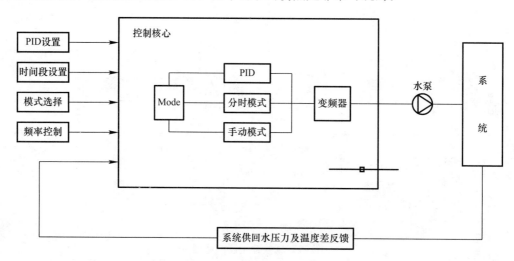

图 11　水泵智能控制原理图

3.4.3 水泵智能控制系统节能策略

水泵系统采用温差或压差变流量控制。原来的空调循环水泵做了变频但没有使用。现改造方案是用水泵智能控制柜结合原有的水泵变频器完善水泵的控制，并安装2块电表分别计量高区和低区的循环泵用电量。

温差变流量控制是利用变频器改变泵的流量，保持空调或供暖系统供回水温差稳定。从空调系统热力特性出发，能保证室内的温湿度要求，能够反映系统负荷的变化，供回水温差可达到4.5℃以上，节能效果明显，能够实现对空调循环泵和地源水泵变流量控制。

压差变流量控制是利用变频器改变泵的流量，保持空调或供暖系统供回水压差稳定。从空调系统水力特性出发，能保证末端的水利需求，能够反映系统负荷的变化，供回水压差根据项目实际情况进行确定，节能效果明显，通常用于空调循环泵变流量控制。

3.5　能耗监测平台

医院已经配备能效管理平台，分项计量系统已经完善，经改造增设的能耗监测平台和能效公示制度，可在能源消耗实时计量以及能源费用定期公示的条件下，通过该医院能耗监管平台的数据，了解医院的用能分布情况，通过优化管理，达到减少能耗的浪费，合理调整空调机组、锅炉等高耗能设备运行，引导办公人员、后勤管理人员行为节能。

该医院建筑能源计量与远程监测，可为医院各用能单位用能情况起到监管作用。通过实施建筑能源在线监测系统实现以下功能：

（1）系统自动采集医院各建筑的分类、分户能耗和分项电量数据并存储在中心数据库。

（2）通过管理平台，实时监管医院用水和用气消耗，制定相应节水和节气管理办法。

（3）通过管理平台展示的图表分析结果，帮助医院发现异常用能情况、制定医院内部能源消耗可行的衡量指标、加强用能的监管力度、检验节能措施的应用效果。

（4）系统帮助建立医院能耗的考核制度，以建筑为单位进行能耗统计，引入 KPI 指标计算方法作为能耗考核依据。对当前能耗、历史能耗进行考核，同时通过系统的一定权限，可制定计划指标。使管理者更加直观、深入地了解医院的能耗情况。

（5）能源管理系统按日、月、年打印或显示能耗报表，提供建筑用能的同比与环比报表。

（6）系统平台带自动报警功能，如设备故障报警、监控管线故障报警、定额能耗单位限额区段报警；为医院的节能研究、设计与建设（改造）提供参考依据；为建筑能耗统计、审计、监管与执法部门提供准确能耗数据及决策依据。

3.6 照明系统

由于医院建设年代比较久远，照明系统出现线路老化等问题，原照明系统无法满足目前需求，因此对项目的照明系统进行改造。改造后的照明系统供电分为应急照明系统、医疗安全照明系统及一般照明系统，配电系统主要采用树干式和放射式相结合的供电方式配电（表1）。

3.6.1 照明种类

正常照明、消防应急照明、疏散指示系统、医用标示照明灯。

3.6.2 光源

一般场所采用荧光灯或其他节能型灯具，光源显色指数 $Ra>80$，色温在 $3300\sim5300K$ 之间。

3.6.3 照明

照明插座分别由不同支路供电，普通插座回路及室外照明灯具均设剩余电流断路器保护。

3.6.4 应急照明

（1）消防控制、电梯机房、排烟机房、电子信息机房等发生火灾时仍需坚持工作的场所均设置备用照明，均为应急照明，持续供电时间大于 3h；

（2）走廊、楼梯间及其前室、消防电梯间及其前室、门厅、候诊厅等人员密集场所的主要出入口等均设置疏散照明；

（3）重症监护室等需要确保医疗工作正常进行的场所均设置备用照明，2 类医疗场所备用照明照度为正常的 100%；

（4）楼梯间、疏散走道等人员密集公共疏散区域、地下疏散区域、需要救援人员协助疏散的场所，疏散照明的地面最低水平照度不低于 5lx，其他疏散区域疏散照明的地面最低水平照度不低于3lx；

（5）消防控制室、电子信息机房等持续供电时间大于3h，消防用应急照明大于1h。

3.6.5 电梯井道照明

电梯井道内均设井道照明，井道最高点和最低点0.5m处各装灯一只，中间每隔7m装设一盏灯，照度达到50lx，在电梯井道机坑处和机房处各设一双联开关，每条井道分别控制。

3.6.6 照明控制

（1）诊室、办公室等处的照明采用就地设置照明开关控制，并分组控制；

（2）护理单元走道和病房设夜间照明，控制由护士站统一控制。

电气节能计算表 表1

主要房间名称及位置	对应照度(lx)	计算照度(lx)	照明功率密度值		光源类型	镇流器类型	灯具效率	功率因数
			现行值LPD(W/m²)	目标值LPD(W/m²)				
ICU	300	297.27	11	9	T8直管荧光灯	电子镇流器	75%	≥0.95
办公室	300	328.13	11	9	T8直管荧光灯	电子镇流器	75%	≥0.95
病房	100	104.92	6	5	T8直管荧光灯	电子镇流器	75%	≥0.95
走廊	100	101.12			直管荧光灯		75%	≥0.95
护士站	300	313.23	11	9	T8直管荧光灯	电子镇流器	75%	≥0.95
治疗室	300	326.33	11	9	T8直管荧光灯	电子镇流器	75%	≥0.95

3.7 弱电系统

该项目原有的弱电系统完善性欠缺，因此在改造过程中对弱电系统进行完善，提升功能，为患者提供更好的医疗环境，改造的具体内容包含：

（1）计算机网络系统。计算机网络主干采用单模光纤与院区中心机房主网连接，楼内所有干线光纤通过院区外网引至地下室电气竖井内，再由竖井引至三层各区弱电机房，系统分为内网、外网两部分；接入层主要提供用户有线接入，接入层设备部署在各区弱电机房，每台接入交换机通过2芯单模光纤上联至核心交换机。

（2）通信网络系统。院区中心机房内设有有线电话通信系统及移动电话基站系统主机，3号住院楼三层弱电机房设有标准落地机柜，内设100/50对机架式IDC型配线架，楼内有线电话系统采用综合布线系统；由院区中心机房引来中国电信移动、联通等移动电话信号覆盖各楼内及各轿厢内。

（3）有线电视系统。有线电视前端由院区7号住院楼十一层原有有线电视机房通过室外单模光纤引入3号住院楼二层；系统设计为860MHz邻频传输方式，系统采用——分配方式。

主干线采用SYWV-75-9P型同轴电缆，分支线采用SYWV-75-5P型同轴电缆，系统选用的设备与部件的视频输入与输出的阻抗以及电缆的特性阻抗均为75Ω；内网放大器全部采用具有本市有线网入网许可证的860MHz双向放大器，用户信号电平均控制在67±5dB范围内。

（4）视频监控系统。视频监控系统由院区监控中心引干线光纤至各层分线箱内，楼内消防控制室仅为分控制（图12），内仅预留一监控电脑，通过院内局域网与主控室视频监控系统管理主机相连；对所有出入口、楼梯处、电梯内、走廊、重点区域进行监控，做到无死角，重点部位具有联动报警、录像功能；监控电源均由弱电井内的安防箱统一供电。

图12　消防监控室

（5）医护对讲系统。医护对讲系统按总线形式设计，由呼叫对讲主机、分机、紧急呼叫按钮、呼叫显示屏等组成，在住院楼各层每个护理单元各设置一套呼叫对讲系统，呼叫对讲主机均设置在各层护士站，分机设置在各层病房床头的医疗带上，显示屏安装在走廊吊顶中间明示位置上，卫生间设置紧急呼叫按钮，病人可以通过分机与护士站主机实现双向呼叫，双工通话；主机可根据不同病人病情设置不同护理级别，高级护理级别的呼叫可以中断低级分机的通话并实现通话转换，护理级别可由医院根据管理要求设置。

（6）电梯对讲系统。电梯对讲系统为当需三方、四方、五方对讲时基本配置，可完成控制中心与电梯轿厢之间的报警、对讲监听、循环监听、级别管理功能，可实现控制中心、电梯轿厢、电梯机房、电梯顶部多方对讲。

3.8　污水系统

为保证污水出水水质达标排放，对院区内原有的污水处理系统进行改造，并增设水质在线监测系统。医院污水处理设施采用三级生物处理工艺，医院废水先经过格栅池去除粗大的悬浮物，接着进入废水调节池，对废水水质、水量进行调节，之后进入水解酸化池，将废水中的非溶解性有机物转化为溶解性有机物，将废水中难降解有机物转变为易生物降解的有机物，以提高废水的可生化性，利于后续的好氧反应。废水经水解酸化池后进入生物接触氧化池，通过微生物的氧化作用达到净化水质的作用，生物接触氧化法兼具活性污泥法和生物膜法的优点，占地面积小，处理效率高。经生物处理后，废水进入斜管沉淀池进行泥水分离，其中，上清液进入消毒接触池，经消毒后排入水体。该项目采用二氧化氯消毒，二氧化氯采用二氧化氯发生器现场制备，保证使用安全。同时，废水处理工艺配备了除臭装置，以保证医院周围的空气环境（图13和图14）。

项目同时配备了水质在线监测系统，通过对水质的实时监测，以保证出水水质达标排放。同时，考虑到医院废水的特殊性，污泥中可能含有一些细菌、病毒等较特殊的成分，因此考虑对污水处理过程中产生的污泥进行处理。污泥首先进行污泥调节池，之后依此经过污泥浓缩罐、板框式压滤机进行浓缩脱水，处理后的泥饼外运（图15和图16）。

图 13　污水处理站

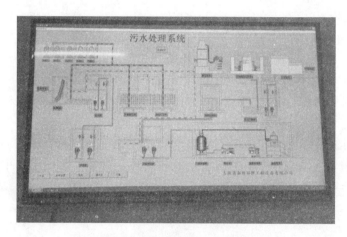

图 14　污水处理系统工艺流程

图 15　除臭设备

图 16　水质在线自动分析仪

4. 改造效果分析

通过对建筑、结构、空调、照明、弱电、能耗计量、水泵等的改造，在保证安全的前提下既满足了当前的功能需求，极大地提高了使用者的舒适度，又达到了节能的目的。

目前，类似该工程的医疗建筑案例大量存在。如何使原有病房建筑在规模、管理模式、高效性、舒适性、设备条件等方面能够满足现有社会需求已成为大多医疗建筑亟待解决的难题。吉林大学中日联谊医院改造项目的设计实例，为医疗建筑的更新改造做了成功的探索，它对以后类似的改造工程具有一定的可复制性，具有推广意义。

5. 改造经济性分析

该项目改造的经济性指标如表2和表3所示。

冷源部分预计节能量 表2

月份	功率	5月	6月	7月	8月	9月	10月	合计
每天使用时间（h）	1108	9.0	13.0	24.0	24.0	15.0	15.0	—
	260	0	0	0	0	0	—	—
运行天数（d）	—	10	30	31	31	30	31	—
制冷投入运行小时合计（h）	—	90	390	744	744	450	465	2883.0
实际负荷率	—	65%	70%	81%	83%	70%	65%	—
制冷理论耗气量（万kWh）	—	5.6	26.3	58.1	59.5	30.4	29.1	209.1
制冷节能率	—	26%	23%	16%	14%	23%	26%	18.9%
节约电量（冷）（万kWh）	—	1.47	6.00	9.03	8.46	6.92	7.60	39.5
理论节约供冷费用（万元）	—	1.5	6.0	9.0	8.5	6.9	7.6	39.5
节约费用合计（万元）	—	1.5	6.0	9.0	8.5	6.9	7.6	39.5

注：由上表可以得出主机年能耗约为209.1万kWh，节能率为18.9%，可节约电量约39.5万kWh。

水泵部分预计节能量 表3

月份	电机功率	实际功率	5月	6月	7月	8月	9月	10月	合计
每天投入1套水泵时间（h）	460	391	11.0	15.0	24.0	24.0	15.0	15.0	—
运行天数（d）	—	—	10.0	30.0	31.0	31.0	30.0	31.0	—
原投入水泵台时合计	—	—	110	450	744	744	450	465	3083
理论耗电量（万kWh）	—	—	4.30	17.60	29.09	29.09	17.60	18.18	125.24
实际负荷率	—	—	54%	58%	81%	83%	62%	53%	—
冷冻水泵节电量（万kWh）	—	—	1.83	7.01	6.00	5.43	6.50	7.84	37.31
节能率	—	—	42.5%	39.8%	20.6%	18.7%	36.9%	43.1%	29.8%

注：由上表可以得出水泵年能耗约为125.24万kWh，节能率为29.8%，可节约电量约37.31万kWh。

根据医院提供的节能计算表，冷水机组制冷节能率约为18.9%，制冷节约电量约39.5万kWh；循环水泵节能率约为29.8%，节约电量约37.31万kWh；板式换热器智能控制柜节能率约为10%，节约费用为67.6万元。电费均价1元/kWh。

根据2013年医院用热费用计算，2013年医院用热费用为676万元，医院建筑面积总计约 24 万 m^2，平均每平方米供暖费用为 28 元。通过安装板式换热器智能控制柜，节能率约为 10%，节约费用为 67.6 万元，热量按照 66 元/GJ 计算，节约供暖热量 10242.4GJ。

综上所述，节约供暖热量约 10242.4GJ，相当于节约 1149.4tce，减排二氧化碳 2836.5t；空调系统节约电量约 76.81 万 kWh，相当于节约 310.3tce，减排二氧化碳 765.8t，供暖空调总计每年节约费用约为 144.41 万元，折合节约标煤总计约 1459.7t，减排二氧化碳总量 3602.3t。

6. 思考与启示

通过对建筑能源系统等各方面改造，极大地提高了使用者的舒适度，同时在系统中远程集中智能控制冷热站设备，实现冷热站群控，通过冷站群控策略，达到提高设备运行效率、提高人员效率、整体节能的目的，实现了改造计划的初衷。通过医院能耗监管平台的数据，为以后医院节能改造提供必要的数据支持，具有科学性和针对性。但是也发现该项目在以下方面还可以做进一步的改造：由于每天进出医院的车辆较多，建议更好地规划车辆进出的流线，并增设停车位置，以便更好地提高医院的医疗环境。

2 辽宁省人民医院改造工程

项目名称：辽宁省人民医院改造工程
项目地址：辽宁省沈阳市沈河区文艺路 33 号
建筑面积：81795m²
改造面积：60770m²
资料提供单位：中国建筑技术集团有限公司、中国建筑科学研究院、辽宁省人民医院

1. 工程概况

辽宁省人民医院暨辽宁省红十字会医院、辽宁省心血管病医院。位于辽宁省沈阳市沈河区文艺路，始建于 1979 年，是一所隶属于辽宁省人民政府的大型综合性三级甲等医院。

辽宁省人民医院占地面积 7.7 万 m²，由外科病房楼、内科楼、门诊楼及附属楼组成，其中外科病房楼约 1.9 万 m²，为新建建筑；内科楼、门诊楼及附属楼为既有建筑。医院目前医疗用房和附属医疗用房的建筑面积约 8.2 万 m²。医院设床位 888 张，共设 50 个临床科室，14 个医技科室及 19 个职能科室，在职职工 1242 人。

辽宁省人民医院原采用燃煤锅炉进行冬季供暖，2005 年新建外科病房楼，医院决定采用地下水源热泵系统对新建建筑供暖（制冷），并于 2005 年完成了 600m² 的地下机房建设，安装了两台 1000kW 的热泵机组，为新建外科病房楼和手术室供暖（制冷）。

由于地下水源热泵系统使用效果良好，医院决定对整体建筑进行改造，采用地下水源热泵系统为整个医院院区供暖（制冷）。2006 年和 2007 年，医院进行了保证 10 万 m² 供暖的地源热泵扩容工程，并对内科病房楼、急诊楼、门诊医技楼及附属楼等旧楼进行了外墙改造：加保温板、贴外墙砖。2008 年对门诊医技楼进行了内部改造和装修。以上措施完成后，医院的旧楼保温效果有了明显的改善，同时也使医院的整体外观大为改观。医院现有建筑概况见表1，医院改造前后对比见图 1～图 5，医院平面图见图 6。

图 1 改造前的医院全景

图2 改造前的门诊楼和急诊楼

图3 改造后的门诊楼和急诊楼

图4 改造前的内科病房楼

图5 改造后的内科病房楼

医院建筑概况 表1

序号	名称	面积（m²）	备注
1	内科病房楼	21000	2006 年改建
2	外科病房楼	19000	2005 年新建
3	手术室	2100	2005 年改建

序号	名称	面积（m²）	备注
4	门诊楼	12000	2008 年改建
5	医技楼	8500	2008 年改建
6	急诊楼	7900	2007 年改建
7	120 楼	400	2007 年改建
8	食堂	1600	2008 年改建
9	科研楼	1350	2008 年改建
10	消毒供应中心	1425	2009 年新建
11	感染楼	2000	2007 年改建
12	肾透析及连廊	500	2008 年改建
13	儿科病房	400	2008 年改建
14	高压氧楼	300	2008 年改建
15	层流室	720	2005 年改建
16	空调机房	600	2005 年新建
17	其他建筑	2000	2008 年改建
	合计	81795	—

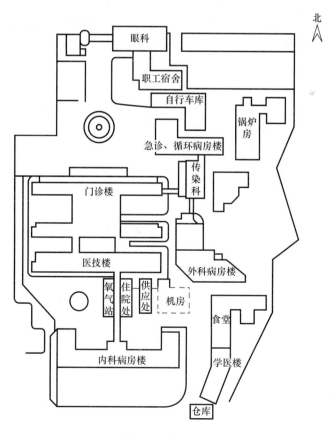

图 6　医院平面图

2. 改造目标

辽宁省人民医院始建于 1979 年，由于当时受建院初期条件所限，存在着布局及使用功能不合理、设施陈旧老化等问题。医院大部分建筑已建造十几年以上，保温效果不好，而医院患者对室温要求又高，医院供暖时间较一般建筑长近一个月，因此采用燃煤锅炉供暖成本较高。

为了发掘节能潜力，降低运行成本并提高舒适性，医院先后采取了一系列的改造措施，通过对旧建筑的外墙面进行改造，提高了建筑的保温性能；通过热源改造，采用地下水源热泵系统冬季供暖，夏季制冷，为广大患者提供优越的就医环境，提升医院整体形象及服务水平，并取得可观的节能、环保和经济效益。

3. 改造技术

3.1 冷热源改造

医院原采用燃煤锅炉供暖，锅炉房供暖能力为 12 万 m^2。医院的手术室采用燃油溴化锂空调机组供暖、制冷，运行成本较高。

（1）冷热负荷计算。医院夏季室内设计温度 26℃，冬季室内设计温度 21℃。夏季提供 7℃/12℃ 的冷水，冬季提供 50℃/40℃ 的热水。经计算，夏季总冷负荷为 5025kW，冬季总热负荷为 6000kW。

（2）热泵系统安装。医院原采用燃煤锅炉供暖，锅炉房供暖能力为 12 万 m^2。医院的手术室采用燃油溴化锂空调机组供暖、制冷，运行成本较高（图 7）。

通过分析当地水文地质资料，辽宁省人民医院所在地区为沈阳市地下富水区，地下水为松散岩类孔隙水及基岩裂隙水，单井出水量约 150m^3/h，地下水温稳定、水量丰富，完全可以满足地下水源热泵所需的地下水资源要求，采用水源热泵为医院夏季制冷、冬季供暖是完全可行的。

（3）热泵系统安装。2005 年医院新建了外科病房楼，并配套建设了 600m^2 地下机房，安装了两台制热量为 987kW 的热泵机组，钻井 4 眼（两抽两回），为新建病房楼供冷和供热，同时手术室也改用地下水源热泵系统，总供暖面积为 21000m^2。系统投入使用后，运行效果良好。

2006 年，医院决定对全院的热源系统进行改造，于 2006～2007 年进行了保证 10 万 m^2 供暖的地源热泵扩容工程，取代原有的燃煤锅炉房（图 8）。

保证 10 万 m^2 供暖的地源热泵扩容工程，于 2007 年 10 月完工。包括打井（两眼抽水井、八眼回灌井）、增加 3 台制热量为 1350kW 的热泵机组、空调末端系统改造、外管连接以及空调机组配电系统和控制系统安装。为了保证空调系统用电需要，医院新建一座 3000kW 的变电站，专为空调机组供电。为了防止地下水流失，按沈阳市节水办要求，新凿的 10 眼井全部安装了远程监控系统，市节水办可实时监控医院地源热泵的抽水量、回水量、水位及水温等。

全部改造完成后，医院地下水源系统的配置为：5 台水源热泵机组，系统的总装机制热量为 6024kW，总装机制冷量为 5253kW；系统设置 4 台潜水泵和 4 台空调循环泵。地下水源热泵系统夏季可提供 7℃/12℃ 的空调冷水，冬季提供 50℃/40℃ 的空调热水，满足全院的制冷/供暖需要。空调水系统为同程式二管制系统。

图 7　医院原采暖用锅炉房图　　　　　图 8　医院的地源热泵机房

热泵系统的配置及主要设备参数见表 2，系统流程图见图 9。

水源热泵系统主要设备参数表　　　　　　　　　　　表 2

设备名称	型号/规格	性能参数	数量
水源热泵机组	SGHP-1400	制热量：1350kW；制热功率：300kW 制冷量：1183kW；制冷功率：211kW	3 台
	SGHP-1000	制热量：987kW；制热功率：244kW 制冷量：852kW；制冷功率：158kW	2 台
空调循环泵	KQL250/345-75/4	V＝460m³/h；H＝37m；N＝75kW	3 台
	KQL100/235-15/2	V＝100m³/h；H＝32m；N＝15kW	1 台
潜水泵	250QJ160-50/2	V＝160m³/h；H＝50m；N＝37kW	4 台
旋流除砂器	DN300	—	1 台
电子水处理仪	TTGD-121	—	1 台
射频水处理仪	TTSP-300	—	1 台
射频水处理仪	TTSP-250	—	1 台
补水泵	KQL65/235-11/2	V＝23.4m³/h；H＝70m；N＝11kW	2 台
补水箱	36m³	3000×4000×3000	1 台

3.2　空调末端改造

医院原供暖末端采用散热器，2006～2008 年，医院先后对门诊楼、急诊楼、内科病房楼等主要建筑的空调管道和空调末端进行了改造，全部改为风机盘管供暖（制冷），改造完成后全院约有 2400 台风机盘管，配合地下水源热泵系统使用。

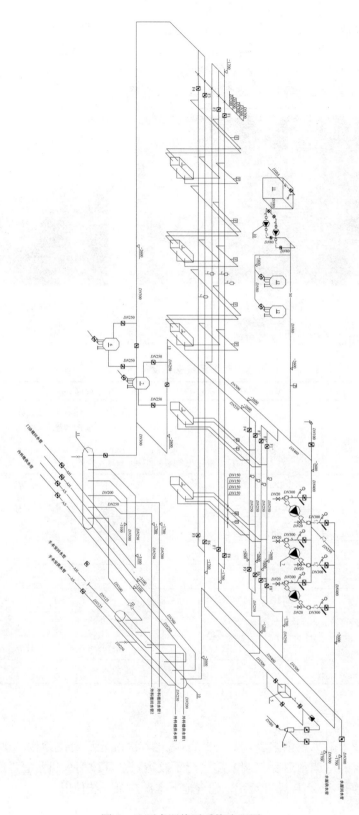

图 9　地下水源热泵系统流程图

3.3 墙体和外窗改造

2006~2008年，医院先后对病房楼、急诊楼、门诊医技楼及附属楼等旧楼进行外墙、外窗改造，在外墙外贴80mm厚的EPS板，屋顶设置保温层，并将原来的双层铁窗、双层铝合金窗全部更换为塑钢窗，既解决建筑保温问题，又使医院整体结构大为改观。

外墙改造方案采用膨胀聚苯乙烯板（EPS）加薄层抹灰并用玻璃纤维加强的做法，构造示意图见图10。这种做法有以下优越性：

（1）此项技术已形成体系，粘结层、保温层与饰面层可配套使用，有较多较成熟的技术文件；

（2）由于保温材料采用膨胀聚苯乙烯，整个系统价格适中；

（3）无复杂的施工工艺，一般施工单位经过简短培训后便可掌握施工要领，便于技术的推广；

（4）集保温、防水和装饰功能于一体，具有多功能性；

（5）整个系统具有较强的耐候性、良好的防水和水蒸气渗透性能；

（6）有多种颜色和纹理的面层涂料可供选择，与整个系统配套使用。

外窗改造的设计方案为：

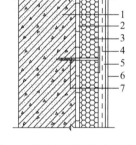

（1）公共建筑部分采用单框双玻塑钢窗（图11、图12），外门采用不锈钢框门，其传热系数 $K \leqslant 2.6$ [$W/(m^2 \cdot K)$]。

（2）外窗的抗风压性能、水密性能以及气密性能不低于现行国家标准水平。

（3）外门窗框与间隙须用苯板填实后满注硅酮密封胶。

图10 外墙外保温构造示意图
1—基层；2—胶粘剂；3—EPS板；4—玻纤网；5—薄抹面层；6—饰面层；7—锚栓

根据设计要求，改造后的外窗采用单框双玻塑钢窗，具体做法为：

（1）塑钢选用海螺60系列型材；

（2）玻璃采用中空浮法工艺制作的玻璃（4+9A+4），用三元乙丙干法镶嵌；

（3）外窗与墙体采用发泡剂密封。

图11 改造前的双层铝合金窗和铁窗

图12 改造后的塑钢窗

3.4 太阳能热水利用

充分利用可再生能源，以实现节约能源的目的。医院具有较大的屋面空旷面积，可以利用太阳能产生热水对热水系统进行补充。医院改造后在内科病房楼和医技楼的楼顶安装了太阳能集热器（图13），医技楼楼顶的太阳能集热器可产生 5t 热水，供手术室医务人员洗澡。

图 13　内科病房楼和医技楼楼顶的太阳能集热器

3.5 污水处理系统改造

医院每日的污水排放量达到 1000t。2009 年医院对污水站进行改造，采用了一级预处理、二级生物处理（A/O法）、三级深度处理（高效过滤、消毒）的工艺路线，污水经过微生物的水解酸化、生物降解等作用，使有毒、有害、难降解有机物转化为无毒、无害、稳定、无二次污染的无机物，净化水达到中水回用标准。此工艺科学、可靠、易操作，它不仅对 COD、BOD、SS 等具有良好的去除效果，还可有效地除磷脱氮。为了保证污水处理的效果，医院选择了最优最好的污水处理设备。污水站改造后，COD 由进水 360mg/L 处理后达到 50mg/L 以上，预计每年消减 COD 为 129.6t。处理后的污水用于绿化、洗车、道路冲洗等。

4. 改造效果分析

4.1 室内应用效果

医院对空调系统和外墙保温进行改造后，投入运行的空调系统效果理想，能够满足全院医疗用房、办公用房和辅助用房的供暖需要，病房冬季室内平均温度达到 21~22℃，手术室冬季室内温度可控制在 24~27℃，诊疗室、办公室达到 20℃左右，各楼一层大厅的温度也明显提高。夏季室内平均温度 24℃左右，相对湿度控制在 60% 以内。

4.2 围护结构改造

医院围护结构改造完成后对建筑工程节能质量进行了检测，改造后的建筑外墙节能构造符合《建筑节能工程施工质量验收规范》GB 50411 的要求；建筑外窗气密性按《建筑外门窗气密、水密、抗风压性能分级及检测方法》GB/T 7106 综合评定为 8 级，高于原气密性的工程设计等级 5 级的要求。

4.3 地下水源热泵系统

改造后地源热泵系统平稳高效运行，2009 年选取了典型的夏季工况和冬季工况，对地源热泵系统进行了连续两天的现场监测，并抽取了 1 台热泵机组（4 号），进行了性能测试。

连续两天内系统能耗状况见表 3，测试期间机组数据的平均值见表 4，系统能耗构成见图 14、图 15。测试期间，机组的进出水温度稳定，地下水供水温度基本在 12℃左右，机组高效、稳定运行。夏季由于冷凝器进水温度较低，机组供冷效率较高，COP 达到 5.90。机组测试同时发现，由于空调侧水泵没有变频措施，在夏季负荷较低时，存在一定的大流量、小温差现象，通过水泵的变频改造，可进一步挖掘节能潜力。

地下水源热泵系统实际运行工况下的性能测试结果　　　　　　表 3

测试项目	夏季	冬季
系统累加供热（冷）量（kWh）	15493	97464
机组累加耗电量（kWh）	2811.8	24147.0
潜水泵累加电耗（kWh）	516.8	4483.0
空调循环泵累加电耗（kWh）	1024.0	3120.0
地下水源热泵系统性能系数	3.56	3.07

地下水源热泵机组实际运行工况下的性能测试结果　　　　　　表 4

测试项目	夏季	冬季
蒸发器进口温度（℃）	13.7	12.0
蒸发器出口温度（℃）	10.6	7.4
冷凝器进口温度（℃）	12.2	38.0
冷凝器出口温度（℃）	20.5	41.3
蒸发器侧流量（m³/h）	310	142
冷凝器侧流量（m³/h）	125	272
机组制冷（热）量（kW）	1103	1047
机组耗功率（kW）	187.1	262.4
平均性能系数	5.90	3.99

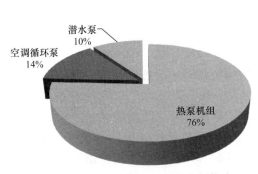

图 14　夏季地下水源热泵系统能耗构成

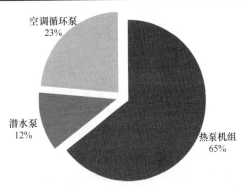

图 15　冬季地下水源热泵系统能耗构成

4.4 节能效果分析

经 2009 年至 2010 年对医院热泵系统进行现场实测，结合测试数据，冬季采用度日法，夏季采用温频法对全年的供暖空调能耗进行了计算，并与传统的空调供暖方式进行对比，得出热泵系统较之常规能源系统一年可以节约 667tce，具有较大的节能效益（表 5）。

项目常规能源替代量计算表　　　　　　　　　　　　　　　　　表 5

		年耗电量（kWh）	折算总耗煤量（tce）	节煤量（tce）	
				单季合计	全年合计
供暖季	地源热泵	2072335	821	525	667
	燃煤锅炉	497360	1346		
供冷季	地源热泵	647946	257	142	
	冷水机组	1007287	399		

4.5 环境影响分析

采用地下水源热泵系统代替燃煤锅炉房供暖，在取得良好的应用效果和显著的经济效益的同时，还具有良好的环保效益，可减少 CO_2、SO_2、灰尘、炉灰、颗粒物等大气污染物排放量。经计算，项目全年可节约常规能源 667tce，CO_2 减排量为 1648t/a，SO_2 减排量为 13t/a，粉尘减排量为 7t/a。

项目利用地下水为热泵系统换热，运行中主要对浅层地下水的水温有微小影响，由于取出的地下水经换热（冷）后，水温会降低或升高 4~7℃，回灌至地下后，大部分冷量（热量）通过地层和大量地下水被耗散，使受影响区域很小。

采用地下水源热泵系统后，系统运行会产生一定的噪声污染，但由于机房为地下建筑，机房墙体能有效削减噪声，再加装隔声门，通风安装消声器后，不会超过昼间 55dB（A），夜间 45dB（A）的标准限值。

5. 改造经济性分析

5.1 改造费用

医院的地下水源热泵系统改造总投资 1428.87 万元，其中一期投资 567 万元，二期投资 861.87 万元，设备共投入 858 万元，其余为机房及配电系统投入。

5.2 运行费用节约

供暖工程改造前，手术室采用燃油溴化锂空调机供暖和制冷，每年的燃油成本 50 万元。医院冬季需花费供暖费用 240 万元左右，但供暖并不理想。

2008 年，医院整体供暖工程改造结束，全部实现中央空调供暖（制冷），供暖期为 2008 年 11 月 1 日至 2009 年 4 月 9 日，共计 160d，空调机组耗电 2169000kWh，费用约为 181 万元。全院风机盘管共 2400 台，按 80% 使用率估算，冬季运行费用约 16.53 万元。改造后的供暖费用约为 24.79 元/m²。

6. 思考与启示

目前大量的既有建筑都存在材料老化、能耗高、使用功能差、抗震能力差的问题，把这些建筑拆除不现实也不可能。科学有效地对既有建筑进行必要的、逐步的合理改造，是解决这一问题的较好途径之一。

医院建筑首先考虑的往往是保证房间的使用效果，满足患者的舒适性要求，而忽视了节能要求，成为耗能大户。目前医院的既有建筑节能改造已经成为医院现代化建设的必由之路。

辽宁省人民医院通过外墙、外窗保温改造，增加气密性；末端改为风机盘管，增加室温调节措施，避免过量供热；优化热源结构，因地制宜，充分利用可再生能源等一系列改造措施，不仅获得了良好的室内效果，改善了医院的就医环境，同时也大大节约了运行费用，取得了良好的节能和环保效益，树立了医院的良好形象，其经验值得借鉴。

3 哈医大第一临床医院实验楼套建增层改造工程

项目名称：哈医大第一临床医院实验楼套建增层改造工程
项目地址：黑龙江省哈尔滨市南岗区大直街 199 号
建筑面积：32000m²
改造面积：24000m²
资料提供单位：哈尔滨工业大学土木工程学院、黑龙江省北方建筑设计院、中国建筑科学研究院、哈尔滨医科大学第一临床医院

1. 工程概况

哈尔滨医科大学第一临床医院住院部始建于 20 世纪 80 年代初，位于哈尔滨市南岗区邮政街北侧，如图 1 所示。实验楼西南侧为儿科病房，东侧为外科病房，与外科病房垂直相连为高干病房，西北侧为 X 刀病房，实验楼正前方为花坛。

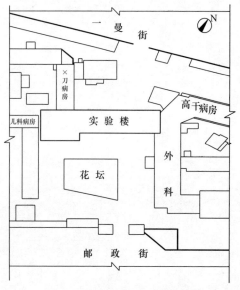

图 1 哈尔滨医科大学第一临床
医院住院部建筑总平面图

随着我国文教卫生事业的蓬勃发展，这些建筑已不能满足医院发展及患者就医的需求。为此，哈尔滨医科大学第一临床医院住院部进行了一系列扩建改造，包括将原有 4 层的实验楼套建增层改造为 14 层高层建筑；将儿科病房楼从原有 6 层砌体结构房屋翻建为 16 层框架-剪力墙结构的高层建筑；将外科病房楼从原有 5 层增至 7 层；在实验楼正前方的花园下修建了跨度为 24m 的地下游泳池。经过这些改造与建设，明显改善了哈尔滨医科大学第一临床医院的医疗条件。本节着重介绍实验楼的套建增层改造。

哈尔滨医科大学第一临床医学院住院部实验楼原为 4 层蒸压加气混凝土砌块砌体结构房屋，建筑面积为 8000m²。原实验楼内部设有的 CT、X 光及核磁共振设备无处搬迁。若将实验楼拆除重建，医院将至少一年不能正常开诊营业。在这样的背景下，医院决定在维持实验楼正常使用条件下将其进行增层改造，从原有 8000m² 扩建到 32000m²。经黑龙江省计委组织的专家论证会论证，决定采用 11 层外套预应力混凝土框架结构增层，新增部分楼层的建筑高度为 4.2m。项目设计由哈尔滨工业大学土木工程学院与黑龙江省北方建筑设计院共同完成，2000 年 4 月增层改造工程竣工。套建增层后实验楼一层建筑平面图如图 2 所示，二、三、四层平面基本维持原有平面设计，仅增加了各层与新增竖向交通的联系。套建增层后六～十三层建筑平面图如图 3 所示，五

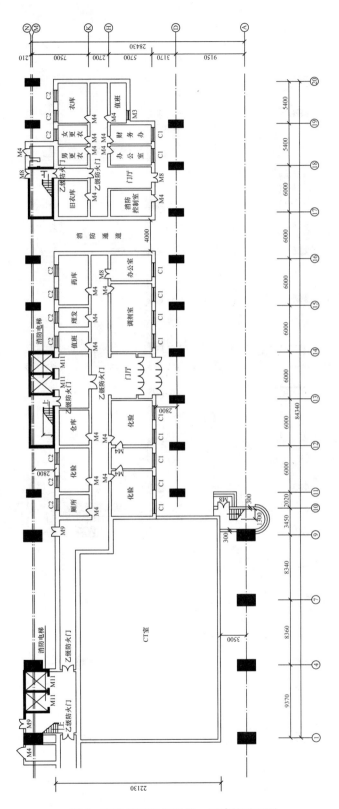

图 2　套建增层后实验楼一层建筑平面图

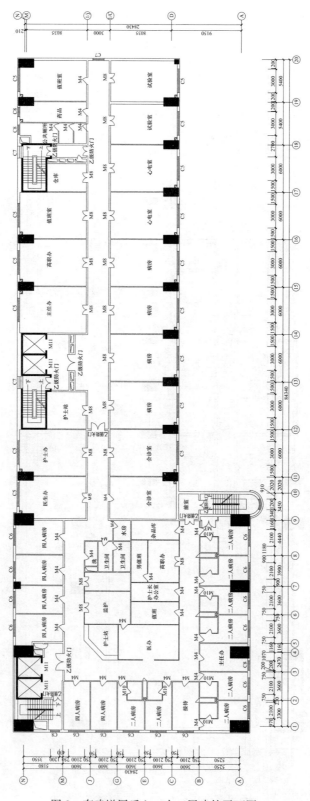

图 3 套建增层后六~十三层建筑平面图

层与六层平面图差别不大，只是局部作为设备层，十四层与十三层差别不大。过①、④、⑨轴套建框架示意图如图 4 所示。哈尔滨医科大学第一临床医学院住院部实验楼改造现场如图 5 所示，套建增层后的哈尔滨医科大学第一临床医学院住院部实验楼如图 6 所示。

图 5　哈医大一院实验楼改造现场图

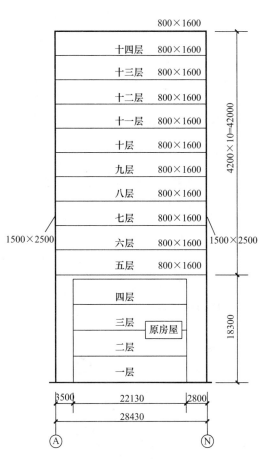

图 4　过①、④、⑨轴套建框架示意图

图 6　套建增层后的哈医大一院住院部实验楼

2. 改造技术

2.1　建筑改造

　　哈尔滨医科大学第一临床医学院住院部实验楼由原有的 4 层蒸压加气混凝土砌块砌体结构房屋套建增层改造为 14 层的现代高层建筑，是各专业技术人员共同合作的成果。套建增层改造重在保存原有建筑场所精神，维系城市文脉连续性，同时更重视更新功能，以适应时代需要。

2.1.1 建筑防火

哈尔滨医科大学第一临床医学院住院部实验楼改造后总高度超过60m，以及它作为医院公共建筑的使用性质，按照《高层民用建筑设计防火规范》GB 50045的建筑分类要求，其属于一类高层建筑，耐火等级为一级。

按照一类高层建筑的防火要求，将⑫轴作为防火分区，如图3所示。在⑫轴设置乙级防火门，并采用防火卷帘作防火分区分隔，其耐火极限不低于3h。每个防火分区的安全出口为两个。各房间门至最近的外部出口或楼梯间的安全疏散距离均满足要求。

实验楼所有楼梯均按防烟楼梯间设置，电梯均按消防电梯设置。防烟楼梯间与消防电梯间合用前室，前室面积不小于$10m^2$。前室和楼梯间、电梯间的门均为乙级防火门，具有自行关闭功能，并向疏散方向开启。根据一类高层建筑防火要求，在病房、办公室、走道及可燃物品库房设自动喷水灭火系统，按要求设置室内、室外消火栓给水系统，配备了消防水加压设备，并采取了防超压措施。在走道内设置排烟设施，在病房、贵重医疗设备室、病历档案室、药品库等设置火灾自动报警系统。

2.1.2 建筑平面功能改造

在进行实验楼平面功能改造设计时，考虑到医疗设备和操作空间的需求，采用了大开间的设计思想，使改扩建后的空间完整、优美，同时增加了房间布置的灵活性。⑨轴东侧为大开间房间，主要为医疗检测用房，根据需要，每层按不同科室设置。⑨轴西侧为小开间房间，主要为高等级病房及普通多人病房。病房中病床的排列平行于采光窗墙面，病房门直接开向走道，门净宽超过1.1m，门扇上设观察窗。所有病房均采用自然采光，其窗地面积比均大于1/6，满足采光要求。走道净宽不小于2.4m，宽敞舒适且满足防火疏散要求。图7为改造后的实验楼室内会议室及病房效果，从图中可以看出，改造后的实验楼室内明亮通透，使用效果好。

(a) (b)

图7 改造后的实验楼室内效果图

(a) 会议室；(b) 病房

2.1.3 建筑立面及造型改造

实验楼立面造型力求平整、简洁。突出平整外形的设计，运用平面整体性为主立面，在平整外形的基础上再追求某些线条、门窗的变化，给人一种清朗、简朴的感觉，表达一种大度、高尚的意境。洁净、明亮的玻璃窗让人赏心悦目。建筑立面设计色彩采用纯白色，体现出白衣天使的高雅与纯洁。在实验楼正立面将大尺寸外套柱以浓重的色彩展示在眼前，给人以厚重踏实的感觉。立面以两列阳台作为竖向点缀，起到了画龙点睛的作用。

在实验楼⑨～⑲轴南侧设置了阳光大厅，其高度与原四层建筑高度相同，屋架为钢管网架结构，屋顶及四周均采用玻璃幕墙作为围护结构。这样对原建筑部分起到了很好的装饰效果，且不影响原建筑的采光。改造后的实验楼阳光大厅如图8所示，其宽敞明亮、质朴简洁，作为接待、宣传、休息场所，取得了很好的使用效果。

图8　改造后的实验楼阳光大厅

2.1.4　竖向交通改造

为实现新增套建增层结构与原有建筑竖向交通的延续，同时满足防火及疏散要求，本次改扩建增设了4部楼梯及4部电梯。套建增层结构的外套框架柱与原有建筑距离较大，柱中心距原建筑外墙外侧最小距离为2.8m，最大距离为3.5m，利用这一特点，新增4部楼梯及4部电梯均设置在原有建筑外侧与外套框架柱之间，并在楼、电梯相应部位增设门与原建筑联系，楼梯均采用自然采光。这一设计方法对原有建筑扰动少，简化了施工工艺，降低了造价。

2.2　结构改造

2.2.1　改造思想

根据哈尔滨医科大学第一临床医学院住院部实验楼改造工程的特点，可采用套建规则框架增层、套建巨型框架增层及框支剪力墙结构增层。采用巨型框架增层示意图为如图9所示，其优点为结构传力明确、受力合理，但巨型框架梁高需3.6m，而其所在层无法使用，这样大大降低了建筑物的使用效率。采用框支剪力墙结构增层，需有部分剪力墙落地，将影响原房屋的正常使用。采用套建规则框架增层，则避免了上述问题，因此经过磋商，决定采用套建规则框架增层改造哈尔滨医科大学第一临床医学院住院部实验楼。

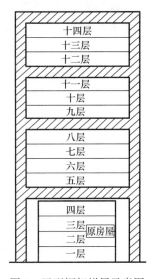

图9　巨型框架增层示意图

2.2.2　结构设计

（1）基础设计

哈尔滨医科大学第一临床医学院住院部实验楼外套框架柱基础采用桩基，为大直径人工挖孔灌注桩。外套框架柱与原房屋之间的距离使得二者各自独立，这样避免了套建施工时对原建筑基础的扰动。桩长24m，直径为1000～1100mm，承台厚度为2000～3000mm。各相邻桩基承台之间用$b×h＝300mm$

×700mm 的混凝土连梁连接成为整体。桩的混凝土设计强度等级均为 C30，桩基承台及连梁的混凝土设计强度等级为 C35。桩基础平面布置图如图 10 所示。

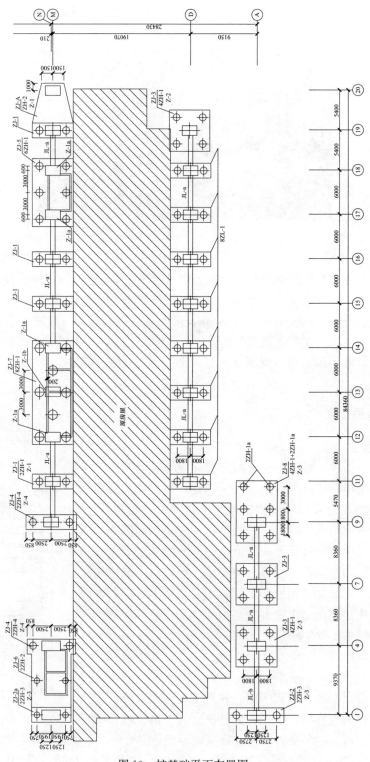

图 10 桩基础平面布置图

以桩 ZH-1 为例，桩身配筋 8ϕ16，桩端 2m 区段螺旋箍筋加密为 ϕ10@100，非加密区为 ϕ10@200，纵向钢筋均沿桩身通长设置。桩 ZH-1 截面及配筋如图 11 所示，ZJ-3 桩基

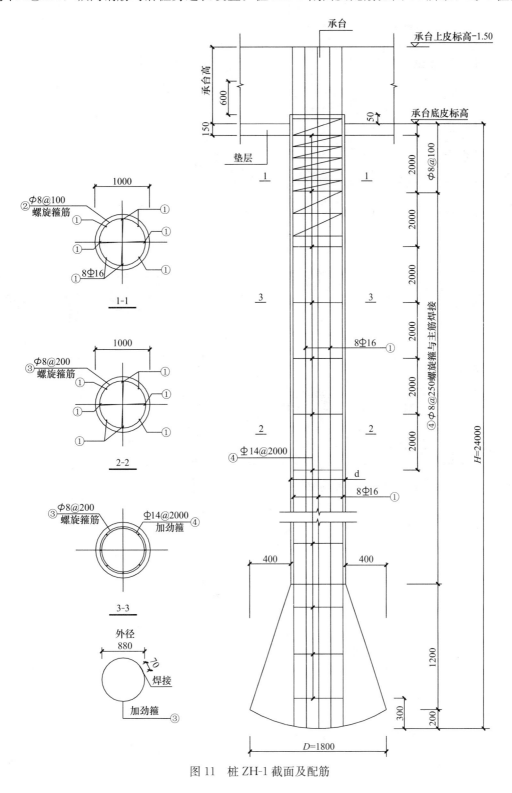

图 11　桩 ZH-1 截面及配筋

承台截面及配筋如图 12 所示，承台间水平连梁 JL-a 截面及配筋如图 13 所示。新增设的电梯井壁混凝土剪力墙直接与桩基承台相连，其构造与配筋如图 14 所示。

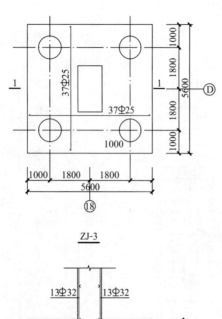

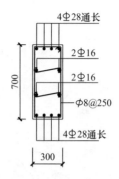

图 13　承台间水平连梁 JL-a 截面及配筋图

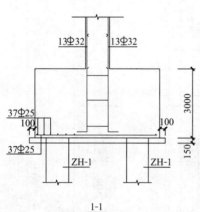

1-1

图 12　ZJ-3 桩基承台截面及配筋图

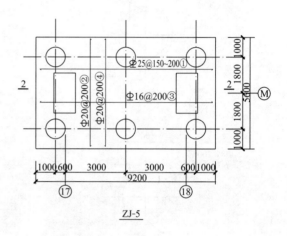

ZJ-5

从桩基础平面布置图可以看出，所有桩基均为二桩及以上对称布置，以保证竖向轴力由所有桩共同承受，在受弯时，一侧桩承压，一侧桩抗拔。

（2）上部结构设计

哈尔滨医科大学第一临床医学院住院部实验楼为乙类建筑，即在地震时其使用功能不能中断或需尽快恢复的建筑。该工程位于

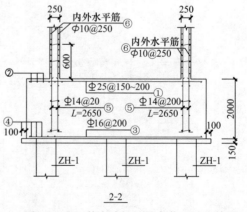

2-2

图 14　ZJ-5 剪力墙桩基承台截面及配筋图

6 度设防地区，考虑到建筑物的重要性，业主要求按设防烈度提高一度即 7 度进行设计。在套建增层改造设计过程中，应合理考虑地震作用和风荷载的影响。

外套框架梁、柱截面尺寸如表 1 所示。梁、板、柱所用混凝土设计强度等级均为C40，框架梁及板采用预应力混凝土技术。在①～⑨轴区段板厚为 200mm，⑨～⑳轴区段

板厚为 150mm。柱及墙的纵筋、柱中箍筋与墙的分布钢筋及梁、板中非预应力纵筋均为 HRB335 级钢筋，预应力筋采用抗拉强度标准值为 $f_{ptk}=1860\text{N}/\text{mm}^2$ 的 ϕs15 低松弛钢绞线，板采用粘结预应力工艺。①、④、⑦、⑨轴梁采用有粘结预应力工艺，⑪、⑫、⑬、⑭、⑮、⑯、⑰、⑱、⑲、⑳轴框架梁采用无粘结预应力工艺。梁张拉端及锚固端均采用 XM15 系列夹片锚，板张拉端采用 XM15-1 锚具，锚固端采用挤压锚。预应力筋的张拉控制应力 $\sigma_{con}=0.75f_{ptk}$，当混凝土强度达到其设计强度等级值的 75% 时方可张拉。

外套框架梁柱截面尺寸 $b\times h$（mm×mm）　　　　　　　　　表 1

	过①④⑦⑨轴	过⑪⑫⑬⑭⑮⑯⑰⑱⑲⑳轴	过ⒶⒹⓂⓃ轴
框架柱	1500×2500	1100×2000	—
框架梁	（800~850）×1600	500×1100	400×900

为增大套建框架的纵向抗侧刚度，在基础顶面至新增一层框架高度一半处设置一道纵向腰梁，其截面尺寸为 $b\times h=300\text{mm}\times800\text{mm}$，配筋如图 15 所示。

综合考虑结构的受力情况、耐久性、防火等级及构造要求后，确定了套建增层结构中预应力筋的合力作用线。然后根据裂缝控制要求计算出梁中预应力筋的用量，根据承载力计算公式及有关构造要求，确定出大梁中非预应力筋的用量。实验楼五～十四层顶板预应力筋配筋图如图 16 所示。以⑦轴有粘结外套框架大梁 L7-3 为例，其预应力筋配置为 72ϕs15 钢绞线，预应力筋线型如图 17 所示。

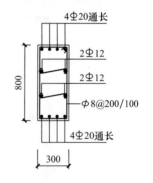

图 15　腰梁截面尺寸及配筋图

由于实验楼西北侧与 X 刀病房紧相连，套建框架⑦轴与Ⓝ轴交汇处无法设柱，如图 3 所示。为此，在新增一层框架大梁上设置了托柱，托柱生根于框架大梁，向上层设置。该区段框架大梁 L7-8 作为转换梁，采用无粘结工艺，其预应力筋配置为 60ϕs15 钢绞线，预应力筋线型如图 18 所示。

由于实验楼右侧与外科病房紧相连，套建框架⑳轴与Ⓓ轴交汇处无法设柱，如图 3 所示。为此，将过Ⓓ轴的⑱轴与⑲轴区段外套框架梁截面增大为 $b\times h=1000\times1500$，在⑲轴与⑳轴区段梁 L7-12 端部设置了悬挑梁，在悬挑梁端部过⑳轴设置梁 L7-6，在梁 L7-6 上设有若干托柱 Z-5。梁 L7-12 锚板及钢筋网片详图如图 19 所示。

2.2.3　结构施工

经计算，原屋顶不足以承受施工过程中新增楼层的结构自重及施工荷载。为保证在套建增层施工过程中原建筑的正常使用，提出了"用生根于外套框架柱的钢桁架围托支承施工阶段套建框架梁"的设计思想。它主要包括两方面的内容：一是在绑扎外套框架柱钢筋骨架时预留足够尺寸，将焊接好的大尺寸平面角钢桁架伸入框架柱中，形成三面围托的空间桁架体系。在底部钢桁架上放置木楞，在木楞上支底模，然后以底模为支撑设置侧模，这样实现了在浇筑框架梁混凝土过程中由钢桁架承担梁自重和施工荷载。二是垂直于钢桁架下弦杆角钢上焊接槽钢作主楞，在主楞上布置木方作次楞，在次楞上铺放板底模。这样在施工过程中板的荷载直接传至钢桁架，从而可在施工阶段避免将新增套建一层底板的荷

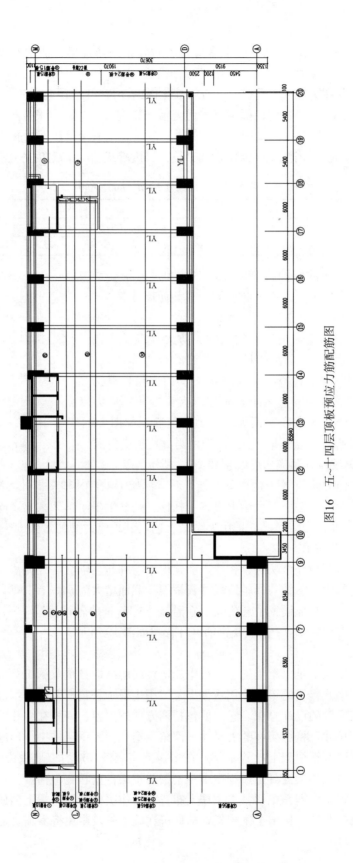

图16　五~十四层顶板预应力筋配筋图

36

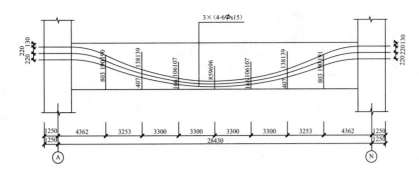

图 17 梁 L7-3 预应力筋线型图

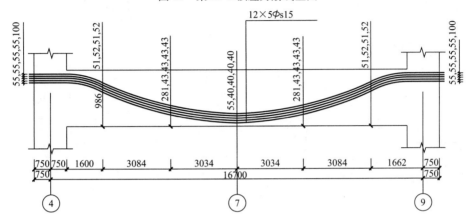

图 18 转换梁 L7-8 预应力筋线型图

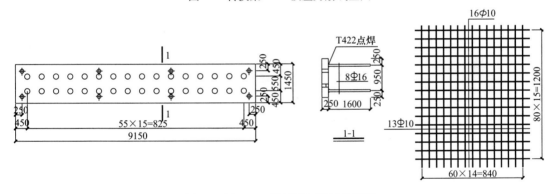

图 19 梁 L7-12 锚板及钢筋网片详图

载传至原屋顶。待混凝土达到设计强度并张拉梁板中预应力筋后,切除外露角钢桁架。

2.2.4 其他施工措施

(1) 避免预应力筋与柱中纵筋发生"顶牛撞头"的措施

为了避免有粘结外套框架大梁的预应力筋(束)与柱中纵筋发生"顶牛撞头"现象,应合理布置柱纵筋及梁端预应力筋。以梁 L7-3 为例,其在张拉端的封锚详图如图 20 所示,为保障预应力束在柱中的畅通,与梁 L7-3 相连的外套框架柱 Z-1 配筋由图 21 (a) 改变为图 21 (b)。

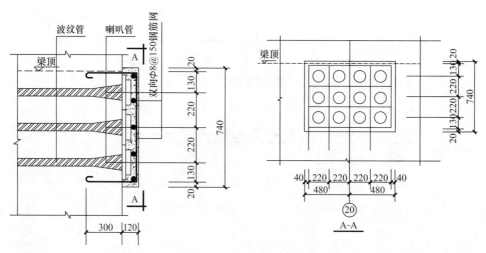

图 20 有粘结梁 L7-3 张拉端封锚详图

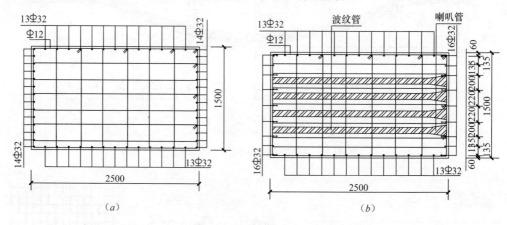

图 21 外套框架柱 Z-1 配筋图

(a) 9m 以下柱 Z-1 配筋图；(b) 9m 以上柱 Z-1 配筋图

（2）外套框架结构侧限影响分析

哈尔滨医科大学第一临床医学院住院部实验楼套建增层框架柱截面尺寸较大，其对预应力梁的侧向约束相对比较明显，在张拉梁中的预应力筋时，柱必将以其剪力的形式"吃掉"部分预加力，梁只承受全部预加力的一部分。在设计中合理考虑了侧向约束影响。

以过⑨轴套建框架为例，其框架梁、柱截面尺寸、跨度及各层层高如图 4 所示。有粘结外套框架大梁预应力筋配置为 72ϕs15 钢绞线，则运用上述方法计算得到套建框架梁侧限影响系数最小值为 0.72，最大值为 0.92，可见不考虑侧限影响将导致套建框架梁配筋最大减少近 30%，使得结构不安全。

侧限影响的另一方面是使梁预应力筋的有效预应力降低，为了保证梁中建立足够的预应力，同时为最大限度地减少侧限影响，待预应力工程施工完毕，将所有预应力筋补张拉一次。

2.3 室外环境改造

哈尔滨医科大学第一临床医院位于哈尔滨市南岗区繁华地带，原有建筑建造年代久远，层数较低，空间狭小，已经完全不能满足使用要求。从 1998 年开始，哈尔滨医科大学第一临床医院进行了一系列增层改造，分别将儿科病房、实验楼及外科病房进行了增层或改建。使得医院与其临近房屋协调统一。本次增层改造设计中整理了建筑环境，同时布置了绿化。改造后的哈一大医院实验楼摒弃了原有低矮建筑与其周围房屋不协调的局面，在尊重周围建筑风格的基础上，取得了与其相互辉映、浑然一体的建筑艺术效果。

3. 改造经济分析

经计算，哈尔滨医科大学第一临床医学院住院部实验楼外套框架混凝土总用量为 11449.9m³，非预应力筋总用量为 1599.1t，预应力筋总用量为 364.5t，改造工程总造价为 1.1 亿元。实验楼套建增层改造完成后每年创造的产值约 3.0 亿元，经济效益显著。实验楼在套建增层改造施工过程中，原房屋均正常使用，保障了医院各项工作的顺利进行。新增建筑面积超过 24000m²，提高了土地容积率。增层改造后的房屋使用功能良好，与周围环境相协调。它的建成极大地改善了医院实验条件，为哈尔滨医科大学第一临床医学院的发展做出了贡献，取得了明显的社会效益。

4. 思考与启示

哈尔滨医科大学第一临床医学院住院部实验楼增层改造工程是我国大型套建增层改造工程之一。虽然实验楼已投入使用近 15 年，使用功能也较好，但笔者也对本工程的结构形式进行了反思，主要有：

（1）用增层改造替代推倒重建，不但可以保持在施工过程中原建筑的正常使用，而且可达到土地上建筑容积率与推倒重建基本持平，对国家和社会实现资源节约和可持续发展意义重大，似可成为我国建筑业值得探索的发展方向之一。

（2）该工程是采用规则大跨多层预应力混凝土框架套建增层的，应当说取得了一定的成功，但更为经济合理的套建增层结构形式仍是进一步开发的方向。

（3）为使对既有建筑的套建增层有据可依，适宜编制或修订相关技术规程。

4 乌兰察布市凉城县医院改造工程

项目名称： 乌兰察布市凉城县医院改造工程
项目地址： 内蒙古自治区乌兰察布市凉城县胜利街
建筑面积： 20000m²
改造面积： 20000m²
资料提供单位： 中国建筑技术集团有限公司、乌兰察布市凉城县医院

1. 工程概况

乌兰察布市凉城县医院是一所县级综合医院，建筑面积为20000m²，医院开放病床240张，全院职工总数250人，年门诊量6万人次左右，年收治住院6000人次左右，医院拥有门诊楼、感染性疾病楼、内儿科住院大楼和外科住院大楼、急诊室、百级手术间、肾透ICU室等先进的具有医学前瞻性的科室，内部病房单元设施先进，建筑与规划配置比例均符合国家旗县医院标准（图1）。

图1 医院外观图

2. 改造目标

采用水源热泵系统和太阳能热水系统代替传统的锅炉为医院建筑物供暖，并提供生活热水。

与传统的锅炉（电、燃料）供热系统相比，水源热泵具有明显的节能优势。锅炉供热只能将90%～95%的电能或55%～80%的燃料内能转化为热量，而水源热泵从低位热源提取的热量是输入电能的3～4倍，因此要比电锅炉节省2/3以上的电能，比燃料锅炉节省1/2以上的能量。通过采用水源热泵技术供暖，可以减少煤的燃烧，进而减少对环境的污染。

通过安装太阳能热水系统，可以方便病人洗澡，解决医院热水问题，体现健康文明的生活方式，改善了病人的住院环境与住院条件。

3. 改造技术

3.1 水源热泵技术

水源热泵技术是利用地球表面浅层水源中吸收的太阳能和地热能而形成的低温低位热能资源，并采用热泵原理，通过少量的高位电能输入，实现低位热能向高位热能转移，从而达到供热目的（图2）。

3.1.1 系统设计的原则和设计要求

热源机房系统的核心设备为热泵主机，其选型主要遵循以下原则：

图2 热泵机房设备安装效果图

一是主机总制热量能够满足建筑负荷要求；

二是合理优化，最大限度地降低系统初投资及运行费用；

三是选用两台或两台以上机组互为备用，或采用双机头机组，提高系统的可靠性和安全性。

该项目采用富尔达公司生产的双机头高温满液式水源热泵机组1台，型号为LSBLGRG-1510M，满足该项目的冬季供暖需求。

3.1.2 热负荷估算及技术方案

建筑热负荷估算如表1所示。

建筑热负荷估算表 表1

建筑用途	建筑面积（m²）	热负荷指标（W/m²）	热负荷（kW）
医院	20000	60	1200

机组 LSBLGRG-1510M 性能参数如表2所示。

机组性能参数表 表2

型号规格		LSBLGRG-1510M
制冷	制冷量（kW）	1159.4
	输入功率（kW）	159.7
制热	制热量（kW）	1327.8
	输入功率（kW）	247.4
压缩机形式数量		半封闭螺杆压缩机2台
能量调节范围（%）		0、25、50、75、100
电源		三相四线制380V50Hz
制冷剂		R22
制冷剂充注量（kg）		420
蒸发器形式		满液式壳管换热器
冷凝器形式		壳管换热器
机组重量（kg）		7200

井水流量：该地区的地下水温度冬季约为10℃，机组提取5℃温差，所需地下水总量为160m³/h。

这台机组总制热量达到1327.8kW，完全可以满足供热要求（图3）。

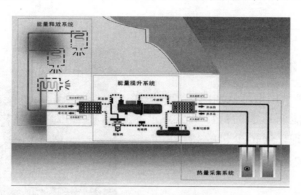

图3　水源热泵系统原理图

循环泵为系统提供热媒水输送的动力，能耗约占整个空调系统的10％～30％，随着各种空调主机变频等负荷调节功能的完善，循环泵的能耗将对系统运行费用起到决定性的作用。因此，系统循环泵配置的科学与否对空调系统起着关键的作用。本方案从节能及用户需求方面综合考虑选取水泵参数如表3所示。

水泵参数表 表3

名称	流量（m³/h）	扬程（m）	数量（台）	备注
使用侧循环泵	100	32	3	两用一备
潜水泵	50	80	8	扬程需结合静水层高度

3.1.3　运行费用

运行费用＝装机容量×调节系数×运行天数×每天运行时间×电价。

主机：$247.4 \times 0.6 \times 180 \times 15 \times 0.5 = 200394$元

循环水泵：$15 \times 2 \times 180 \times 20 \times 0.5 = 54000$元

潜水泵：$15 \times 3 \times 0.6 \times 180 \times 15 \times 0.5 = 36450$元

则冬季运行费用合计为290844元，单位面积运行费用平均为14.55元/m²。

计算条件：

（1）机组冬季运行180d，机组平均每天运行15h。

（2）机组日逐时温度变化季节变化引起的负荷综合调节系数为0.6。

（3）潜水泵暂按3台计算，每台功率15kW。

（4）电费按照0.5元/kWh计算。

3.2　太阳能热水系统

在凉城县医院改造设计太阳能热水系统1套，太阳能集热器面积280m²，满足办公楼、职工餐厅与病房、门诊每天使用热水15t的热水需求。太阳能热水系统应用建筑面积20000m²（图4）。

3.2.1 集热器类型确定

合理完善的太阳能热水系统是太阳能集热系统与热水供应系统的有机结合。因此，系统选用集热器产品应因地制宜，结合产品技术情况、用户定位、热水用水要求、经济承受能力等因素，再充分考虑集热系统的结构性能、热性能、设置条件及建筑本身的特点等，进行选型。

图4 屋顶太阳能设备安装效果图

（1）平板型集热器：承压高，抗机械冲击能力强；中低温工况下效率高，环境温度较低时，热损失大，存在集热管破裂、冻结等问题，在寒冷地区不能全年运行；后期维修维护费用少，易于与建筑结合；价格适中。

（2）热管式集热器：热性能好、热效率高、工作温度高；系统承压能力强；热容小、系统启动快，抗严寒能力强，即使在寒冷地区亦可全年使用；价格高。

（3）全玻璃真空管型集热器：玻璃管易破碎，承压能力低（一般小于0.05MPa），保温性能好，热损失小，在低温环境中也有较高的热效率；价格较低。

（4）玻璃—金属真空管型集热器：不存在炸管泄漏问题，可以承压运行；系统阻力大，循环介质容易过热汽化；价格较高。

从技术经济性能综合考虑，根据几种集热器的各自特点，结合该工程建设、使用地点的实际情况，选用全玻璃真空管型太阳能集热器。

3.2.2 热水系统选择

热水系统通常包括集热器、储水箱、连接管道、支架、控制系统和必要时配合使用的辅助热源。

系统流程介绍：

（1）太阳能系统采用定时补水方式，打开电磁阀自动补水，补充完毕后系统自动关闭补水电磁阀。太阳升起后，对集热器进行加热。当 T_1 大于水箱实际水温7℃（可调）时打开水泵，对储热水箱内水循环加热，进行温差循环，当 T_1 小于水箱实际水温3℃时停止，此过程为强制温差循环（又称强制循环）。

（2）水箱不满并且水箱温度满足要求时，当集热器温度到达设定温度时，电磁阀打开，用自来水将集热器中的热水顶回到水箱，当集热器水温低于设定温度时，电磁阀停止。此种方式一直将水箱中的水补满为止，此控制过程为定温直流出水（又称直流方式）。

（3）当集热器底部的温度传感器 T_2 低于5℃时，启动循环水泵，进行防冻循环，同时启动电伴热带，保证管道防冻安全。

（4）水箱温度不足时，系统自动启动电辅助加热，将水箱中的水加热到设定温度时停止。

3.2.3 太阳能热水系统辅助能源选择

目前，常规能源类型通常采用燃煤、燃油（气）锅炉、电加热或其他形式。太阳能热水系统在技术上可以与其中任意一种能源形式进行匹配。凉城县医院没有燃气管路及燃油的供应，采用燃油（气）作为太阳能辅助形式是不可行的。凉城县医院具备用电的基础条件，辅助能源只能采用地源热泵机组或生物质燃料炉辅助加热等形式。综合凉城县医院的实际情况，考虑技术性、经济性、节能及环保等因素，采用电加热作为太阳能热水系统的辅助热源。

4. 改造效果分析

该项目采用最经济的方式解决了医院建筑物的供暖和生活热水需求。水源热泵系统和太阳能热水系统均利用了可再生能源，可以减少常规能源的消耗，又不会对周围环境造成破坏与污染。每安装 $1m^2$ 的太阳能集热器每年节约 120kgce，相应减少二氧化碳排放 324kg，项目实施后，共安装集热器 $280m^2$，即每年可节能 33600kgce，相应减少二氧化碳排放 90720kg，节能减排效果十分显著。

5. 改造经济性分析

太阳能热水系统的年节能量：

$$\Delta Q_{save} = A_C J_T (1 - \eta_c) \eta_{cd}$$

式中　Q_{save}——太阳能热水系统的年节能量，MJ；

A_C——太阳能集热器面积，$280m^2$；

J_T——太阳能集热器采光表面上的年总太阳辐照量，$5844.4MJ/m^2$；

η_{cd}——太阳能集热器的年平均集热效率，45%；

η_c——管路和水箱的热损失率，15%。

计算得：ΔQ_{save}＝826980MJ

太阳能热水系统的简单年节能费用：$W_j = C_c \Delta Q_{save}$

式中　W_j——太阳能热水系统的简单年节能费用，元；

C_c——系统设计当年的常规能源热价，元/MJ。

（1）相对于煤的节能费用：原煤的发热量为 20.934MJ/kg，按现行市场价约 0.7 元/kg 计，按效率 65%计算，则热价为 0.051 元/MJ；即年节约费用 4.5 万元。

（2）相对于电的节能费用：电费按 0.8 元/kWh，热效率按 95%计算，则其热价为：0.234 元/MJ；计算太阳能热水系统相对于电加热，其年节能费用约 19.5 万元。

6. 思考与启示

热泵技术在建筑供暖、供冷方面的应用比传统的供暖和供冷方式节约能源高达 40%以上，在有关领域的应用能够达到节能减排的最佳效果。另外，该技术在运行过程中没有化学反应，对大气和环境不会造成任何污染，属于当今国际上最具节能、环保特点的先进技术之一。乌兰察布市凉城县医院改造采用的太阳能热水系统，无燃烧、无排烟，在防止空气污染、保护环境、实现自然生态平衡方面具有积极的促进作用，是理想的清洁能源技术。该技术在凉城县医院的实施，符合有关政策的导向，为清洁能源在该地区的推广应用提供了一种全新的应用领域，在倡导节能环保的新型社会建设中将起到积极的示范作用。

绿色改造篇
寒冷地区

5 北京大学第一医院科研楼改造工程

项目名称: 北京大学第一医院科研楼改造工程
项目地址: 北京市西城区厂桥
建筑面积: $6541.4m^2$
改造面积: $6541.4m^2$
资料提供单位: 中国建筑技术集团有限公司、中国建筑科学研究院、北京大学第一医院

1. 工程概况

北京大学第一医院科研楼位于北京市西城区厂桥,总建筑面积 $6541.4m^2$,其中地上 5 层,建筑面积 $5415m^2$,地下 1 层,建筑面积 $1126.4m^2$,建筑高度 18.9m。该工程建筑耐火等级为一级,框架抗震等级为二级,屋面防水等级为Ⅱ级,建筑结构形式为钢筋混凝土框架结构。项目于 2010 年 4 月开工,2011 年 4 月竣工验收,改造内容涉及局部抗震加固改造、给水排水系统改造、电气系统改造、消防改造、弱电系统改造、建筑内部格局及装修改造、供暖通风空调系统改造、屋面防水门窗更换改造等方面。改造完成后,各项功能均能较好的满足医院科研机构的科研办公使用,使旧科研楼在保持原建筑结构和外形的基础上,重新焕发青春,图1是建筑改造前后的外观。

(a)　　　　　　　　　　　　(b)

图 1 改造前后的外观图
(a) 改造前外观图;(b) 改造后外观图

2. 改造目标

北大医院旧科研楼于 20 世纪 90 年代中期设计施工,为进行临床科研实验和各个科室

完成医学科研的主要场所。建筑原房间布局、电气、通信网络、装修、空调、实验设施等与当今信息化时代的要求相距甚远，尤其是难以满足医院在细胞、遗传、基因领域的科学研究，生理、病理的微观分析，细胞、组织的保存培养等方面工作的实际需求，因此对旧科研楼进行综合改造，以提供满足研究要求的环境和设施，成为本次改造的主要目标。

本次改造在保持大楼外观和结构不变的前提下，按照医院科研、办公的具体要求，使改造后的建筑全面符合国家现行建筑节能标准的规定，同时通过科学化管理手段，提高能源利用效率，取得运行节能25%的目标，为综合医院的科研楼综合改造提供了有益借鉴。

3. 改造技术

3.1 建筑围护结构

3.1.1 Low-E 中空玻璃铝合金门窗

本次改造中外窗更换为 60 系列断桥铝合金中空玻璃外窗。选用的材料达到《铝合金建筑型材》GB 5237 和《变形铝及铝合金化学成分》GB 3190 中的相关规定。可视面为静电粉末喷涂处理，隔热条为进口产品，隔热铝合金门窗玻璃选用6+12A+6钢化白玻，该产品的主要特点是隔热、隔声、环保、节能，导热系数由原普通铝门窗的 5.93W/（m² · K）降至 2.7W/（m² · K），达到节能产品的标准要求。

3.1.2 保温材料

屋面保温隔热材料选用50mm厚挤塑聚苯板材，以增强屋面保温效果，挤塑聚苯板具

图 2 可调百叶落地窗

有优良的保温隔热性能，施工及安装便利，节能效果显著，同时具有一定的抗压强度，便于屋顶设备的安装施工；防水材料选用聚乙烯胎改性沥青防水卷材，另外不供暖楼梯间隔墙采用 20mm 厚保温砂浆。

3.1.3 可调百叶的落地窗

考虑到办公、实验的采光和节能的需要，选择内置可调节百叶的落地玻璃窗来实现采光和遮光，落地玻璃窗采用双层玻璃，通过调节玻璃窗中空百叶开合度达到采光和节能的最佳效果（图2）。

3.2 照明光源

荧光灯管采用 T8 型，此灯管为光通量大于 3200lm，中色温，显色指数大于 80 的节能型细管，并配备高性能电子镇流器，其 $\cos\phi > 0.95$。应急照明用的出口指示灯/疏散指示灯均采用直流两用型，灯管采用发光灯（LED）。在改造中减少各照明面板开关所控制灯的数量，以利于管理和节能。楼梯间采用环行节能吸顶灯。本楼配电室就地设无功补偿装置，低压配出线采用树干式与放射式结合的方式，减少线损 50% 左右。

3.3 结构加固

结合暖通、装修专业的要求，采用植筋和粘钢的方法对相关部位进行结构加固处理，粘贴钢板及外粘型钢的胶粘剂采用专门配制的改性环氧树脂粘剂，钢板及型钢选用Q345B钢，植栓选用5.8级，结构加固的目的是用最简单的方法，确保工程施工的安全性，使科研楼的使用年限达到设计要求。

3.4 空调系统

3.4.1 中央空调系统

供暖空调系统改造后采用直流变频变制冷剂流量（VRV）中央空调系统，根据末端负荷需求，自动调节供冷量。依据各个实验室的具体情况设置顶棚内藏风管式或顶棚嵌入式室内机，每个室内机单独设控制开关，室外机安装在屋面（图3）。万级及十万级洁净实验室采用风冷恒温恒湿洁净式直膨空调机组，机组安装在机房或设备夹层，室外机安装在屋面，新风机采用变制冷剂流量热泵型空气处理机。在低温冰箱集中放置区，除设计空调降温外，同时设计安装集中送、排风系统，在室外气温较低时，开启通风系统，最大限度地利用自然风进行冷却，以节约能源。地下一层准洁净实验室采用专利产品——超低阻高中效过滤器，使得风管安装高度，净化机组压头大大降低，在保证洁净级别前提下，大大降低空调机组风机电耗，节约运行成本。

(a)　　　　　　　　　　　　　　　　(b)

图 3　空调 VRV、冷库室外机、排风机屋顶布置图

(a) 空调 VRV 室外机屋顶布置；(b) 空调 VRV、冷库室外机、排风机屋顶布置图

3.4.2 空调自控

变制冷剂流量多联中央空调系统、新风处理机及风冷恒温恒湿洁净式直膨空调机组均配备符合要求的自动控制调节装置，每台机组均能够实现独立启停和变频控制、温湿度控制、参数设定与记录。所有操作集中在实验室现场实现，使得空调控制简单、方便。

3.5 给水排水系统

对科研楼内的实验室进行了全面整合，扩大了科研楼的实验区面积，增加了科研实验的设备和操作台，根据每个科室对实验台的具体要求，共改造实验台供水点172处，新增一套纯水设备，纯度为72MΩ，产量200L/h，并单独设置一套去离子处理设备输送系统

（图 4）。

　　生活给水系统的冷热水管与纯水管均采用薄壁不锈钢管，环压式连接。给水引入管采用球墨给水铸铁管，排水管采用机制排水铸铁管，橡胶圈接口。一层超薄切片，切片染色室和图像分析室的废水以及二～四层病理室的污水，因含有甲醛、苯、二甲苯等有毒物质，本次改造单独增设 1 套污水集中收集系统及报警系统（图 5）。

图 4　去离子设备机房　　　　　图 5　特殊污水收集系统

3.6　消防系统

　　根据《建筑设计防火规范》GB 50016 及《建筑灭火器配置设计规范》GB 50140，增设室内消火栓给水系统、自动喷水消防给水系统以及化学消防灭火系统。

图 6　地下消防泵房

3.6.1　室内消火栓给水系统

　　消火栓系统为环状布置，并设分段及立管检修阀门，室外设有两套水泵结合器与室内环行管网连接，地下室设消防水泵房（图 6），设 DN150 的消火栓供水管，可以独立给本楼消火栓供应消防水。

3.6.2　室内自动喷水消防给水系统

　　新增自动喷水消防给水系统由科研楼地下室消防水泵房消火栓给水泵提供压力，暂时直接从室外市政给水管网取水，待新门诊楼建好后，由门诊楼接入两路 DN150 的自动喷洒给水管。

　　该建筑按中危 I 级考虑，消防水量 $Q=21L/s$，消防历时 h＝1h，在地下室设置一套湿式水利报警阀，用以控制指示全楼的自动喷水系统，每个防火分区及不同层均设一套信号阀和水流指示阀，以指示楼层或防火分区。

3.6.3　化学消防

　　按照建筑灭火器设计规范要求，在每个消火栓箱下设三支 MFABC5 手提式磷酸铵盐干粉灭火器。

3.7　强电、自控系统

　　根据医学科研楼特点，各等级实验室、低温冰柜、消防系统（含消防控制室内消防报警及联动控制设备、消防泵、公共区域应急照明、排烟风机）为一级负荷，电梯为二级负荷，其他负荷为三级负荷，对于重要的不允许瞬间断电的设备，由实验室用户自购 UPS（不间断电源系统）供电。楼内设总配电室，低压 2 路进线（图 7）。为防雷击电磁脉冲，所有从室外进入建筑物的电气线路，在其进入建筑物处的配电箱或控制箱的引入处均装设 SPD 浪涌保护器。重要的计算机、中央监控设备、电话交换设备、弱电设备、机房等处的交流电源均装设 SPD 浪涌保护器。

图 7　动力配电室

消防中控室设消防监控记录设备（图 8），实验室污水收集水箱设液位报警装置，科研楼重点区域安装安防监控设备（记录时长≥30 日历时）。科研处办公室安装智能门禁系统，所有办公室实验室都安装配套的网络电话系统。干线采用单膜 12 芯多膜 6 芯，敷设与医院核心机房环网连接。

图 8　消防中控室

3.8　室内装修改造

对科研楼进行了个性化装修改造。普通实验室采用铝扣板吊顶，干贴树脂千丝板墙面以及水泥自流平橡胶地面。洁净实验室采用大块铝板吊顶，干贴树脂千丝板墙面以及水泥自流平橡胶地面。采用嵌入式洁净灯具，四周圆弧阴阳角。公共区域及走廊采用色彩淡雅、风格简洁的普通装饰，地面、墙面铺装瓷砖，吊顶采用吸声矿棉板。本次改造使整个大楼的内部自成一体，达到整体和谐统一（图 9）。

普通实验室　　　　　　　　　　　洁净实验室走廊

主走廊　　　　　　　　　　　　　会议室

中心实验室一　　　　　　　　　　中心实验室二

图 9　装修效果图

4. 改造效果分析

4.1　建筑功能得到提升

4.1.1　室内环境

本工程在改造过程中，主体框架结构保持不变，将实验室建筑格局改造为大开间，并在相应区域配置了一定数量的 PI（项目负责人）办公室，极大地改进了医院科研课题组的工作便捷性，提高了工作效率；增加了不同级别的洁净实验室，改善了实验环境，最大限度地保证了实验效果，为医院科研与学术成果不断创新提供了基础性保证。

4.1.2 网络覆盖

通过这次改造，全楼敷设 6 类网线，共设置外网终端 429 个，确保每个实验台不少于 4 个终端，通过核心交换机与内外网干线网络连接保证每个用户千兆到桌面的网络速度，做到无线接入点全楼覆盖，使科研楼工作能够通过信息网络得到及时快捷的展开。同时预留物联网组网，为今后物联网组网提供条件。

4.1.3 安全性

整个科研楼由原来的开放格局，改为全楼智能门禁系统管理，做到进入楼内的工作人员根据其工作范围与职能配置配套的 IC 卡，并实行实时进入时间记录，保证科研环境的使用安全。

在全楼主要出入口及医用冰箱、文件、玻片样本密集存放区安装安防监控设备，全天候进行监控记录（资料保存＞30 日历天），确保科研设施的使用安全。

此外，建筑结构的加固以及消防系统的改造，确保大楼的使用安全，大大增加了大楼抵御自然灾害的能力。

4.2 科研楼节能措施得力、环保效果明显

4.2.1 节水效果

给水系统尽量利用市政供水压力，合理分区供水，卫生器具和配件采用节水型产品，蹲便器选用脚踏式自动冲洗阀，即卫生又节约用水量。建筑中安装专门的实验污水处理设备，达到排放后分类处理的目标。

4.2.2 节能效果

屋面选用 50mm 厚挤塑聚苯板保温，外门窗选用铝合金断桥铝中空玻璃门窗，不供暖楼梯间隔墙采用 20mm 厚保温砂浆，办公区落地墙采用可调百叶双层玻璃隔断，大大节约了建筑物的能耗，节能效果达 25％以上。

大楼采用直流变频制冷剂流量 VRV 中央空调系统，该空调系统 COP 值高，可以根据负荷需要自动调节设备主机的运转频率，自动调节供冷量，大大节约了大楼的耗电量，同时将恒温恒湿洁净实验室分成 6 个不同的独立系统，根据实际情况进行启停运行，每套系统都采用变频调节技术，提高了每个系统运行的效率，使整个大楼的能耗大大降低，无论是新风机组还是净化机组的新风阀都可以根据季节和房间的实际情况进行灵活调节，充分利用室外新风达到室内环境调节的效果，使整个空调系统的运行更加节能合理。

5. 改造经济性分析

在保持原有建筑的外形和框架基础上，通过内部装修的合理化布置，在不增加建筑面积的前提下，实验室的可用面积大大提高，再加之空调、强弱电、给水排水、消防等设施的升级改造，使原建筑的功能得以大幅提升，进而使医院的科研能力和科研水平大幅提高。本改造项目由于不涉及土建工程，相对于同等规模的工程而言投资少，土建施工规模小，施工周期短，见效快，减少了改造对医院的科研项目的影响，对医院具有可观的经济

效益，同时也具有很大的社会效益。

6. 思考和启示

旧楼改造工程是一项复杂而艰巨的施工项目，由于其每项工作都要涉及旧系统和新需求的统一，同时有许多互相联动的效果，因此在实施改造之前应认真研究原建筑的各专业竣工图纸，结合新设计图纸的施工要求，对改造工程有一个全面的考虑和规划，只有这样才能事半功倍。在进行改造工程设计时，应充分考虑科研实验室发展的特点，力争在通信、实验环境、供暖通风、实验设施、节能环保及节能运行等方面采取确实可行的方法，使改造后的科研楼更好地服务于医院的科学创新和研究。由于科研楼实验设备、仪器等种类繁多，是医院电能消耗的大户之一，对于整个医院的节能运行有示范作用。

因此对科研楼的节能运行提出如下建议：

（1）科学合理地管理中心实验室，使中心实验室的设备和仪器得以充分使用。

（2）对于全新风系统的实验室，对实验室的环境温度进行合理设定，合理利用外界自然条件，实现环境温度的科学控制。

（3）对于恒温恒湿净化空调系统，根据实验室的具体特点，分别设置不同的系统，选择合理新风量，实现该系统的科学运行。

（4）对于大楼的水、电、空调等系统，应制定相应的节能操作规程，做到合理使用。

（5）在严冬、酷暑季节，尽量避免开窗工作；在过渡季节除洁净实验室外，尽量鼓励开窗通风。

由于实际应用中节能效果是节能运行的重要组成部分，因此应重视实际应用的科学管理和操作。

6 北京友谊医院病房楼东区改造工程

项目名称：北京友谊医院病房楼东区改造工程
项目地址：北京市西城区永安路
建筑面积：14000m²
改造面积：14000m²
资料提供单位：北京住总集团、中国建筑科学研究院、北京友谊医院

1. 工程概况

首都医科大学附属北京友谊医院原名北京苏联红十字医院，始建于 1952 年，是新中国成立后中国政府在苏联政府和苏联红十字会援助下建立的第一所大医院。

北京友谊医院病房楼东区改造工程位于北京友谊医院宣武区永安路，该建筑始建于 20 世纪 80 年代，结构形式为框架剪力墙结构，檐高 49.6m，地下 1 层，地上 14 层，局部机房及水箱间 15 层（图 1）。本次主要对原有建筑的地下 1 层至地上 14 层进行改造，针对现场的各功能房间及公共区域，开展了重新装修和改造工作，包括装饰装修、强弱电、消防系统、物流系统、空调系统、供暖系统、气体系统、电梯系统、外墙幕墙工程等分部工程，改造总面积约为 14000m²。

图 1　北京友谊医院外观图

2. 改造目标

2.1　项目背景

北京友谊医院病房楼是 20 世纪 80 年代的建筑物，之前已经有过多次装修改造。本次

改造涉及原梁、柱、板结构加固，开洞口结构加固以及原有洞口的封堵等结构改造项目。梁、柱、板加固主要针对原有梁、柱、板结构露筋锈蚀，部分混凝土疏松，结构强度达不到现有设计要求的部位。

本次改造方案力求体现"以人为本"的设计思想，"以患者为中心"是该工程设计的主要目标。在满足功能要求的前提下，配套设施和平面布局力求与医院整体建筑布局、风格相统一和协调（图2）。在改造施工过程中，力求将对医院及患者的影响降低到最小。

2.2 项目改造中存在的特殊性

2.2.1 改造工程量大

本次改造工程的改造体量很大，总面积约为 14000m²。改造涉及的专业较多，专业设备较多，医疗设备安装量大，特殊医疗用房专业施工单位多。多工种、多层次交叉流水作业，直接关系到工程施工进度、质量和整体效果。

2.2.2 医院施工的特殊性

项目本身具有多种特殊使用功能，其结构复杂、设备安装多、对防辐射技术要求颇高。为满足现代医疗使用功能，在施工过程中，除按常规的施工管理方法进行管理、常规的质量控制方法严格控制施工质量外，还必须清楚了解医院特殊医疗用房对施工的具体要求和要达到的标准，对特殊的施工方法采取相应的措施进行控制，这样才能确保整体施工质量，同时满足医院各特殊功能医疗用房的使用效果。

2.2.3 医院安装工程的专业性和复杂性

北京友谊医院病房楼东段改造工程施工面积大，安装系统多、设置全，系统功能先进、复杂，新型设备、材料种类多。主要系统包括：给水排水系统、生活热水系统、消防系统、自喷淋系统、电气动力系统、电气照明系统、火灾自动报警系统、综合布线系统、空调系统、通风排烟系统、空调净化系统、电梯工程、外幕墙工程、气体工程、物流工程等。

2.2.4 特殊的施工环境

北京友谊医院病房楼东段改造工程位于友谊医院院内，属于重新施工的改造工程，由于病房楼西段已经投入使用，因此施工时周边场地较狭小。根据北京市对货车进入市区的规定，如何在现有条件下搞好工程的材料供应，并且减少对临近办公楼和已投入使用的西段病房的正常办公、治疗、就诊等的影响，是该工程施工控制方面的难点。

2.3 改造技术目标

随着社会的发展和广大群众医疗需求的不断提高，原有住院条件日渐窘迫，床位数量不足，医疗环境差，平面布局不能适应新的医疗管理模式。病房楼建筑布局不合理，结构体系年久失修，整体使用功能不足，致使一些先进、高效率的医疗设备无法使用。为满足日后建筑物的整体适用性，以及医院对建筑结构体系及整体使用功能的特殊要求，结构整体安全性、给水排水、暖通空调、电气、消防等各项使用功能都需要整体提高，在改造的过程中，对各项使用功能的改造需进行合理的经济优化和特殊的施工改造安排。

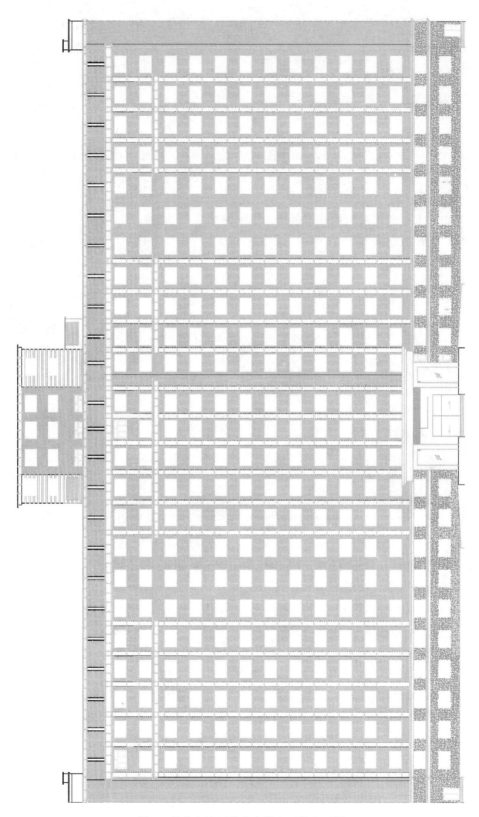

图 2 北京友谊医院病房楼东区外立面图

3. 改造技术

3.1 建筑改造

3.1.1 地面改造

（1）卫生间地面及墙面 1.8m 高度以内均加刷一道聚合物水泥防水涂料防水层（2mm）；卫生间周边墙体基角均用 C20 素混凝土现浇与墙同宽之反口，高度为 300mm（掺 5%防水剂）。

（2）电缆井、管道井每层在楼板处用钢筋网片与 C20 细石混凝土做防火分隔。

3.1.2 室内外装饰处理

（1）室内墙阳角处均做 1∶2.5 水泥砂浆护角。用于洞口时，抹过墙角各 120mm，用于门窗洞口时一侧抹过。另一面压入框料灰口线 120mm 内，其高度在门窗处高度为门窗高度，在洞口、楼梯间阳角处为通高。

（2）压顶、腰线等凡突出墙高 60mm 以下者，板上面做流水坡度，下面做滴水线；凡突出墙面 60mm 以上者（如雨罩、挑檐、窗橱等），板上面做流水坡度，下面做滴水槽。

3.1.3 屋面处理

（1）防水材料为 3＋3mm 厚 SBS 防水卷材。

（2）卷材天沟及泛水等部位均在防水层下面加涂膜防水层一道，雨水口周围加涂膜防水层二道，加铺范围为界限外 500mm 宽。

（3）屋面突出部位及转角处的找平层抹成平缓的半圆弧形，半径控制在 100～120mm，弧度一致。

3.1.4 门窗油漆及玻璃处理

（1）油漆工程基层的含水率：木材基层不得大于 8%；凡预留木砖和木活隐蔽靠墙处，均刷（煮）沥青二道防腐；门窗及露明木活等木装修均刮腻子一遍，刷底子油一道，调和漆二道（中等做法）；金属材料除锈并刷防锈漆一道，调和漆二道。

（2）开启的窗扇每块玻璃的面积≤0.35m²，固定的窗每块玻璃的面积≤0.45m² 时，采用 3mm 厚的玻璃。玻璃安装中满垫油灰，不缺钉少卡，油灰和玻璃裁口不流淌，不龟裂，采用木压条的门窗，木压条与裁口紧贴，割角整齐，不留钉帽。

（3）一般工程的木门窗，采用红白松，油漆为中等做法，门布置在抗震缝或变形缝上时，门窗固定在缝的一边，且开启的门扇不跨缝。

3.1.5 其他杂项处理

（1）雨水管用 UPVC 管，颜色仿外墙面，出水嘴处为 UPVC 天漏帽，安装时与屋面油毡搭接严密，避免灌漏现象。雨水管安装应弹立线，做到垂直牢固，扁铁卡箍可用钻孔埋设或膨胀螺栓固定。

（2）所有电器开关、插座、配电箱均暗装，完成面与建筑面平齐。

（3）淋浴间、卫生间（WF）风道均参照《建筑构造通用图集——卫生间、洗池》（88J8）。

3.2 结构改造

改造涉及原梁、柱、板结构加固，开洞口结构加固，以及原有洞口的封堵等结构改造项目。梁、柱、板加固主要是指原有梁板结构露筋锈蚀、部分混凝土疏松、结构强度达不到现有设计要求的部位需要结构加固。

3.2.1 加固部位及范围

原装饰面层拆除后，经过现场勘查并复核设计图纸，主要有以下部位需要进行加固。

（1）部分窗口的框架梁由于原结构施工时将箍筋切断，需要重新进行结构加固，如图3所示。

（2）楼板处原卫生间的通风口、管道井处属于后浇混凝土，混凝土振捣不密实、漏筋、疏松，经过现场勘查原有管道井、通风口需要进行加固，如图4所示。

图3　箍筋被切断的框架梁　　　　图4　管道井、通风口需加固部位

（3）风机房结构开洞，及其他部位开洞后需进行结构加固。

3.2.2 结构加固的主要措施

（1）梁箍筋切断处的处理：将梁的侧面浮灰、松散的部分清理干净，按照结构粘钢的要求在梁上打孔，粘贴6mm厚钢板，U形箍钢板为5mm，Q235，钢板粘结采用结构胶。加固做法如图5所示。

（2）通风孔、管道竖井加固处理：将洞口松散的混凝土剔除干净，支设模板，模板采用12mm竹胶板，背楞采用50mm×100mm木方支撑，支撑件采用大头支撑，支设模板完毕以后，将洞口边缘的楼板混凝土剔除，保留钢筋，剔凿宽度150mm。靠梁一侧钢筋采用植筋的方式进行，钢筋的直径为12mm，二级植筋深度不小于15d，靠楼板一侧将钢筋弯曲后焊接不小于15d。混凝土浇筑采用C25微膨胀混凝土，要求混凝土浇筑密实，浇筑混凝土前将原混凝土剔凿面用水清洗，将浮渣和尘土全部清理干净。加固做法如图6所示。

图5　箍筋被切断的框架梁加固做法

（3）楼板开洞加固处理法：将结构进行加固后开洞，采用水钻开洞，直径为 100mm，开洞主要是指风机房和污物间开洞，如图 7 所示。

图 6　通风孔、管道竖井加固处理做法　　　图 7　楼板开洞加固处理法

（4）剪力墙开洞结构加固法：在剪力墙上划出开洞的范围，采用水钻开洞，拆除洞口完成之后将洞边剔凿平整进行粘钢加固，具体如图 8 所示。

图 8　剪力墙开洞结构加固法

3.3　电气自控改造

友谊医院电气自控改造包括配电系统、接地系统及安全措施、电话系统、网络布线系统、安全技术防范系统等。

3.3.1　配电系统

（1）负荷分类及容量：医院消防用电设备、公共部分的照明、客梯的电力、门诊手术、X 光机、CT 机、化验室等医疗用电为一级用电负荷，其余为三级用电负荷。

（2）供电电源：在原电源的基础上增加柴油发电机，重要功能用房增设 EPS 应急电源。

（3）照明配电：照明、插座均由不同的支路供电，所有插座回路均设漏电断路器保护，插座安装时应距散热器 0.5m，B 超室需单独安装空调，确定房间后在配电箱备用回路引线。

3.3.2　接地系统及安全措施

（1）采用总等电位联结，总等电位板由紫铜板制成，联结线采用 BVR-1X25mm² PC32，采用等电位卡子，禁止在金属管道上焊接。应将建筑物内保护干线、所有进出建筑物的金属管道等进行联结。

（2）有淋浴室的卫生间采用局部等电位联结，从就近插座引接地保护线至局部等电位箱，局部等电位箱暗装，底边距地 0.5m。将卫生间内所有金属管道、金属构件联结，并与 PE 联结。

3.3.3　电话系统

（1）市政电话电缆由室外引至首层楼道内的总接线箱，再由总接线箱通过竖埋管引至各层接线箱，各层接线箱分线给室内的电话插座。

（2）电话电缆及电话线分别选用 HYA 和 RVS 型，穿金属管敷设。电话干线电缆在地面内、墙内暗敷，电话支线沿墙及楼板暗敷。

（3）每层的电话分线箱在弱电间内安装，底边距地 1.6m，分户电话插座暗装，底边距地 0.3m。

3.3.4 网络布线系统

（1）由室外引来的数据网线至楼道内的网络设备配线箱，再由配线箱配线给各层的用户。

（2）由室外引入楼内的数据网线及楼内主干线型号规格由网络公司确定，只预留穿线管。各层接线箱至各户计算机插座的线路采用超五类 4 对双绞线，穿 FJDG 管沿墙及楼板暗敷。

（3）网络设备配线箱在楼道内嵌墙暗装。计算机插座选用 RJ45 超五类型，与网线匹配，底边距地 0.3m 暗装。

3.3.5 火灾报警及消防联动处理

（1）在消防控制室、疏散楼梯、电梯前室、走道、门厅、电梯机房、消防泵房、配电室等场所设置备用照明。在走道、楼梯间出入口、门厅、人防及通往室外的出入口和走道出入口设置疏散照明，疏散照明灯具内自带蓄电池，连续供电时间大于 60min。

（2）火灾自动报警系统（图9）：在首层消防中心控制室内设置集中报警控制器，系统采用微机智能型，具有独立处理信息、点对点相互通信的功能，控制主机采用双 CPU 工作的两线闭合环路探测系统，消防主机仅对报告新情况的设备做出响应并发出信号，联动控制各个消防设备。防火卷帘门两侧设置感温探测器和感烟探测器，消火栓旁设置智能型手动报警按钮和应急电话孔。

图 9　火灾自动报警系统

4. 改造效果分析

由于早期建设观念所限，我国许多旧医院都缺少总体规划与远期发展构想，医院建设一直处于见缝插针的状态，使得医院整体布局凌乱，功能不完善。早期医院建设普遍存在以下两个问题：一是占地面积小，较标准差距太大，有的医院只占低限标准的 1/4；二是建筑密度高，且功能分区不明确，布局不合理。由于占地面积小，为满足必需的业务用房，只能见缝插针，导致可用于绿化的面积不多，难以满足新时期医院建筑的要求，因此许多医院采取更新重建的方式，进行局部新建，以改善医疗条件。

首都医科大学附属北京友谊医院东区病房楼改造工程体现"以人为本"的设计改造思想，在保持原有建筑结构体系不变的前提下，对建筑物的受力体系进行了加固改造，使建筑物的安全性能得到极大的提升。同时对建筑物的平面布局以及功能分区进行优化，使医院的医疗环境以及收治病人的能力得到了进一步的提升，满足了群众的需求。改造前后效果对比如图 10～图 14 所示。

改造前   改造后

图 10　改造前后的病房楼走廊

 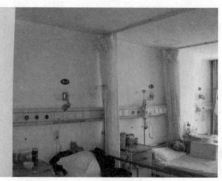

改造前   改造后

图 11　改造前后的病房

改造前   改造后

图 12　改造前后电梯对比图

图 13　改造后的护士站　　　　　　　　图 14　改造后的会议室

5. 改造经济性分析

5.1　工程投资

　　首都医科大学附属北京友谊医院病房楼东区改造工程改造总费用为 63820042 元，表 1 所示为改造单项金额与金额总计。

改造费用表　　　　　　　　　　　　　　　　　　　　　表 1

序号	项目名称		造价（元）
1	房修土建拆除工程	房屋内部拆除	16090000
2	房修土建工程	房屋内部加固	38903453
3	给水排水工程	设备及安装	98567
4	通风空调工程	设备及安装	214500
5	空调水工程	设备及安装	135000
6	电气工程	设备及安装	24468522
	合计造价		63820042

5.2　经济性分析

　　结合首都医科大学附属北京友谊医院病房楼东区改造工程可以看到，随着我国社会主义市场经济的发展和卫生改革的不断深入，经济效益在完成医院社会功能任务中有着重要的地位，并发挥着越来越重要的作用。但是，医院的社会效益是离不开一定物质基础的，国家的无偿拨款应作为医院社会效益物质基础的后盾。但我国还是发展中国家，国家每年向医院的投资还远远满足不了医院实际的合理需求。在这种情况下，利用原有基础，并回收可用建筑材料，降低工程改造造价，可使加固改造等综合造价远远低于新建工程造价，不但不需要重新购置建筑用地，还可以提高土地利用率，取得很好的改造经济效果。

6. 思考与启示

　　由于北京友谊医院受早期建设的观念所限，缺少总体规划与发展构想，医院布局凌乱，功能不完善。为了提高原有医院的工作效率与医疗品质，改善及规范医疗环境，以适应医院现代化的要求，该医院病房楼东区在建筑、结构、电气自控等方面运用新技术进行了改造，充分利用原有的条件，最大限度地提高医院的医疗条件，改善当地群众的就医条件，用新的改造设计思路赋予老建筑新的生命力，其所采用的改造技术为国内同时期建设的以及存在同类问题的医院改造提供了借鉴，更使得医院自身获得一个舒适、优美的诊疗环境。

7 北京市石景山区五里坨医院北辛安老年病区改造工程

项目名称：北京市石景山区五里坨医院北辛安老年病区改造工程
项目地址：北京市石景山区石门路 322 号
建筑面积：4100m²
改造面积：4100m²
资料提供单位：中国建筑技术集团有限公司、北京市石景山区五里坨医院

1. 工程概况

石景山区五里坨医院始建于 1976 年，1996 年与石景山区精神卫生保健所合并，负责承担全区精神卫生社区的保健、门诊、住院治疗、住院康复（图 1）。同时作为五里坨社区卫生服务中心，承担着社区卫生服务六位一体功能。

图 1　医院外观效果图

五里坨医院改造前由 1 台无压锅炉供暖，供热管网设施完备。现有锅炉供热系统供热温度低，效率差，污染严重，并且已经出现供热缺口，供热热源亟待解决。

2. 改造目标

根据五里坨医院现有市政供热的方式和电网低谷电价的特点，为缓解北京市供热热源紧张的局面，现拟改造原燃煤锅炉为电锅炉，利用夜间 8h 低谷电（23：00～7：00）运行。

3. 改造技术

采用两台固体蓄热电锅炉。固体式蓄热电锅炉夜间边蓄热边供热，白天时段利用夜间的蓄热量供热。固体蓄热电锅炉自带热风—水换热器，生产的热水可直接接入供热管网。锅炉房改造前后的对比如图 2 和图 3 所示。

3.1 热负荷计算

热负荷计算（采暖热负荷）采用如下公式：

图 2 改造前锅炉房效果图   图 3 改造后锅炉房效果图

$$Q = \Sigma q_f \cdot F / 100$$

式中　　Q——供暖热负荷，具体计算见表1，MW；

q_f——建筑物供暖面积热指标，W/m²；

F——建筑物的建筑面积，m²。

建筑热负荷计算（供暖热负荷）   表 1

项目	单位	住宅、综合区
建筑面积	m²	4100
供暖面积热指标	W/m²	60
供暖热负荷	kW	246

因为该工程是谷电时段蓄热供应全天供暖，而全天的气温和供暖负荷是逐时变化的，而传统的供暖负荷计算方法是稳定传热，因此不能如实反映全天实际的耗热量，换言之仅采用冬季供暖室外计算温度作为计算依据来选择设备和配置系统并不准确。《蓄热式电锅炉房设计施工图集》03R102 中虽然也根据不同时段给出了参考的变化系数，但过于简单。

因此需要借鉴冰蓄冷系统的全天耗冷量计算方法，采用典型年日平均气温最低一天的逐时温度作为计算的依据。根据《中国建筑热环境分析专用气象数据集》得到典型年全年8760h 逐时干球温度值，分析可以得出 1 月 18 日的日平均气温为最低，因此选取 1 月 18 日的逐时干球温度作为该工程的设计依据（表2）。

1 月 18 日逐时干球温度值   表 2

日期	时刻	小时序数	逐时干球温度（℃）	室内外温差（℃）	逐时修正系数
1月18日	0	408	−11.8	29.79	0.96
1月18日	1	409	−12.0	30.00	0.97
1月18日	2	410	−12.2	30.17	0.98
1月18日	3	411	−12.3	30.31	0.99
1月18日	4	412	−12.4	30.41	1.00
1月18日	5	413	−12.5	30.48	1.00
1月18日	6	414	−12.5	30.50	1.00
1月18日	7	415	−12.4	30.40	0.99

日期	时刻	小时序数	逐时干球温度（℃）	室内外温差（℃）	逐时修正系数
1月18日	8	416	−12.0	29.98	0.97
1月18日	9	417	−11.3	29.30	0.93
1月18日	10	418	−10.5	28.46	0.89
1月18日	11	419	−9.6	27.57	0.84
1月18日	12	420	−8.8	26.75	0.79
1月18日	13	421	−8.1	26.10	0.75
1月18日	14	422	−7.7	25.72	0.73
1月18日	15	423	−7.6	25.60	0.72
1月18日	16	424	−7.7	25.66	0.73
1月18日	17	425	−7.8	25.80	0.74
1月18日	18	426	−7.9	25.93	0.74
1月18日	19	427	−8.0	26.00	0.75
1月18日	20	428	−7.9	25.95	0.74
1月18日	21	429	−7.9	25.87	0.74
1月18日	22	430	−7.8	25.84	0.74
1月18日	23	431	−8.0	25.97	0.74

由供暖热负荷计算得，总供热负荷为246kW。选用2台350kW的电锅炉，晚23：00～早7：00由电锅炉边蓄热边供热，白天7：00～23：00由蓄热水箱供热，则热量供需平衡表如表3所示。

热量供需平衡表　　　　　　　　表3

设计单位热负荷	60W/m²	建筑面积	4100m²	锅炉总容量	0.7MW	
时段	逐时系数	逐时单位负荷（W/m²）	最大负荷日耗热量（MWh）	夜间8h耗热量（MWh）	白天16h耗热量（MWh）	夜间8h蓄热量（MWh）	蓄热余量（MWh）
0	0.96	57.62	0.24	0.24	—	0.46	—
1	0.97	58.33	0.24	0.24	—	0.46	—
2	0.98	58.90	0.24	0.24	—	0.46	—
3	0.99	59.38	0.24	0.24	—	0.46	—
4	1.00	59.72	0.24	0.24	—	0.46	—
5	1.00	59.95	0.25	0.25	—	0.45	—
6	1.00	60.02	0.25	0.25	—	0.45	—
7	0.99	59.68	0.24	—	0.24	—	—
8	0.97	58.26	0.24	—	0.24	—	—
9	0.93	55.96	0.23	—	0.23	—	—
10	0.89	53.12	0.22	—	0.22	—	—
11	0.84	50.10	0.21	—	0.21	—	—
12	0.79	47.33	0.19	—	0.19	—	—
13	0.75	45.13	0.19	—	0.19	—	—
14	0.73	43.84	0.18	—	0.18	—	—
15	0.72	43.44	0.18	—	0.18	—	—
16	0.73	43.64	0.18	—	0.18	—	—

设计单位热负荷		60W/m²	建筑面积	4100m²	锅炉总容量	0.7MW	
时段	逐时系数	逐时单位负荷（W/m²）	最大负荷日耗热量（MWh）	夜间8h耗热量（MWh）	白天16h耗热量（MWh）	夜间8h蓄热量（MWh）	蓄热余量（MWh）
17	0.74	44.11	0.18	—	0.18	—	—
18	0.74	44.55	0.18	—	0.18	—	—
19	0.75	44.79	0.18	—	0.18	—	—
20	0.74	44.62	0.18	—	0.18	—	—
21	0.74	44.35	0.18	—	0.18	—	—
22	0.74	44.25	0.18	—	0.18	—	—
23	0.74	44.69	0.18	0.18	—	0.52	—
—	—	—	5.03	1.88	3.15	3.72	0.57

从以上计算过程可知，若白天不开机，蓄热锅炉夜间8h的蓄热量足以负担白天16h耗热量，无需开机补热。

3.2 主要设备选型

该工程"煤改电"供热站根据供热规模和分时段分热源供热的原则，选用电热储能锅炉作为主机供热，平价电时段用储热量供热；谷价电时段用电热蓄能锅炉直接供热，同时储存白天用热量。

根据分时段分热源供热的原则及供暖热负荷246kW，确定选用2台350kW常压电阻式电热水锅炉（供热＋蓄热方式），具体参数如表4所示。

主要设备选型表 表4

序号	设备名称	规格及参数	数量	备注
1	常压电阻式热水锅炉	供热负荷350kW 供/回水温度95℃/70℃	2台	—
2	常压蓄热水箱	$V=55m^3$，蓄热温度95℃	2个	—
3	板式换热器	换热量210.6kW，换热面积15m²	2台	—
4	一次侧热水泵	33t/h，11m，5.5kW，1450r/min	3台	2用1备
5	二次侧热水泵	13t/h，20m，2.2kW，1450r/min	3台	2用1备
6	软化水处理装置	处理能力1.5t/h	1台	—
7	外网软化水补水泵	0.15t/h，20m，0.55kW，1450r/min	2台	1用1备
8	直通除污器	66t/h，100W/220V	1台	—
9	直通除污器	26t/h，100W/220V	1台	—

3.3 供热系统运行方式

供暖季采用分时段分热源供热方式，夜间23时至次日7时共8h采用谷电锅炉供热，以谷电价格获得最小能源投入成本，电热储能锅炉同时运行，直供部分负荷并储存7：00～23：00时段所需热量；白天7时至晚间23时共16h采用蓄热量供热，电热锅炉房为备用热源，备用率100%。

3.4 热力网敷设方式

目前，热水管网主要有枝状和环状两种形式，该项目管网布置为枝状布置。

热力管网敷设方式主要有架空敷设、地沟敷设和直埋敷设，由于该工程主管线很大一部分敷设在街道上，考虑到城市的美观和热网安全因素，采用占用道路断面小、防水性好、施工工期短的地下直埋敷设方式。管网直埋敷设采用技术先进的应力分析法进行设计，在管材质量符合相关标准的条件下，应尽可能采用无补偿敷设方式。上述直埋敷设方法符合《城镇直埋供热管道工程技术规程》CJJ/T 81-98 的规定。

五里坨医院现状热网为支状管网系统，且运行情况良好，故利用现状外网保持不变，将热力网热源端接入现状外网。

3.5 自控系统设计

3.5.1 系统实现

控制系统结构为：人机界面—PLC—变频器—仪表模式。人机界面采用触摸屏与PLC直接相连。通过配置触摸屏按钮内置数据，实时改变PID参数；监测换热器、调节阀、循环泵、补水泵及变频器工况，显示现场温度、压力信号；内设报警极限值，可进行声、光报警，方便调节和控制整个工作过程。PLC是控制系统的核心，可设置PID参数进行闭环控制。根据PID运算结果进行D/A变换输出，实现手动或自动调节执行机构（调节阀、变频器）；具有系统故障诊断，判断异常温度、压力、电流等故障信号；实现循环泵及补水泵工频，变频切换控制。变频器实现多个泵的轮换及补水工作，通过变频器调节循环泵与补水泵转速，实现节能调速。

变频器与PLC采用Modbus方式通信，由PLC控制改变变频器的输出频率。仪表测温元件采取PT100铂热电阻，压力测点采用1.6MPa进口压力变送器。蒸汽侧采用进 E 涡街流量计，蒸汽侧采用具备断电自动关阀功能的进口电动调节阀。为满足锅炉房需求，软件系统采用组态编程对可编程控制器进行功能组态，实现将换热站的温度和压力等模拟信号转换为数字信号。与设定值相比较，根据比较结果按照预定控制方案自动调节。

通过PLC驱动调节阀开度或调节变频器输出频率，满足换热系统恒温运行。同时控制补水泵启动与停止，维持热网系统压力基本恒定，避免因缺水而带来安全隐患。触摸屏能通过PLC对现场设备进行实时监测、控制和报警，达到高可靠性、稳定性运行。

3.5.2 控制方案

锅炉房控制基本原理就是随着热用户温度和回水压力的变化，自动控制调节阀开度和循环泵、补水泵转速。达到恒温恒压的控制要求，同时对系统进行联锁保护。

根据本地的气候条件以及供热对象的特性，给出一条室外温度及自然时间与二次供水温度之间的对应曲线：按此曲线自动设定供水温度；按照设定好的供水温度设定值进行恒温控制。其主要功能是通过对二次供热系统的温度检测、分析，算出最佳的供水温度，通过调节一次管网流量，使二次供水温度接近于它的设定值。这样在供热系统满足用户需求量的前提下，保证最佳工况。

3.5.3 循环泵控制

循环泵开启的多少和大小由回水温度设定值与二次回水温度的差值来决定。当二次回水温度低于回水温度设定值时。需要增大循环泵的开启量；反之，则相反。回水温度设定值根据室外天气来确定，当天气冷时，回水温度设定值应该小些，这样可以使大量热量充分留在用户里。程序本身定义了回水温度设定值与室外温度的关系曲线，操作员可以在人机界面触摸屏上直接定义回水温度设定值。

3.5.4　供热系统调节方式

在现有的按供暖面积收费的体制下，由于最终用户一般无法按需调节流量，供热系统可以按质调节或分阶段改变流量的质调节方式进行运行管理。即热网在运行期间循环水量保持不变或根据热源情况分阶段改变流量，平时可以只根据室外温度的高低调节热网的供水温度就可以满足供热要求并保证一定的经济性，需做到以下几点：

（1）通过初调节保证流量按设计流量分配。

（2）提供合适的供水温度。二级管网可以根据室外温度及散热器的性质改变供水温度。一级管网可以根据室外温度及二级锅炉房换热器的性质设定合适的供水温度。在这种调节方式中，调节的主动权在供热运行单位，可主动地调节、控制热网的流量和供水温度，即供热量，用户被动接受。

3.5.5　供热系统补水方案

供热站水源为特钢物业公司自来水，根据自来水水质及系统对水质要求，采用全自动软水器软化自来水，软化水补水泵作为锅炉、热水系统的补水定压方式。

4. 改造效果分析

该项目在设计、施工及运行中采用较为成熟可靠的节能降耗措施，选择节约型系统和产品，在提升项目品质和舒适度的同时，满足国家和北京市在节能和环保方面的法律及法规要求。

电锅炉技术水平已经非常成熟，在应用上热效率高，自动化程度高；用户端在使用低谷电的同时，还可以节约支出，从技术、市场、经济等方面都可以说明电锅炉的社会效益明显。

在环境效益方面，电锅炉为清洁能源，在应用上零污染、无噪声、保护环境、造福大众，用电锅炉可减少医院 CO_2、SO_2 以及氮氧化物的排放。

5. 思考与启示

近些年来，由于燃煤锅炉的高排放、二氧化硫等酸性气体排放，政府加大关停燃煤锅炉的工作力度；燃油锅炉也被限制；虽然对天然气的推广使用大力提倡和支持，但是目前天然气供应紧张，未来价格有上涨的趋势，燃气锅炉的发展也受到制约。而使用电锅炉能够有效减少污染，是解决北京地区雾霾的重要途径；对于电网企业，能够提高夜间低谷电利用率，有效降低电网负荷峰谷差；对于发电企业，可以提高发电设备利用效率，增加发电量、降低发电成本；对于客户未增加供暖费用支出。因此，出于环境保护、节能减排和充分利用清洁能源弃电现象的综合考虑，电锅炉是未来发展的必选。

8　北京回龙观医院能耗计量平台改造示范工程

项目名称：北京回龙观医院能耗计量平台改造示范工程
项目地址：北京市昌平区回龙观镇
建筑面积：64000m²
改造面积：64000m²
资料提供单位：中国建筑技术集团有限公司、中国建筑科学研究院、北京回龙观医院

1. 工程概况

北京回龙观医院是北京市最大的公立三级甲等精神卫生专科医院，是首批获得国家精神病临床重点专科的单位。医院位于北京市昌平区回龙观镇，北侧毗邻新龙城，紧挨地铁13号线，西侧毗邻万润家园，东、南两侧为居民区。医院占地面积14.7万 m²，设置病床1369张，现有职工1200余人。该院为北京大学教学医院、中法友好合作医院、中国科学院心理研究所临床心理学教学医院、北京市心理危机研究与干预中心、北京市心理援助热线、世界卫生组织心理危机预防研究与培训合作中心、北京市专科医师培训基地、国家药物临床试验机构。

图 1　回龙观医院 1 号病房楼

该项目对回龙观医院 1 号病房楼一层空调设备机房、2 号病房楼二十四病区进行分区域分项能耗计量试点，回龙观医院 1 号病房楼如图 1 所示。

2. 改造目标

北京回龙观医院能耗计量平台建设的目的是建立有效的节约型建设、运行的审查评估和管理监管体系，完善各种节约管理制度，逐步并最终实现能源、资源等消耗的定额管理，为节约型规划建设提供技术支持，为能源管理制度制定提供保障。同时根据测评实施过程和医院总体部署，为后期医院大面积进行测评系统建设提供经验，并了解回龙观医院典型区域的能源管理水平及用能现状，排查在能源利用方面存在的问题和薄弱环节、挖掘节能潜力、寻找节能方向、降低能源消耗和生产成本、提高医院管理层面的经济效益。

3. 改造技术

3.1 插座箱改造

改造前回龙观医院2号病房楼二十四病区内所有供电回路由四个插座箱分配，其中病区内2个（图2），病区外2个，4个插座箱均未安装任何电计量装置。改造后共有2个配电箱，病区内1个，病区外1个，2个配电箱里均装有分项计量的电能表，如图3所示。

图2 病区插座箱改造前

图3 病区插座箱改造后

图4 原插座箱供电回路标注丢失

老旧建筑的电气线路接线不是很规范，原插座箱的标注模糊、丢失，如图4所示，导致新的配电箱在接线时遇到难题，不知道原插座箱的供电回路属于哪一个分项。只能在电箱安装完后，通过对单个供电回路的通电、断电试验来查找相应回路是插座、照明、空调中的哪一项。

3.2 配电柜改造

空调设备机房内地源热泵机组、地源侧循环水泵、空调侧循环水泵的配电柜使用时间已久，配电柜内有的元器件已经工作十几年，元器件的外壳出现不同程度的老化，如图5所示。如果在外加互感器的工程中用力过大，就可能导致元器件的损坏，而且影响设备的正常运行，造成一定程度的经济损失。因此，在外加互感器时要细心、谨慎。

改造后在空调机组配电柜内加装了开口式电流互感器，在空调机组配电柜外加装了电计量电箱，如图6、图7所示。

图5　空调机组配电柜

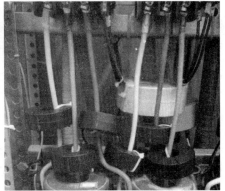

图6　空调机组配电柜外加开口式电流互感器

图7　空调机组配电柜外加电计量电箱（电箱外观图）

3.3 热计量装置改造

改造前北京回龙观医院空调设备机房内设置 2 台地源热泵机组，无任何冷/热量计量仪表。施工期间为机组正常运行期，不能因外加冷热量计量仪表而对设备进行停机、泄水，为保证施工进度，只能先进行管道施工之外的工作，如：仪表固定、供电管线的敷设、通信管线的敷设等，待机组检修期间、过渡季停机期间再进行管道的施工，对空调冷热水管道加装热计量装置施工现场如图 8 所示。

图 8　空调冷热水主管道开孔

3.4 数据通信系统改造

医院能耗监测数据中心是对各种用能设备、设施、系统用能数据的集中交互、储存中心，也是医院开展节能工作的重点考究中心。

为了使医院能耗监测数据中心顺利运转，在对医院能耗数据中心建设过程中，采用数据采集、存储、应用、服务相分离的原则进行服务器设备架构。

3.4.1 系统组成

为了使能耗监测系统顺利运转，将采用数据服务、应用、存储相分离的架构，降低管理维护的成本。能耗监测系统将各种分类汇总数据保存下来，便于研究所后期调阅和管理。能耗监测系统实时采集数据点的采集周期可任意设置，如 30min/次、60min/次、120min/次等。

能耗监测系统按照实施的硬件内容划分，主要分为：能源数据计量设备、数据采集网关、数据传输网络、数据处理服务器、网络安全设备。按照系统调试的软件划分主要包括：能源数据计量设备通信调试、数据采集网关数据上传调试等。

3.4.2 系统网络构架

北京回龙观医院能耗管理平台的整体网络构架如图 9 所示：

从图 9 可看出，北京回龙观医院建筑能耗监测管理平台建设过程中，涉及众多的数据采集和传输。每栋建筑均设有独立的数据采集网关，采集网关通过 TCP/IP 网络通信方式，以 485 总线等协议采集智能仪表数据，再经由 XML 程序上传至信息中心服务平台，从而在信息中心服务器端对各栋楼的分类和分项能耗进行综合分析与展示，并通过 B/S 架构的管理软件向用户展现一套完整的能源分析系统。

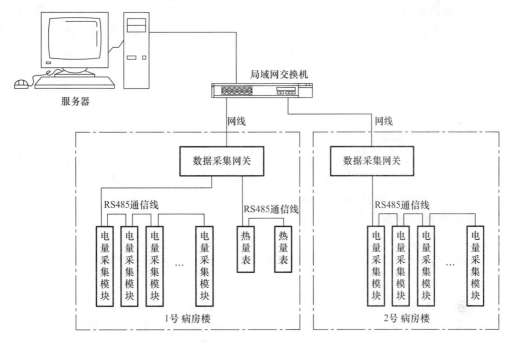

图 9   北京回龙观医院能耗管理平台的整体网络构架

3.5   能耗分析软件建设

医院建筑能耗监测管理系统软件的功能主要包括：

3.5.1   前台人机交互界面

设计适合客户要求的交互界面；标准图元库，方便调用组合；实时数据采集和显示；数据信息的自动逻辑计算和处理；设备参数远程更改设定。北京回龙观医院能耗管理平台软件界面如图 10 所示。

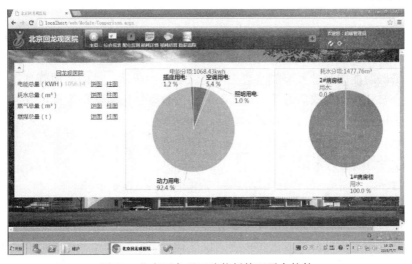

图 10   北京回龙观医院能耗管理平台软件

3.5.2 信息处理

利用采集信息及特定方法进行计算；统计总功率、最大需量、开关次数；采集功率因数、设定上下限；记录负荷状况分析电能质量；温湿度信息的采集和处理显示（该功能须配备温湿度控制器）。

3.5.3 报警/异常/事件存储

断相报警实时显示；通信异常记录存储；当日报警事件的实时显示；历史事件的查询、打印。

3.5.4 曲线及报表管理设置功能

客户要求的电参量的趋势曲线；正/反向有/无功电度的历史趋势；设计满足客户需求的各种报表；自动生成电能计量的日、月、年报表；可根据常用的 MSExcel 设置模板并生成相应报表，使用户轻松使用；查询任意时刻报表、显示并打印。

3.5.5 后台数据库管理

应用广泛的数据库软件如 Access、MSSQL；建立开放式、网络化数据库；存储指定年限或所有的数据信息；软件系统实现的动态链接库；实时数据信息更新安全可靠；支持 C/S、B/S 方式，实现数据远传。

3.5.6 多级权限用户管理

密码登录后台，保证设置安全；高权限对低权限管理，分级操作，各权限均具修改密码功能。

3.5.7 通信管理设置

各串口自主配置，操作方便；不同设备的通信协议选择；通信波特率自主选择；系统根据选择结果自动对该前置机某端口所连各设备进行统一的遥控配置。

网络功能双机热备功能，支持双机、双网、双设备等冗余，并采用热备份的形式确保系统稳定可靠的运行，配置简单、方便。网络上任意一台机器可指定为 I/O 服务器（即前置机），网络上的其他机器可方便地从该机器上获取数据。

4. 改造效果分析

通过北京回龙观医院能耗计量平台示范工程的建设，使得回龙观医院 1 号病房楼、2 号病房楼分区、分项能耗可以在能耗监测平台软件中一目了然地看到，对于提高医院能源的效率，推进医院能源管理和节能改造工作提供了较大帮助。医院能源管理水平、使用方式的科学性和节能改造的前后效果，均需要具体的数据做出科学而准确的评判和验证，能源监测系统是医院实行能源有效管理的必要条件。

5. 改造的经济性分析

北京回龙观医院能耗监测平台的建设，通过实时数据采集，实行医院分类、分项计量，实现了医院能源在线监测、统计分析和分户计量，有利于提高能源管理水平，为医院建筑节能诊断和改造提供科学依据，医院建筑能耗大，节能改造经济效果潜力大，可以短时间内收回改造资金。

6. 思考与启示

　　不同于普通商业建筑，我国医院建筑一般均存在建筑物功能多样、特殊，能耗巨大等特点，尤其是随着近年来我国医院建设的快速发展，很多医院限于场地或资金因素，将老楼整改和新楼建设交织在一起，且同一建筑物内由于不断改变或新增功能，导致能耗系统复杂多样，这已成为我国医院建筑体系的常态。如何结合既有医院建筑工程实际，建设有医院特色的能耗计量监测系统，获得医院较为实际、准确的综合能耗数据，通过对这些数据的梳理、分析及修正，得出各种医院综合能耗指标、挖掘节能空间，是我们将继续探索这一领域的新课题。

9　中国中医科学院西苑医院综合管线改造工程

　　项目名称：中国中医科学院西苑医院综合管线改造工程

　　项目地址：北京市海淀区西苑操场 1 号

　　建筑面积：207830m²

　　改造面积：—

　　资料提供单位：中国建筑技术集团有限公司、中国中医科学院西苑医院

1. 工程概况

　　中国中医科学院西苑医院位于北京市海淀区，与世界最大的皇家园林——颐和园比邻而建，占地面积 6 多万平方米，建筑面积 20 多万平方米。该医院是一所集医疗、科研、教学、保健为一体的大型综合性三级甲等中医医院、全国示范中医医院，是卫生部国际紧急救援中心网络医院和北京市基本医疗保险定点医疗机构。

　　西苑医院规划总用地面积 66086.4m²，总建筑面积 207830m²，其中地上建筑面积 110397.2m²，地下建筑面积 97432.8m²，包括新建的病房医技楼、病房楼和后勤综合楼（图 1）。西苑医院总体规划改扩建工程拟分期规划建设实施，目前一、二期工程建设已完成，并投入使用。三期拟规划建设病房医技楼（2 号楼），该楼规划总建筑面积 53342m²，其中地上建筑面积 24760m²，地下建筑面积 28582m²，建筑高度 14m，包括地上 4 层，地下 4 层。

　　医院内主要道路中的地下目前铺设的管线包括上水、热水、污水、燃气、热力（图 2），具体情况为：

　　上水：为 DN150 的上水管线，压力 0.25MPa；

　　热水：1 条 DN40 的管线，为洗浴提供；1 条 DN125 的管线，为制剂蒸气提供；

　　污水：DN400 的污水管线；

　　燃气：共 2 条，1 条 DN200 的中压管线，为锅炉提供使用；1 条 DN150 的低压管线，为生活提供服务；

　　热力：包括 4 条 DN219 暖气管线，其中 2 条服务于家属区（图 3），2 条服务于工作区。

2. 改造目标

　　通过本次改造工程，为新规划建设的病房医技楼提供配套基础设施条件，并与其他原有建筑设施功能相互补充，整体相互呼应，为提高医疗服务水平和提供良好的诊治条件建立优良的基础，并为完善中西医结合特色医疗体系和增加首都公共卫生事业救治能力创造

有力的医疗技术保证。

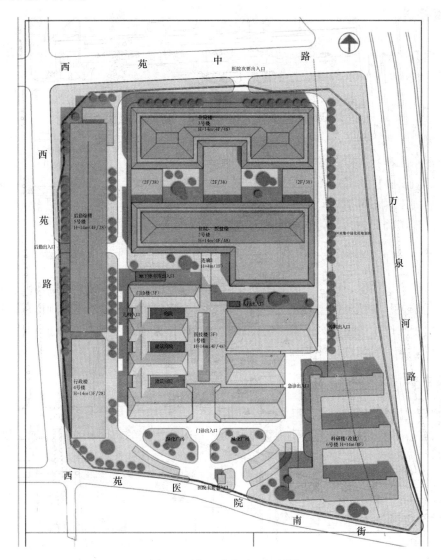

图 1　西苑医院总平面规划图

图 2　中马路现状

图 3　部分家属楼道路现状

3. 改造技术

建设内容主要包括上水、雨水、污水、燃气、热力地下管线及道路、绿化等改造工程。管线总长度约4260m。具体方案说明如下：

（1）上水工程：上水为 DN200 的管线，压力 0.25MPa；热水：1 条 DN100 的管线，为洗浴提供，1 条 DN150 的管线，为制剂蒸气提供，总长度约 1550m。

（2）雨水工程：DN200 的管线，长度约 520m；

（3）污水工程：DN400 的管线，长度约 520m；

（4）燃气工程：DN200 的中压管线，为锅炉提供使用，长度约 670m；

（5）热力工程：包括 2 条 DN250 暖气管线，长度约 1000m。

（6）附属工程：包括绿化、照明、景观工程。

3.1　节能、节水措施

引入节能减排的规划理念，施工单位在规范允许范围内对施工现场旧料合理利用。例如：施工开挖过程中挖出的土质土方可合理堆放，再次回填使用；合理利用旧道路周围排水系统排出施工产生的废水、污水，降低临时排水设施费用，并且可以保护环境；合理选用施工机械，减少机械进出场次数。

3.2　噪声影响及减缓措施

3.2.1　合理选定施工场地

在工程施工中，主要噪声为使用大型施工设备时所产生的，因此在满足施工要求的前提下，尽量使噪声影响严重、作业周期长的施工机械或设备的作业点与敏感点之间的距离保持在 30m 以上。当难以满足时，可考虑在靠近敏感点一侧建临时工房，起到隔声墙的作用，以减小噪声影响。

3.2.2　严格控制高噪声设备夜间作业

高噪声施工机械尽量安排在白天作业，当市政及交通管理部门允许土方及材料运输车白天进出施工场地时尽可能在白天运输，夜间行车严禁鸣笛，控制行车速度。

3.2.3　合理安排作业时间和运输途径

运输作业对周围噪声环境影响最大，尽量把这一阶段工作安排在闭窗时期。施工车辆，特别是重型运输车辆的运输途径，尽量避开敏感区域。

3.2.4　加强环境管理

为了有效控制噪声影响，除落实有关的控制措施外，还必须加强环境管理，由环境部门实施统一监督管理。施工单位在进行工程承包时，将有关环境控制列入承包内容，设专人负责，以确保各项措施的实施。

3.3　对大气环境的影响及减缓措施

施工过程中主要的大气污染是沙石灰料装卸过程中产生的粉尘，车辆运输过程中引起的二次扬尘以及物料散落。为了将扬尘污染控制在最低限度，工程施工采取以下措施：

（1）在基础施工时，适当喷水，使作业面保持一定的湿度；

（2）及时运走泥沙等弃渣物，并要求运土卡车保持完好无泄漏，装载时不宜过满，及时清洗车辆，保证运输过程中不散落；

（3）规划好运输车辆的行走路线，尽量避免或缩短在敏感地区的行驶路程；

（4）现场配备专、兼职管理人员。

3.4 污水对环境的影响及减缓措施

施工期产生的废水主要来自施工作业和施工人员的生活污水，包括车辆设备冲洗以及施工人员的盥洗水，暴雨时冲刷的浮土、建筑泥砂、垃圾、弃土等，也会使地表面泥砂含量加大。

根据以上分析，施工期各施工场地废水排放量很小，也无特殊有毒物质，要加强管理，严禁污水乱排、乱放，以减少对周边环境的影响。

3.5 污水处理系统改造

该项目改造建设有完善的污水处理站。医院病房楼污水首先进入化粪池，经化粪池处理后进入格栅井，经格栅去除粗大的悬浮物后通过集水井进入调节池，在调节池中完成污水水质、水量的调节，并对污水进行预曝气，以保证后续生物处理的顺利进行。污水经调节池后进入好氧生物反应池，通过生物氧化作用完成对有机物等的去除，好氧池采用鼓风曝气。污水经生物处理后进入沉淀池进行泥水分离，上清液进入消毒池，经消毒后排入水体（图4）。

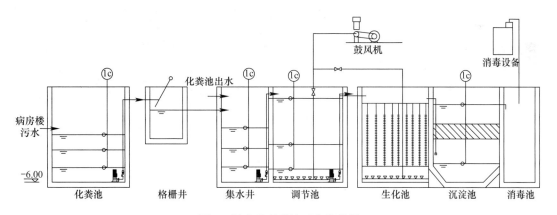

图4　污水处理系统工艺流程图

4. 改造效果分析

该项目改造完成投入使用后，将为医院医疗条件、科研教学条件的提高提供配套基础设施服务。医院有能力容纳、诊治更多的患者，有效缓解患者就医难的问题，既为政府排忧解难，又为应付突发公共卫生事件提供了良好的硬件基础，完善了北京地区的医疗体系，实现以人为本，社会效益显著。

5. 思考与启示

项目在综合管线改造过程中应着重注意施工期的噪声、粉尘、固体废弃物、废气等影响，注意采取有效的环保防治措施，以保证做到废气、废水、噪声和固体废物的无害化。

10 天津市第一中心医院改造工程

项目名称：天津市第一中心医院改造工程
项目地址：天津市南开区复康路 24 号
建筑面积：37830m²
改造面积：42030m²（含增层）
资料提供单位：天津市建筑设计院、中国建筑科学研究院、天津市第一中心医院

1. 工程概况

天津市第一中心医院本部坐落于天津市南开区复康路 24 号，医院北至航天道，南至复康路，东至科研南路围墙，西至津河沿线。天津市第一中心医院始建于 1949 年，1987年由国家重新投资兴建，是国家投资建设的 18 所重点医院之一。医院医疗服务覆盖人口近 200 万，并负担着国内部分省市和海外患者的就医任务。医院占地面积 64.17 亩，现有建筑面积 117857m²，每日平均门诊量约 2000 人次，床位使用率达到 86%，其中肝肾移植病床使用率达 90% 以上。

医院本部有门诊楼、住院部楼、移植楼三座主要建筑。主楼建筑建成于 1992 年，总建筑面积为 22797m²，分地下 2 层，地上 17 层，局部 21 层。移植楼建成于 2006 年，总建筑面积 46558m²，占地面积 9021m²，分为地上 15 层、地下 2 层。门急诊楼原设计地下 1层，地上 3 层，总建筑面积为 15033m²。

本次改造涉及主楼、门诊楼、急诊楼以及门诊与主楼的连廊。主楼主要是对原有建筑增加外墙外保温及门窗更换（改为节能门窗），强化节能效果，提高舒适感。另外，随着医院门诊、急诊病人的增加，原有建筑已经不能满足患者就医的要求，于是门诊楼、连廊和急诊楼在原有基础上增加 1 层，由原来的 3 层增加为 4 层。

本次改造始于 2006 年，2008 年底完成。图 1、图 2 是本次改造前后主楼和门急诊的外观对比图。

图 1 改造前主楼和门急诊的外观图

图 2　改造后主楼和门急诊的外观图

2. 改造目标

2006 年，为了满足《公共建筑节能设计标准》，提高患者住院的舒适性和安全性，医院决定将住院楼进行外墙外保温改造，并将所有窗户改为节能窗。2007 年天津市第一中心医院与北京奥组委签署奥运天津赛区定点医院协议，成为天津市唯一一家 2008 年奥运会定点医院。为此，医院决定对现有医院的门急诊楼进行重新布局改造，扩大门诊面积，新增病人等候区，扩大药方和挂号处。急诊也进行科学调整，增加急创外科，并配备相应的设施，扩大创伤诊室和内外科急诊，门诊观察室的面积从原有的约 40m² 扩大到 100m²。门急诊楼进行接建工程，由原来的 3 层增加了 1 层，改为 4 层，建筑面积由原来的15033m²，增加为现在的 19233m²。

该医院的改造方案体现了"以人为本"的设计思想，把"以患者为中心"的理念作为本工程改造设计的主要目标。配套设施和平面布局在满足功能要求的前提下，力求与医院整体建筑布局、风格相统一和协调；多功能化的经营布局和个性化的立面造型，为患者提供全新、安全和舒适的就医环境。

3. 改造技术

该项目对主楼外墙增加外保温，门诊楼、急诊楼进行内外檐改造，并在对门诊楼、急诊楼进行加固处理后，顶上加建 1 层。

3.1 主楼

建筑外墙外保温采用德国 Sto 外墙外保温技术，门窗改为氟碳喷涂断桥铝＋Low-E 中空玻璃（6＋2A＋6），屋顶采用聚苯板保温。具体做法如下：

3.1.1 保温板的粘贴

在保温板起始基准线确定完毕之后，将拉刮好建筑粘胶的保温板以保温板起始基准线为开始位置，紧密地粘贴在墙面上，并用打磨板从中心向四周延伸轻拍，调整粘贴平整度及粘贴面。刮掉保温板周围挤出的建筑粘胶，以保证粘贴下一块保温板时，板缝之间不会嵌入建筑粘胶。

门窗口侧面作保温时，保温板侧面与门窗接触处，根据现场情况，使用膨胀密封条，保温板压紧密封条。

在阳台及与下面地板交接处，在粘贴保温板之前先预埋网格布，预埋宽度不小于 5cm。

3.1.2 防护面层施工

（1）在使用防护砂浆前，用于粘贴保温板的 SSD-971 建筑粘胶需要 24h 的干燥养护期，隔日施工。

（2）在 Sto 水泥基外墙外保温体系中所使用的防护砂浆（SSD-462），使用前重量比为 4.5～5：1（干粉：水），加水搅拌均匀即可使用。

（3）在大墙面批刮防护砂浆前，窗口四周同时设置 45°斜向加强网。

（4）施工时在 1.10～1.20m 的宽度范围内，由下至上将搅拌好的防护砂浆（SSD-462）均匀地涂抹到保温板上，涂抹厚度不小于 2.5mm。

（5）在防护砂浆尚具有良好的工作性的时间范围内，及时将玻纤网格布压入防护砂浆中，并将从网格中挤出的防护砂浆抹平。

（6）在门窗洞口、大阳角部位，通过埋置双层玻璃纤维网格布，来提高体系的抗冲击荷载能力。从有附加玻璃纤维网格布的部位到正常部位的过渡应尽量平缓。

3.1.3 面层涂料施工

在罩面层涂料施工之前，先用不锈钢抹灰刀的侧棱对整体的仿砖面层轻刮一次，目的是剔除仿砖装饰砂浆面层的毛刺。然后用 SSD-301 底面处理剂按 1：5（体积比）的比例加水后，对整个基层满涂一遍，养护和加固基层，提高罩面涂料和基层之间的附着力、吸水性。

图 3　外墙改造前外观图

3.1.4 瓷砖翻新

批刮外墙双组分腻子 A 组、外墙双组分腻子 B 组。在批刮腻子之前，对瓷砖基面进行清洁处理及可靠性检查。批刮外墙聚合物干粉腻子。外墙外保温及外檐改造前后对比如图 3、图 4 所示。

图 4　外墙改造后外观图

3.2　门诊部分

3.2.1　建筑改造

　　该工程作为天津市第一中心改扩建医院器官移植中心工程的配套续建工程，其立面造型本着尊重医院整体建筑风格的原则进行创作，方案构思紧扣新建器官移植中心大楼的立面风格，将大楼的一些处理手法沿用到该工程原有住院楼等建筑中，与医院主体建筑相呼应，体现出方案的整体观。

　　立面材料的运用考虑了远期建筑立面的整修，使之更加浑然一体，为地区城市景观做出应有的贡献。

　　门诊楼：由于建设年代较早，楼层较低，原设计无电梯，患者就诊时具有一定的困难。本次改造，为了方便患者就诊，在门诊楼增加了1部医用电梯，门诊楼与主楼之间的医用走廊增加了2部医用电梯。

　　地下室：对个别房间进行了调整，并增加了1个水泵房，泵房隔墙采用加气混凝土砌块。由于功能的需要，增加了几个门窗、2个电气管道井、4个暖通管道井及送排风竖井。

　　一层：对个别房间和卫生间进行了调整，增加了4个电气管井和5个暖通管道井；增加了1个送排风竖井和2个配电间，以满足本次暖通空调和电气改造的需要。

　　二层：增加了胚胎移植手术室，此手术室为洁净室；为了方便患者就诊，挂号室、药房也进行了重新规划，卫生间也进行了重新设计和施工；增加了2个电气管井和6个暖通管道井，增加了1个送排风竖井。

　　三层：除了对卫生间、更衣室进行改造外，重点增加了烧伤接待室和手术室，并改建了挂号处、收费处和药房。

　　四层：为新建层，将原皮肤科门诊及挂号处、药房移至本层；妇科、B超室、胚胎室、手术室等也设在本层。

3.2.2　结构改造

　　（1）加固处理

　　该工程在设计之前委托天津市房屋质量安全鉴定检测中心对结构进行了检测，检测结果认为：该工程混凝土质量存在各层分布不均匀，离散性较大的特点，部分构件的混凝土强度等级不满足安全要求，个别构件的混凝土强度实测值过低，已严重影响相关构件承载力，存在较大安全隐患，应立即采取加固处理措施。部分框架梁、楼盖板出现了不同程度开裂现象，其中个别构件裂缝宽度超过了国家相关标准限制要求，已严重影响相关构件的正常使用，应立即进行加固处理。

　　检测部门对门诊楼、急诊楼、服务楼墙体砌筑砂浆强度、砌筑砖强度进行回弹法抽样检测，对门诊楼各层混凝土柱、梁、楼（屋）盖板等构件的混凝土强度进行钻芯法抽样检测。根据检测结果确定如下加固方案：

　　采用粘贴碳纤维法。混凝土强度等级大于C18的构件不加固；混凝土强度等级小于

C10 的构件切除，重新浇筑混凝土；混凝土强度等级为 C10～C18 之间的构件采用粘贴碳纤维的方法加固。

另外，地下室、首层、二层有裂缝的构件采用压力灌浆的方法灌实裂缝，混凝土强度等级小于 C18 的均采用粘贴碳纤维的方法进行加固。

对于从地下一层到地上二层部分，个别构件、个别部位有针对性地采用补强措施，减少施工操作面，尽量减轻对正常营业的影响。

本次加固的重点是三层框架柱和框架梁。天津市房屋质量安全鉴定检测中心对三层框架柱共检测了 12 根，其中强度在 C10 以下的柱有 2 根，强度在 C10～C15 的柱有 4 根，强度在 C15～C18 的柱有 3 根，强度在 C18 以上的柱有 3 根。对三层框架梁共检测了 9 根，其中强度在 C10～C15 的梁有 4 根，强度在 C15～C18 的梁有 4 根，强度在 C18 以上的梁有 1 根。

根据以上检测结果，设计方对于该工程的加固补强考虑两个可选择的加固方案，分别为混凝土外包型钢加固法和碳纤维环箍加固方案，考虑甲方要求施工期间不能影响三层以下楼层的正常门诊营业，设计方推荐后一种设计方案。

（2）接层

接层采用钢结构体系，外墙采用 250mm 厚加气混凝土砌块，楼梯隔墙采用 200mm 厚加气混凝土砌块，其他隔墙均采用 120mm 厚轻钢龙骨双面内填岩棉石膏板隔墙，屋顶采用 150mm 厚彩色钢板内填岩棉夹心板。这样做的目的就是最大限度地减轻结构自重，减小地震力的作用，从而确保原主体结构的安全。

3.2.3 供暖空调改造

（1）空调系统改造

门诊楼原有一～三层采用风机盘管加新风系统，夏季供冷，冬季供暖。该系统不进行调整。由地下室原空调系统总管接出一支至四及三层原共享空间处作为接层部分的冷热源，新增第四层冬季和夏季均采用风机盘管加独立新风系统，定压由原系统解决。一～四层的挂号、收费、药房、手术室等处增加了新风系统，以保证室内的空气质量。空调系统夏季设计供/回水温度为 7℃/12℃，冬季为 60℃/50℃。针对原有系统运行新风量不足的情况，将原有新风机组进行更换，并在屋顶设置新风换气机以解决内区房间新风量不足的问题。

为了强化门诊楼的通风换气效果，增加房间的舒适性，本次改造将原有的新风机组进行了更新，选用了 2 台落地式新风柜式机组和 1 台吊顶式新风机组。在一～四层增加了 4 台新风换气机，并着重在四层选用了 2 台落地式新风柜式机组。

（2）室内设计参数

本次改造遵照《公共建筑节能设计标准》GB 50189 节能 50% 的目标，室内设计参数如表 1 所示。

室内设计参数表　　　　　　　　　　　　　　　　　　　　　　　　　　表 1

房间名称	夏季		冬季		新风量
	温度	相对湿度	温度	相对湿度	m³/（人·h）
过厅	27℃	60%	20℃	无要求	10
办公室	26℃	60%	20℃	≮40%	30
诊室，B超室	26℃	60%	20℃	≮40%	30
手术室	27℃	60%	26℃	≮40%	30

（3）传热系数

外围护结构传热系数如表 2 所示。

门诊部分外围护结构传热系数 表 2

部位	$K\ [\mathrm{W}/(\mathrm{m^2 \cdot K})]$
屋顶	0.38
外墙	0.57
外窗（含透明幕墙）	2.7
外窗遮阳系数	0.69
隔墙/变形缝	0.92/0.58
地面	0.5

（4）外围护结构保温材料

建筑外墙增加德国 Sto 外墙外保温；门窗改为氟碳喷涂断桥铝，Low-E 中空玻璃（6+2A+6）；屋顶采用聚苯板保温。

3.2.4 给排水改造

（1）生活给水系统

加压供水系统的加压设施集中设于地下室泵房内，加压设备采用变频调速自动供水设备。

（2）生活中水系统

仅在卫生间内设置生活中水系统，加压形式同给水，加压设施设置在地下室泵房内，加压设备采用变频调速自动供水设备。

（3）生活热水系统

生活热水系统与冷水一致，共分两区，热源由区域内燃气锅炉房供给，通过容积式换热器供给 60℃的生活热水，该热水系统采用机械循环方式，热水管材采用涂塑钢管。

卫生洁具选用节水型，水嘴选用陶瓷磨片密封型。所有地漏均采用新型防反溢深水封型。

一～三层水系统进出户位置及走向等尽量利用现状，以减少结构的拆改，既减少了工作量，又保证了结构强度不受影响。各管线与现状冲突处，结合现场可做合理调整。

（4）排水系统

建筑物内生活排水系统以重力排水为主，受条件限制的位置地下设集水坑局部机械提升。生活废水出户后经检查井、化粪井、隔油池等处理后排入市政污水管网。

雨水为有组织排水，雨水在基底内采用分面积汇集后分别排向市政雨水管。

首层以上排水管材采用 PVC-U 排水塑料管，地下排水管材采用焊接钢管，雨水系统管材采用柔性接口机制离心排水铸铁管。

3.2.5 消防部分改造

（1）防火分区

各个建筑按标准层划分防火分区，每层 1 个防火分区，每个防火分区的最大面积不超过 2500m²。防火分区用防火墙、防火门分隔处理，前厅用防火墙与周围空间隔开，并配机械排烟系统（图5）。各楼最大长度按最大值计算，不超过 150m。

每个防火分区均设有 2 个安全出口，防火分区内的消防电梯、楼梯数量均符合规范要求。

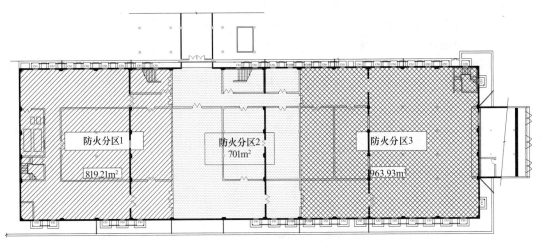

图 5　门诊防火分区图

（2）防排烟系统

根据现行防火规范，在地下总面积超过 $200m^2$ 或单个面积大于 $50m^2$ 的无窗房间，长度超过 20m 的疏散走道以及中庭部分增设排烟系统，排烟风机设置在屋顶。

部分楼梯间地下部分由于没有外窗，增设竖井对其加压送风，送风量为 $8000m^3/h$，风机设置在屋顶。

（3）消防给水系统

消火栓、自动喷洒加压设备以及消防水池均设置在主楼地下室，入户干管引自主楼消防系统，消火栓采用减压稳压型。消防水池所需总容积为 $184m^3$，其中消火栓系统容积为 $108m^3$，自动喷洒容积为 $76m^3$。主楼消防水池容积为 $360m^3$，满足该建筑用水要求，同时主楼屋顶设有高位水箱，满足火灾初期用水要求。

地下一层分为 3 个防火分区且设置消防喷淋，每个防火分区面积均小于 $1000m^2$，每个防火分区均设 1 个独立直通室外的安全出口并利用相邻防火分区的防火门作为第 2 个安全出口。

门诊楼与医疗走廊每层为 1 个防火分区，每层均设置消防喷淋系统，均各自为 1 个防火分区，小于 $5000m^2$。

该项目建筑之间的间距均大于 6m，总图布置均按规范中有关建筑物间防火间距设计，场地道路布置满足消防车道宽度不小于 4m 的要求，且消防通道上部无影响消防车通行的建筑物及管线，符合规范要求。

室内消防给水管道呈环状布置，消防水泵出水管直接与室内消防给水管网相连。室外消防给水系统延伸医院内原有的环状给水系统，并在建筑物附近设室外消火栓。

3.2.6　弱电系统改造

室内变更部分有照明动力系统、有线电视、电话、网络系统、火灾自动报警系统等弱电系统，此外还包括防雷与接地系统。

（1）负荷分类

该工程消防泵、喷淋泵、消防电梯、火灾应急照明、液氧站空压机、真空泵等重要医疗设备、手术室、治疗室、走道照明、事故照明、防火卷帘、排烟风机等用电为一级负荷；给水泵及客梯用电为二级负荷；空调用电为三级负荷。

（2）供电电源

采用电缆从室外变电室埋地引入独立 380V/220V 双电源，照明空调及动力电源分别引入首层配电室，电梯电源单独引入双回路电源。

（3）电力配电系统

低压配电系统采用 AC22V/380V 放射式与树干式相结合的方式。引自变电所 0.4kV 母线，采用三相五线制 TN-S 系统配电。污水泵采用液位传感器就地控制。

（4）照明系统

按照国家规范针对不同房间采取不同的照度标准，光源以节能荧光灯为主，并配电子镇流器。

在疏散楼梯间、前室、疏散走道、电梯厅以及消防电梯等处设火灾应急照明。在疏散走道、电梯厅、楼梯间等处设疏散指示标志。

（5）防雷、接地及总等电位联结

电器接地，防雷接地及弱电系统接地共用接地装置，要求工频接地电阻 $R \leqslant 1\Omega$。建筑物做好总等电位联结，并且防雷击电磁脉冲。

（6）弱电系统

1）建筑设备自动化系统

对供暖、空调、给排水等设备，通过温度、压力传感器，以计算机为控制主体，使各系统工作在最佳状态，以利于节能和节省人力。各部分用能设备的耗电量由医院总控室进行单独计量。

2）网络系统

包括电话及计算机网络。实现计算机联网，并通过数据线与外部网络相联。

3）保安监控系统

在门厅、走道、电梯等主要出口处设监控点。

改造前后门诊大厅及医用走廊实景如图6～图11所示。

图6　改造前门诊大厅实景图　　　　　图7　改造后门诊大厅实景图

图 8　改造前医用走廊实景图　　　　　　图 9　改造后医用走廊实景图

图 10　改造后医用走廊窗口实景图　　　　图 11　改造后导诊台实景图

3.3　急诊部分

3.3.1　建筑改造

该工程急诊、生活服务楼原 3 层结构为砖混结构，接建层结构为 CS 复合墙、板结构。本次改造，一～三层调整了部分门窗的数量和位置，并增加了电气井和暖通送排风井，四层为接建工程。

3.3.2　结构改造

急诊楼和生活服务楼原三层屋顶均进行了横梁加固和楼板加固，加固方法同门诊。接层后，新屋顶满铺 CS 板。CS 板为华声（天津）国际企业有限公司与天津大学产学研相结合，经 10 多年合作研究研制出的新型、轻质、高强复合构件，并在此基础上形成了以工厂化住宅（房屋）为目标的 CS 板式结构建筑住宅体系（简称 CS 体系）。CS 板集承重（围护）、保温（隔热）、隔声、耐火、防水和抗震于一体，可作为墙板、楼板、屋面板、保温板，实现了建筑节能与结构一体化（同寿命），如图 12 所示。

3.3.3　供暖空调改造

（1）供暖改造方案

原急诊楼及生活服务楼，一层冬季部分采用风机盘管加新风系统供暖，部分采用散热器供暖，夏季采用风机盘管加新风系统供冷。二、三层夏季采用分体空调，冬季用散热器供暖。急诊楼四层的热源为现有发热门诊供暖系统总管，定压由原系统解决，采用同程式上供上回散热器供暖系统。生活服务楼由于部分拆除后原系统已无法使用，接层部分仍利

91

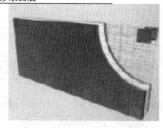

在工厂预制成型或工地拼装
喷（抹）水泥砂浆面层

CS非承重型墙板
型号规格:CSQ$_y^j$(40~150)〈900~1200×1200~4000〉

在工厂预制成型

CS非承重型墙板
型号规格:CSNB$_y^j$(70~150)〈900~4200×2000~4500〉

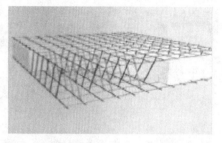

CS新型多功能复合屋面板
型号规格:CSXWB$_y^j$(70~150)〈600~1200×2000~5100〉

工地拼装、 板上浇筑细石混凝土层板下
喷（抹）水泥砂浆层形成整体屋面

图 12　CS复合板

用原生活服务楼供暖总管作为热源，采用上供下回单管顺流（加跨越管）散热器供暖系统。两部分系统设计水温度均为 85/60℃。夏季，急诊楼及生活服务楼接层部分均采用分体空调。

（2）设计参数

室外：−9℃；

室内：过厅、办公室 18℃；诊室 20℃。

（3）传热系数

急诊部分外围护结构传热系数如表 3 所示。

急诊部分外围护结构传热系数　　　　　　　　　　　表 3

部位	K [W/ (m² · K)]
屋顶	0.38
外墙	0.57
外窗（含透明幕墙）	2.7
外窗遮阳系数	0.69
隔墙/变形缝	0.92/0.58
地面	0.5

3.3.4　消防改造

（1）排烟系统

根据现行防火规范，长度超过 20m 的疏散内走道增设排烟系统，由于接层屋面为非

92

荷载屋面，排烟风机设置在三层外廊。

（2）消防给水系统

消火栓、自动喷洒加压设备以及消防水池均设置在主楼地下室，入户干管引自主楼消防系统。消火栓采用减压稳压型。消防水池所需总容量为184m³，其中消火栓系统容积为108m³，自动喷洒系统容积为76m³。主楼消防水池总容积为360m³，满足该建筑用水要求，同时主楼屋顶设有高位水箱，满足火灾初期用水要求。

4. 改造效果分析

为了贯彻执行《中华人民共和国节约能源法》和《天津市节约能源条例》，充分、有效地利用能源，提高能源利用率，保证城市建设与发展相协调，根据该项目的实际情况，重点考虑建筑物的形式、结构、供暖通风、采光照明、建筑材料和机电设备的选型，以及项目建成后的运营管理等方面的节能措施。

4.1 建筑节能

（1）建筑造型既要美观适用又要与现有建筑协调，同时尽可能规整，以减少外墙传热面积。

（2）建筑物朝向的选择，充分利用自然光和自然通风，使餐厅、办公、设备用房、连廊等配套用房，冬季可以充分利用阳光热能，炎热季节可减少阳光直射室内。

（3）不同朝向的窗墙面积比符合节能规范要求。

（4）建筑外墙采用保温、隔热性能良好的保温材料。

（5）外檐门窗采用气密性良好的材料，窗应选用密闭性良好的塑钢窗。

（6）建筑物外门有自闭功能，以减少热损失。

4.2 机电设备节能

（1）采用高效率变压器，供电系统合理分配负荷，提高设备运行效率。

（2）机电设备的设计、安装及运行管理符合国家有关节能技术规范。

（3）设备及器材的选型一律采用符合国家现行技术标准的高效节能设备和器材。

（4）机电设备的负荷率达到国家节能技术规范要求，提高设备利用率，节约电能消耗。

4.3 照明系统节能

（1）根据各功能区的实际需要配置照明，既保证照明需要又达到节能目的。

（2）照明光源采用新型高效节能光源，创建以人为本的绿色照明环境。

（3）采用不产生眩光的高效节能灯具，提高照明质量，达到高效、舒适、安全的目的。

（4）选用效率高、寿命长、安全、性能稳定的灯用电器件、灯具、配线器材以及调光控制设备光控器件，既运行经济环保，又有益于人的身心健康。

4.4 加强能源管理，提高能源利用率

（1）对重点用能部门和部位加强管理，对用能岗位的操作人员进行节能教育和节能技

术培训。

（2）加强能源的计量管理，建立必要的能源考核制度（图13）。

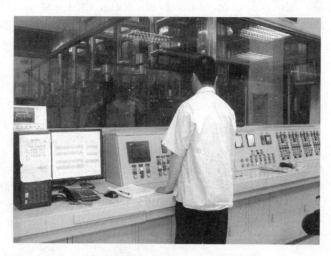

图13　锅炉房监控室

4.5　节水

水是宝贵的自然资源，项目建设期和运作期，始终都注意节约用水，具体节水措施如下：

（1）项目施工设计禁止使用耗水量大的设备和国家规定淘汰的卫生洁具。

（2）除生活饮用水外，提倡一水多用或通过处理循环使用。

（3）以功能区为单位配备用水计量装置，划小核算单位，鼓励节约用水。

（4）项目采用的节水设备和卫生洁具，设专人负责管理、维修、保养和安全运行。杜绝用水设备和输水管道的跑、冒、滴、漏。

（5）进行节水宣传教育，提高全体员工的节水意识。

图14　污水处理站

4.6　环境保护

（1）废水

该项目废水主要包括生活污水和医疗废水。其中生活污水主要来自食堂、洗漱室、浴室、洗衣房、卫生间等。该工程的废水经过一级处理工艺流程（图14），以解决生物性污染为主，通过处理达标后，排入市政污水管网。

（2）噪声

机电设备的噪声采取消声措施，机房的门窗均进行隔声处理，将噪声控制在国家标准值之内。

（3）固体废物

属国家规定危险废物的手术残物、敷料、化验室废物等，通过焚烧处理。一次性医疗器材，通过粉碎处理杜绝回收再用。生活垃圾为无毒固体废物，及时清扫并集中由环卫部门处理。

5. 改造经济性分析

门急诊改造工程投资额及经济性指标如表4所示。

门急诊改造工程投资额及经济性指标 表4

编号	工程和费用名称	投资额（万元）			技术经济指标	
		土建工程	机电工程	合计	建筑面积	指标（元/m²）
1	碳纤维布加固	145.72	—	145.72	19233	75.76
2	接建一层	849.40	—	849.40	4200	2022.37
3	外檐装修	457.38	—	457.38	19233	237.81
4	给排水工程	—	63.00	63.00	19233	32.76
5	消防工程	—	180.00	180.00	19233	93.59
6	暖通工程	—	324.00	324.00	19233	168.46
7	电气工程	—	252.00	252.00	19233	131.02
8	弱电工程	—	100.00	100.00	19233	51.99
9	变电工艺、电气工程	—	50.00	50.00	19233	26.00
10	合计	1452.50	969.00	2421.50	19233	1259.03

6. 思考与启示

天津市第一中心医院由于建造年代久远，使用面积不足，功能不全，布局不合理，围护结构保温隔热性能较差，不仅影响医患的使用，而且能源浪费严重。该项目在保证安全及正常使用的前提下，通过对主楼、门急诊楼的围护结构、暖通空调系统、水系统、消防系统等各方面进行改造，既满足了当前的功能需求，又极大地提高了使用者的舒适度，同时达到了节能、节水的目的，完全实现了改造的初衷，其全新的面貌更好地体现了医院教、学、研的形象与特色。

11 天津市肿瘤医院住院楼改造工程

项目名称：天津市肿瘤医院住院楼改造工程
项目地址：天津市河西区体院北环湖西路
建筑面积：17881m²
改造面积：32065m²（含扩建）
资料提供单位：天津大学建筑设计研究院、中国建筑科学研究院、天津市肿瘤医院

1. 工程概况

天津市肿瘤医院坐落于天津市河西区体院北环湖西路，该工程为医院住院楼的改造工程。医院原住院楼建成于1987年，地下1层，地上15层，建筑面积17881m²，结构形式为钢筋混凝土框架—剪力墙结构。改造工程设计方案为接建改造，以原主体为依托在北侧和西侧分别接建8.80m和9.10m的单跨同高建筑，建筑主体加至16层。

天津市肿瘤医院新住院楼工程于2005年9月启动，由天津大学建筑设计研究院设计，项目总投资1亿元，建筑面积3.3万m²，开设病床932张。新住院大楼启用后，医院总建筑面积达10万m²，病床增至1400余张，年收住院病人可增至3万多人次，将显著增强其肿瘤专科医院的整体优势，进一步改善本市就医条件，满足肿瘤患者的医疗需求，成为集医疗、教学、科研和预防为一体，我国目前规模最大的肿瘤专科医院。

图1所示为改造前后住院楼外观对比图。

(a)　　　　　　　　　　　　(b)

图1　改造前后住院楼外观对比图
(a) 改造前住院楼外观图；(b) 改造后住院楼外观图

2. 改造目标

天津市肿瘤医院是我国肿瘤学科的发祥地，我国最大的肿瘤防治研究基地之一，也是集医疗、教学、科研、预防为一体的规模最大的肿瘤专科三级甲等医院，其高水平的医疗技术和优质的服务吸引了国内外众多患者前来就医，年门诊量达 18 万人次，收治病人 22 万余人次，手术 10000 余例。

由于建造时受经济条件限制，原结构设计仅能满足基本功能要求。随着社会的发展和广大群众医疗需求的不断提高，原有住院条件日渐窘迫，床位数量不足，医疗环境差，平面布局不能适应新的医疗管理模式，一些先进、高效率的医疗设备无法使用，住院楼的外观形象也与其天津市大型医院的地位不相称。为了全面改善患者的住院条件，提升医院的对外形象，设计人员和建设单位经过多方面的努力，在平面布局、立面造型、主体结构、设备系统、消防设施、无障碍设施、节能环保等方面进行了全面改造设计，使建筑物无论在安全性、适用性还是在环境性方面都有了很大提高。

3. 改造技术

3.1 建筑改造

对住院楼从平面布局和立面造型进行了全面改造，同时相应加强了防火设计。

3.1.1 平面布局

改造后的平面布局，具体如下：

（1）地下层为供应室和设备用房，如图 2 所示。

（2）一层除检验科和药剂科外，还增加了住院部独立入口门厅（包含出入院手续办理），如图 3 所示。

（3）二～十五层为普通病房层，每层设 1～2 个护理单元，采用岛式布局，中心布置护理站、医护办公、附属用房等，病房位于南、北、西三面。病房由原来的 6 人间（不带卫生间）改为 4 人间或 2 人间（均带卫生间），每层设重症监护室，如图 4 所示。

（4）十六层设有套间病房，可满足高消费患者的需求，如图 5 所示。

改造后总床位数增加为 943 床，同时，为解决交通问题，接建部分增设两台由地下一层通达地上十六层的电梯，原有 6 台电梯改为通至十六层。改建后各功能区垂直交通流线严格区分，做到人货分流、医患分流、洁污分流，快捷便利，互不交叉干扰。

3.1.2 立面设计

医院新住院楼的立面设计以条形玻璃帷幕的竖向分割为主导，搭配香槟色铝板，不仅外观风格现代，还能增加病房的采光面积，如图 6 所示。住院楼的外观设计与门诊楼设计遥相呼应，形成肿瘤医院新的建筑风格，如图 7 所示。图 8 为改建后的立面图。

3.1.3 防火设计

依照现行《高层民用建筑设计防火规范》GB 50045 及《建筑设计防火规范》GB 50016 进行防火设计，使住院楼防火安全性能大大提高。

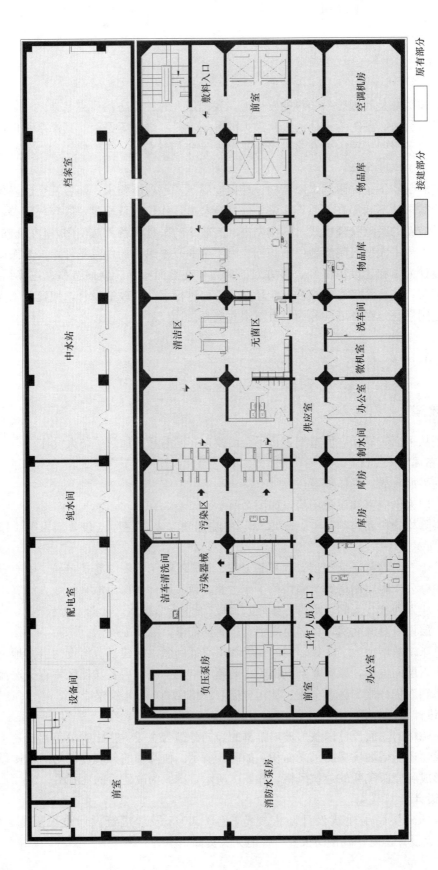

图 2 地下一层平面图

档案室

中水站

纯水间

配电室

设备间

前室

消防水泵房

敷料入口

前室

空调机房

物品库

物品库

洗车间

办公室 微机室

供应室

制水间

库房

库房

办公室

清洁区

无菌区

污染区

洁车清洗间

污染器械

负压泵房

前室

工作人员入口

原有部分

接建部分

98

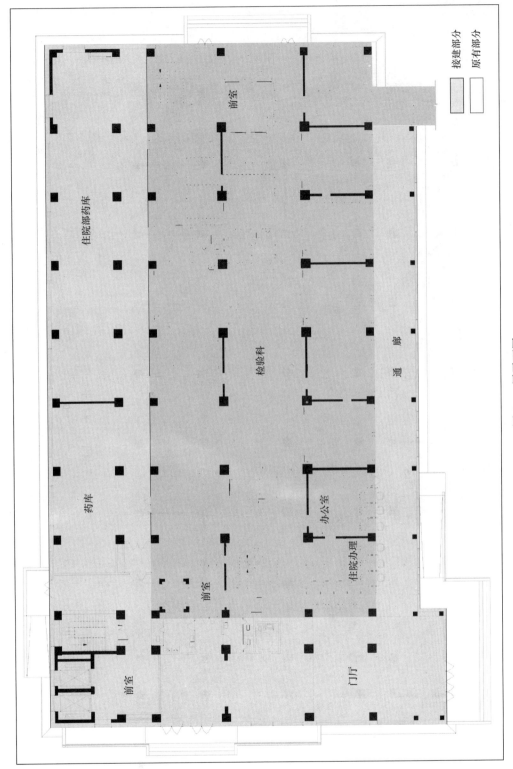

图 3 一层平面图

接建部分
原有部分

住院部药库

药库

前室

检验科

前室

办公室

住院办理

通　廊

门厅

前室

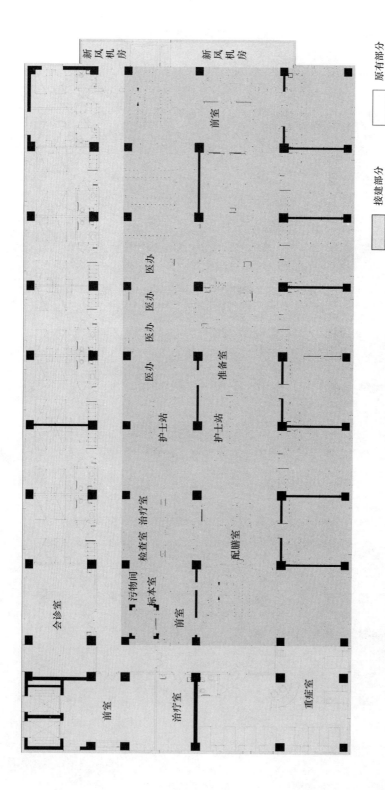

图 4 标准层平面图

接建部分　　原有部分

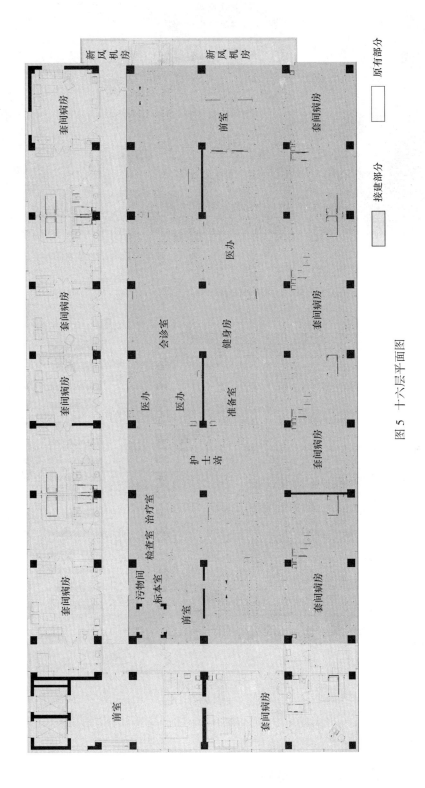

图 5　十六层平面图

套间病房　套间病房　套间病房　套间病房　套间病房

新风机房　新风机房

前室　前室

医办　医办　医办

会诊室　健身房

护士站　准备室

污物间　标本室　检查室　治疗室　前室

前室

套间病房　套间病房　套间病房　套间病房　套间病房

接建部分　　原有部分

图 6 立面设计

图 7 肿瘤医院新的建筑风格

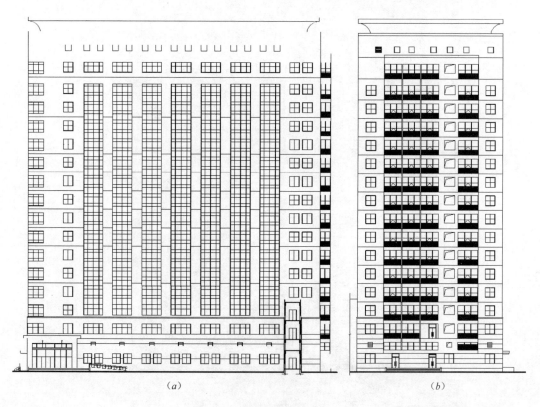

(a)

(b)

图 8 改造后的立面图

(a) 南立面；(b) 东立面

3.2 结构改造

该工程扩建是在原建筑物两侧贴建单跨同高建筑，为保证贴建部分的稳定性及满足高宽比的要求，采取构造措施加强新老建筑的水平连接，确保新老建筑协同工作。新旧建筑间不设沉降缝，仅留施工后浇带，简化减少不均匀沉降的措施。在不过多破坏原建筑结构的前提下，对原建筑的梁、板、柱及剪力墙采取碳纤维、粘贴钢板等抗震加固措施，如图9所示。

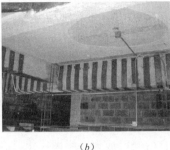

(a)　　　　　　　　　(b)　　　　　　　　　(c)

图9　结构改造加固

(a) 碳纤维加固钢筋混凝土楼板；(b) 粘钢加固钢筋混凝土梁；(c) 粘钢加固钢筋混凝土柱

3.3　供暖空调改造

改造工程中还增加了中央空调系统，大大提高了医疗环境的舒适度，具体如图10所示。

图10　中央空调系统

3.4　电气自控改造

该工程设计充分运用现代化高科技手段，实现楼宇智能化、信息化管理。工程中增加了楼宇设备中央控制系统、保安闭路电视监视系统、有线电视接收系统、医用呼叫系统、气动物流传输系统、洁净物品传输系统、新风系统、中水系统、热水系统、消防系统等。

楼宇智能化控制系统可使患者家属通过可视对讲机与病房直接联系。在医护人员通道安装刷卡器，进入病区的医护人员要采取刷卡进入的方式，以保证病区良好的就医环境，具体如图11所示。

气动物流传输系统采用先进的计算机系统，通过无线网络和传感器将药品、化验单、标本等小型物品准确传送到指定位置。每个护理站都安装了物流传输装置，可连接到检验科、血库、药房、病理科等全院各个医疗部门，既节省急用物品、单据的传输时间，又避免护理人员的奔波和物件的遗失。

图 11　可视对讲机及刷卡器

3.5　节能环保改造

节能环保改造可实现建筑节能和绿色环保，使建筑品质得到整体提升。在建筑材料方面，改造工程使用了保温幕墙、Low-E 中空镀膜玻璃和断热铝型材，实现公共建筑节能 50％的要求。在建筑节水方面，增建了中水系统，处理规模为 $200\text{m}^3/\text{d}$，中水主要供绿化、地面卫生用水及冲厕用水，图 12 为中水系统机房，同时，医务人员及公共部分的卫生器具全部改为延时的节水器具。

经节能环保改造后，原来的普通住院楼已成为一座现代化、高品质的节能环保型医疗大厦。

图 12　中水系统机房

4. 改造效果分析

在改造工程设计中，设计人员将"以患者为中心"的人性化设计理念落实到每个细节，使得改造效果恰到好处。

（1）交通便捷，合理分流

整栋大楼共设 8 部电梯，患者、医用、污物、洁物分别设置，其中两部观光电梯为家属探视专用梯，较好地解决了人货分流、医患分流、洁污分流，杜绝了医用物品交叉感染问题。

（2）病房内设施完备

普通病房均为 4 人间或 2 人间，每间病房设有独立卫生间，并配有电话、卫星电视、宽带网络、患者衣物柜和地灯等设施，如图 13 所示。病人可通过床头的耳麦收听广播节目，收看收听卫星电视或医院自办的健康讲座等，使病人心情愉悦地接受治疗。病床床头均安装宽带网插口和电话插座，病人能保持与外界的信息交流沟通。通过医护对讲系统，可实现患者和医护之间便捷的交流。各个楼层的配膳室均设有纯净水系统，方面患者使用。特需单人病房配备有电冰箱、按摩浴缸，专用厨房配有微波炉、电磁炉和饮水机等，满足不同患者的需求。

（a）

（b）

图 13 改造后的普通病房

（a）4 人间；（b）2 人间

（3）无障碍设施落实到每个角落

建筑入口设有无障碍坡道，可供轮椅通行，如图 14 所示。楼电梯均有无障碍专用梯，病房区走道设有靠墙扶手（图 15）。卫生间无障碍设施完备，门厅设有无障碍专用卫生间，每间病房卫生间均设有无障碍扶手。

图 14 无障碍坡道

图 15 改造后病房走道图

（4）设计中同样注重医护人员的工作环境

护理站位于每个病区的中心，使医护流线最短，具体如图 16 所示。医护人员办公休

图 16 改造后的护理站

息区有独立的内部走道，确保安静洁净。每个护理单元设有医护更衣、淋浴、卫生间、休息间，可使医护人员的工作环境舒适、分区合理。

5. 改造经济性分析

在本次改造工程中，利用原有基础，并回收可用建筑材料，可降低工程造价，使加固改造等的综合造价远远低于新建工程造价。同时，改造项目不需要重新购置建筑用地，可以提高土地利用率，具有很好的经济效果，可以短时间内收回改造资金。

6. 思考与启示

目前，类似天津市肿瘤医院住院楼的医疗建筑大量存在。如何使原有建筑在规模、管理模式、高效性、舒适性、设备条件等方面满足社会需求已成为大多医疗建筑亟待解决的难题。天津市肿瘤医院住院楼改造项目的设计实例，为医疗建筑更新改造做了成功的探索，具有一定的可复制性，同时具有良好的推广意义。通过天津市肿瘤医院住院楼的改造，给予以下思考与启示：

（1）为保证贴建部分的稳定性及满足高宽比的要求，应采取构造措施加强新老建筑的水平连接，确保新老建筑协同工作。

（2）通过对既有住院楼建筑平面、立面、结构、空调、电气、节能环保的合理改造，可以满足室内舒适性的要求。

12　山东大学齐鲁医院能耗监管系统改造工程

项目名称：山东大学齐鲁医院能耗监管系统改造工程
项目地址：山东省济南市文化西路 107 号
建筑面积：120700m²
改造面积：—
资料提供单位：同济大学、浙江中易和节能技术有限公司、山东大学齐鲁医院

1. 工程概况

　　山东大学齐鲁医院是山东大学直属的国家卫生和计划生育委员会预算管理单位，它坐落于泉城济南，是集医疗、教学、科研和预防保健于一体的大型综合性三级甲等医院。医院始建于 1890 年，先后称华美医院、共合医院、齐鲁医院、山东省立第二医院、山东医学院附属医院、山东医科大学附属医院，2000 年 10 月正式更名为山东大学齐鲁医院。医院现开放床位 3300 余张，年门诊工作量达 241.6 万人次，出院人数 131601 人次，手术60031 台（图 1）。

　　山东大学齐鲁医院建筑能耗监管系统改造建设本着立足实际需求、长远统一规划、利用已有条件、先进实用兼顾的原则，规划建设用电监测、用水监测、蒸汽监测、VRV 空调监测等子系统以及能耗监管中心。

图 1　山东大学齐鲁医院华美楼

2. 改造目标

　　医院建筑能耗监管系统建设的目的是通过对各分类、分项能耗数据的合理采集，准确掌握不同医疗功能建筑和重点区域的能耗，有效指导医院能源管理，同时为高能耗医院建筑节能改造和能源设计提供科学依据，安装调试好的能耗监管平台能有效解决医院目前存

在的很多问题，可以帮助后勤部门通过信息化途径实现对各种资源的有效集成、整合和优化，实现资源的有效配置、管理和充分利用，促进后勤服务过程的优化。

该项目通过系统改造建设，实现能耗的计量功能，可以实现监测范围内的水、电等能耗、水耗的计量，采集基础数据，各个单位和终端的用能情况一目了然。能源管理系统对监测范围内分布的各个独立的监测对象进行监测，记录和处理相关能耗数据，最终建立节能控制系统，针对医院的实际情况，对于用能突出的区域，利用技术手段对其进行节能控制，从而节约资源，为能耗降低做出贡献。

3. 改造技术——能耗监管系统平台技术

3.1 建设内容与功能设计

结合节能管理需求及医院建筑能耗实际情况，在整体符合相关建设标准和技术要求的前提下，采用可分布式部署的多层架构设计。系统整体是构架在商业级 J2EE 平台上的多层分布式应用，具有采用嵌入式能耗采集器为核心的可靠前端采集系统。系统通过图 2 所示的层次结构完成应用功能。

图 2　能耗监管系统平台业务架构图

3.2 硬件系统集成技术

3.2.1 能耗数据采集与远传技术

山东大学齐鲁医院能耗监管平台的数据采集与远传的主要原理是通过数据采集器对安

装在医院各建筑物内〔如华美楼、济众楼、怀仁楼、健康楼、博施楼（科研楼）、广德楼（综合楼）等〕的计量仪表进行建筑分项能耗数据采集，包括：建筑内的照明用电、插座用电、公共用电、电梯用电、水泵用电、空调用电、生活用冷（热）水量、锅炉房蒸汽量、换热站蒸汽量、空调能耗总量、各蒸汽管网压力等，并通过数据采集器向医院数据中心提供能耗数据，数据采集与远传网络拓扑如图 3 所示。

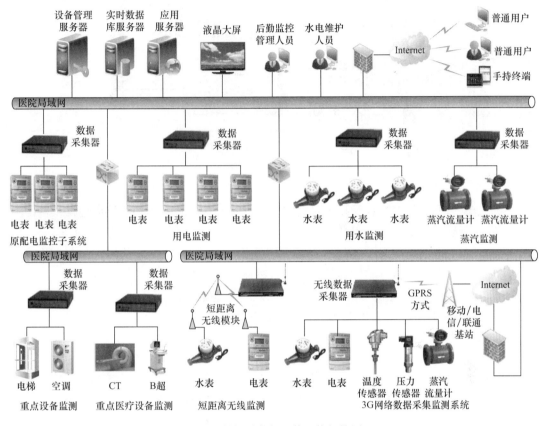

图 3　数据采集与远传网络拓扑图

山东大学齐鲁医院能耗监管平台数据采集远传网络系统搭建包括建筑本地数据采集网络的搭建，建筑本地数据上传至院数据中心传输网络搭建。

（1）建筑本地数据采集网络技术

建筑本地数据采集指能耗计量表计（电表、水表、气表、流量计等）到数据采集器之间的网络链路。根据能耗计量表计的接口特点，数据采集通过 RS 485 总线技术方式传输。

（2）建筑本地数据远传技术

根据建筑物能耗采集器放置点是否具备有线上网条件，可以分别选用以太网和无线网络（GPRS/CDMA/3G）将数据上传至数据中心。

（3）数据采集网络与远传网络技术选择

根据医院建筑年代、建筑类型、建筑用途的不同，现场对数据采集、数据传输的实施环境也各不相同，所以在构建医院节能监管系统时要根据项目实际情况，以实施成本、实施难度、数据稳定性为准绳，对数据采集、传输采用的计算机网络通信技术进行选择和组

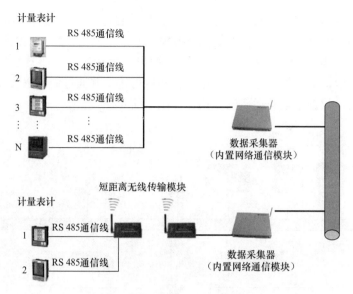

图 4　RS 485 总线方式数据采集原理

合，构成全院范围的建筑能耗数据采集网络，为建筑节能监管系统的上层应用提供支撑。

（4）能耗数据采集与远传设备

设备具备符合《医院建筑能耗监管系统建设技术导则（试行）》的能耗采集和数据传输能力，且具备兼容与具有不同通信协议能量表通信的能力，常用的能量表计如下：

1）电能量表计（一般为 Modbus 或 T645 规约的电能量表计）。

2）水表或流量计（一般为 HART 或 Modbus）。

3）流量积算仪（一般为 Modbus）。

4）蒸汽表（一般为 Modbus 或 Meterbus）。

能耗采集设备基于 TCP/IP 协议提供适应有线局域网、ADSL、CDMA/GPRS/3G、WiFi 等多种传输介质的稳定数据传输；数据服务的容量为在一台服务器上至少稳定连接 500 台以上的能耗采集设备。

为解决在一栋建筑中多处能量表计的集中采集问题，能耗采集设备提供对 Zigbee 无线方式的兼容，方便其与各类能量表计的通信。

能耗采集设备自身能耗低于 5W，提供 6 路可独立配置的 485 串口，具有本地数据存储功能，在与数据接口服务失去连接后可持续存储能耗数据，并在连接恢复后将数据恢复到数据接口服务中。

（5）数据接口服务

数据接口服务具备对大量能耗采集设备的集中远程处理能力。

3.2.2　用电用水数据采集集成

山东大学齐鲁医院中的华美楼、济众楼要求对用水总量、分户计量，用电总量、分项、分户计量，现场数据采集集成方案拓扑图如图 5 所示。

根据现场实际情况更换或加装具备 RS 485 通信接口的远传电表、水表，对于仅有一块总电表的建筑，直接与能耗数据采集器 RS 485 接口相连，对于多块总电表的建筑，通过屏蔽线将其一一串接，形成 RS 485 通信总线，与能耗数据采集器 RS 485 接口相连。

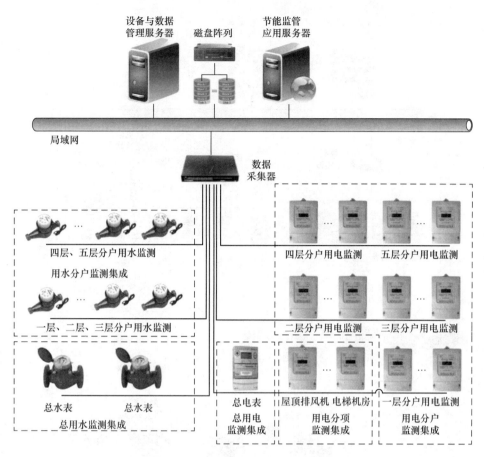

图 5　用电用水监测系统图

3.2.3　原配电系统数据采集

该项目在原配电系统中增加相应的带远传功能计量总表，电表数据对接是通过新增电表与采集器独立对接，通过采集器把 RS 485 数据转换为以太网数据进行传输，同时根据现场的网络环境灵活选择通信传输方式，这样既不影响原有系统的运行，又可以实现原有系统的数据采集（图6）。

3.2.4　蒸汽系统监测集成

根据蒸汽系统原理图来配置蒸汽表，蒸汽表采集集成方案如图 7 所示。

在锅炉出口、用户管道上加装蒸汽流量计、压力传感器及高温探头，实时查看医院蒸汽的总使用量和蒸汽质量，实时监测、定额管理各用户单位的蒸汽用量。通过实时分析各监测点数据分析医院蒸汽管网内的蒸汽压力损失情况。

3.2.5　VRV 空调监控系统集成

根据 VRV 空调系统原理，齐鲁医院内的 VRV 空调系统集成方式如图 8 所示。

每套 VRV 空调系统通过 RS 485 通信接口采用 Modbus 通信协议与数据采集器通信，再由数据采集器通过有线或者 3G 方式将数据上传至医院节能监管系统，实现 VRV 空调节能优化控制。

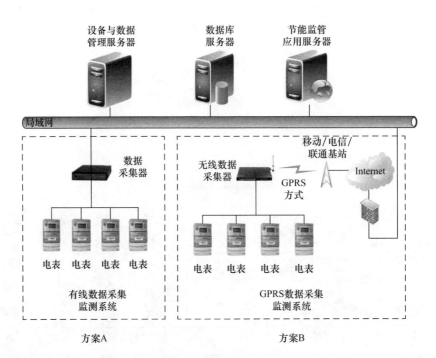

图 6　配电系统采集

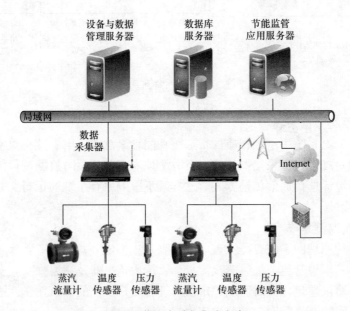

图 7　蒸汽表采集集成方案

3.3　能耗监管系统软件功能

　　系统整体以在大型公共建筑节能监管项目中得到广泛采用的建筑能耗采集设备和数据平台软件为基础,结合目前被广泛使用的成熟产品与技术构建。

　　系统首先采用成熟可靠的软硬件构成了基础的"建筑能耗采集系统",在此基础上,

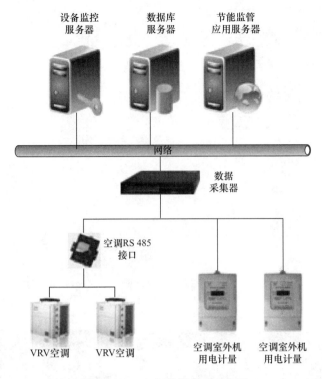

图 8　VRV 空调数据集成系统图

基于采集和存储的海量能耗数据通过能耗分析计算转化为有效的统计分析结果，结合可视化呈现技术，构成了一个可视化的"能耗分析计算平台"。

3.3.1　综合首页

系统基于浏览器和服务器构架，用户无需安装：打开 IE 浏览器，输入网址即可登录系统登录页面，输入正确的用户名、密码点击"登录"即可进入系统首页主界面。不同的管理人员在一定权限下，查看医院内整体用能情况，不受地域限制，随时随地进行管理。

通过综合首页页面可掌握整个医院的能源消耗情况，给管理者、物业管理人员提供整体医院的各类能耗情况、单位面积能耗、各功能区域的能耗总量、分类能耗所占比例等，采用棒图、动态曲线、饼图等展现方式。通过层层点击，可获得更多信息量（图 9）。

3.3.2　GIS 地图展示

GIS 地图能耗导航监测子系统通过能耗数据监测与 GIS 地图相集成，实现能耗数据的 GIS 图形化查询，在 GIS 地图基础上提供 GIS 建筑、用能点导航（如水表、电表等）、能耗定位监测，建筑基本信息、总能耗、分类能耗、分项能耗的分析展示功能。系统预留 GIS 地下管网系统接口。

在系统建设的 GIS 能耗监控平台上，用户可以按照组织机构、建筑类型、建筑年代、用能类别等进行 GIS 能耗地图导航，监控建筑单位的用能情况。

利用 GIS 能耗监控平台，用户可以查看用能建筑的位置信息、用能状况、建筑类别、用能类型、建筑里各个用能单位用能情况等（图 10）。

图9　平台首页

图10　GIS能耗监控示意界面

3.3.3　动态管网数据展示

该系统可对医院用电、用水、用热、用汽等能源消耗进行实时监测，确保用能环节的安全运行，并能动态显示整个电力系统单线图、供水系统管网图、供热系统管网图、蒸汽系统管网图、空调系统管网图等，系统能实时显示从各类能耗测量仪表中通过通信方式获取的各种数据（图11、图12）。

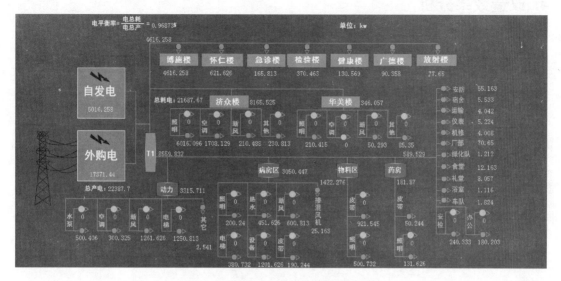

图11　用电能流监控

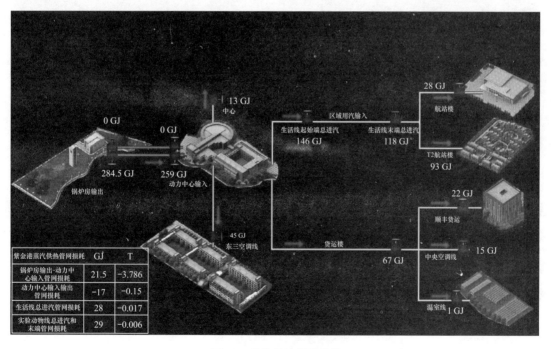

图12　蒸汽系统管网监控

3.3.4　其他功能

该软件还具有以下功能：对医院的能源系统、建筑能耗、用能分项、独立核算单元能耗进行分析；对重点用能设备进行监测；负荷管理；用能定额考核；监测报警；资产管理；能耗数据补录；与医院其他系统对接；能源审计；能耗数据上报；用户管理等。

4. 改造效果分析

通过山东大学齐鲁医院能耗监管系统的建设，使得院区内的用电量、用水量、用气量在能耗监测平台软件中一目了然，使管理者针对医院的实际情况，对于用能突出的区域，利用技术手段对其进行节能控制，从而节约资源，为能耗降低做出贡献。

5. 改造的经济性分析

山东大学齐鲁医院能耗监管系统的建设，通过数据采集器对安装在医院各建筑物内［如华美楼、济众楼、怀仁楼、健康楼、博施楼（科研楼）、广德楼（综合楼）等］的计量仪表进行建筑分项能耗数据采集，实现院内能耗费的部门结算功能，避免"大锅饭"式的能源浪费现象，为医院建筑节能诊断和改造提供科学依据。医院建筑能耗大，节能改造经济效果潜力大，可以短时间内收回改造资金。

6. 思考与启示

医院建筑是能耗最高的公共建筑之一。近年来，国内医院建设标准不断提高，能耗水平也在持续上升，特别是建筑能耗增长突出。如何结合既有医院建筑工程实际，建设有医院特色的能耗监管系统，获得准确、实际的数据，并通过对这些数据的梳理、分析，得出医院节能改造的方向，是这一领域探讨的一项课题。

绿色改造篇
夏热冬冷地区

13 上海市胸科医院改造工程

项目名称： 上海市胸科医院改造工程
项目地址： 上海市长宁区淮海西路 241 号
建筑面积： 10465m²
改造面积： 10465m²
资料提供单位： 中国建筑技术集团有限公司、上海建工集团、上海市胸科医院

1. 工程概述

上海胸科医院创建于 1957 年，为我国最早建立的集医疗、教学、科研为一体的，以诊治心、肺、食管、气管、纵隔疾病为主的三级甲等专科医院。1957 年起被卫生部指定为全国心胸外科进修基地，1988 年起成为原上海第二医科大学教学医院，1994 年被评为三级甲等医院，2004 年成为上海市红十字胸科医院，2005 年成为上海交通大学附属胸科医院。医院先后获得"全国卫生系统先进集体"、"全国无烟单位"、"上海市职业道德建设十佳单位"、"市文明单位"七连冠等殊荣。

医院位于上海市徐汇区淮海西路 241 号，占地面积 2.6 万 m²（图 1、图 2）。医院面向全国，每年收治的门急诊和住院病人逾 30 万人次，建院以来已施行各类胸部手术近 10 万例，心脏介入逾 2 万例，成功医治和抢救了数以万计的疑难危重病人。

为了给病人、家属及医务工作人员创造一个更好的就医及工作环境，针对医院存在的问题，在以下几方面进行了绿色化改造：功能布局改造、能源系统及围护结构改造、水处理系统改造、室内外环境改造等。

图 1 项目地理位置图

图 2 项目实景图

2. 改造目标

通过在上述各方面的综合改造，不仅使得整个院区空间合理化，而且能够为病人及陪同探视人员提供宽敞明亮的就医等候环境空间；在减少建筑能耗的同时，改善病人的视觉环境，有利于病人的康复。在现有改造技术的基础上，结合医院已有的相关绿色技术，将上海市胸科医院打造成为一个节能、节地、节水、节材的绿色医院。

3. 改造技术

3.1 医院功能布局改造

本院区建于 20 世纪 50 年代，1 号门急诊医技楼建于 2000 年；2 号病房楼投用于 2006 年；旧病房楼原址改扩建"上海市肺部肿瘤临床医学中心综合病房楼"，即 3 号楼，于 2012 年底交付使用。未来拟对 1 号门急诊医技楼进行大修，拟拆除东大楼改做绿化。图 3 为医院改造前后的对比分析图片。

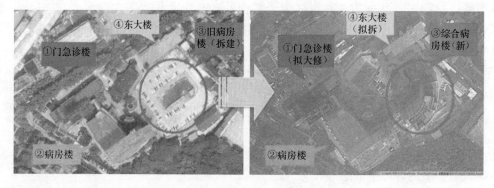

图 3　医院整体布局改造前后对比图

图 3 中旧病房楼的南楼 6 层、北楼 10 层，将原址改扩建为 3 号综合病房楼，其集病房、放疗、会议、图书档案、办公、食堂、俱乐部于一体，并与原有 2 号病房楼以连廊连接，两栋建筑形体呼应，外观协调，交通连贯，功能完善（图 4）。

3.2 能源系统及围护结构改造

3.2.1 锅炉及烟气热回收系统

医院 2 号病房楼的热水供应根据楼层高度分为低区和高区，低区覆盖范围包括一～十二层，高区覆盖范围包括十三～十五层。系统共设置 4 台容积式热交换器，其中 2 台供应高区使用，2 台供应低区使用，冷水由屋顶水箱供应，蒸汽通过锅炉房集中供应，蒸汽冷凝水经回收装置回收后返回锅炉房凝结水箱。2 号病房楼各区的热水供应情况如表 1 所示。

图4　2号病房楼与3号综合病房楼连廊实拍图

2号病房楼各区热水供应情况表　　　　　　　　　　　　　　　　　　　表1

楼层	使用功能	热水供应方式
一	血库、DSA、配置中心、总机	部分科室使用电加热热水器，其余区域由地下室容积式热交换器供应
二	ICU病房	主要由电加热热水器供应
三	手术室	主要由电加热热水器供应
四～十五	住院病房	主要由地下室容积式热交换器供应

锅炉房设置采用1台双良蒸汽锅炉（额定蒸发量6t/h）和2台考克兰小酋长6型快装蒸汽锅炉（额定蒸发量4.5t/h），锅炉为燃油燃气型，改造前为燃油锅炉（图5）。在购入储存、能量转化、输送分配和终端消耗四个基本过程中，正常的能量损耗率分别为：3%～5%、8%～12%、3%～7%，即自柴油购入至蒸汽供入热交换器，能量利用率预计为13.44%～22.25%，供热成本预计为0.2403～0.2675元/MJ。

在3台锅炉（一台6t/h，两台4.5t/h）原有总烟道上安装一个锁风阀，在原有总烟道上开一支管，在支管后装一套超导换热装置（按10.5t锅炉配置）（图6）。设备安装在锅炉房旁边的屋顶，回收余热用来循环加热设置于旁边的6t保温水箱中的自来水，在锅炉正常运行情况下可使水温温度升高至60～65℃，再由水泵送至门急诊楼屋面原板式换热器前端，以接入原有门急诊楼生活热水系统（图7）。

图5　改造后锅炉房实景图

图6　锅炉烟气管

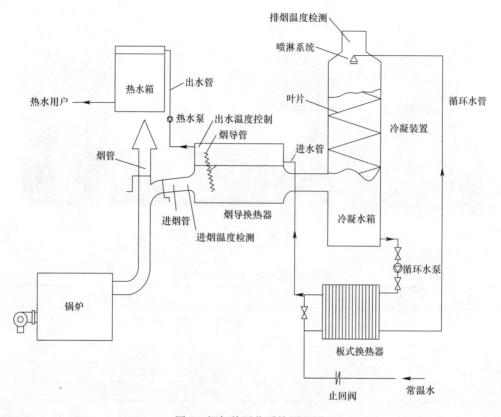

图 7　烟气热回收系统原理图

3.2.2　太阳能热水系统

医院在 2 号病房楼的屋面增设太阳能集热器，通过提高供入地下室热交换机房的水体温度，降低热交换机房的用热需求，来达到节能的效果。太阳能热水系统由集热器、热水箱、循环泵及计量控制系统组成，其中集热器包括 142 个集热单元，单元规格为 1.8m × 1.5m，热水箱容积为 24m³，设两台热水循环泵（一用一备）；热水箱进水端设置温度计量和电控阀门（根据热水箱水位自动控制水箱进水），出水端设置温度计量、流量计量，热水箱内和集热器端分别设置温度控制传感器。

该项目太阳能热水系统的基本原理是利用集热器收集太阳能加热热水，系统的控制方式为：在蓄热水箱内部和集热器端分别设置温度传感器（蓄热水箱 T_1、集热器段 T_2），当集热器端热水温度超过储热水箱温度 5℃（$T_2 - T_1 > 5$℃）时，自动开启热水循环泵，将蓄热水箱内温度较低的热水输送到集热器进行加热，将集热器内温度较高的热水送到储热水箱储存备用（图8）。

3.2.3　智能化管理平台

医院后勤增设了智能化管理平台，其范围涵盖全院主要功能建筑，包括 1 号门急诊医技楼、2 号病房楼、3 号综合病房楼，目前管理总建筑面积为 64521m²。平台主要工作内容包括空调系统、用电计量、公共照明、锅炉系统、集水井监测系统、生活用水系统、电梯监测系统等七大部分实时监测、故障报警等。智能化管理平台机房位于门诊楼地下一层，征用原有放疗科部分办公用房，改造成为监控室、值班室、资料室，在监控室配备了

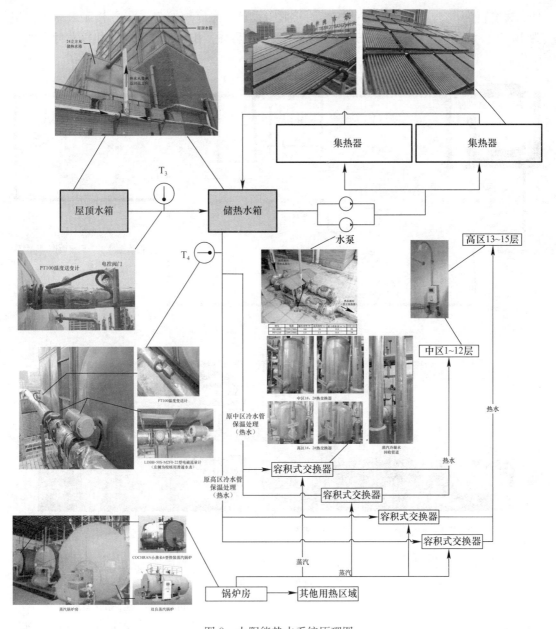

图 8　太阳能热水系统原理图

监控大屏，实现了对全院的数字化集中监控和能耗数据采集，确保了医院各类设备的安全、高效、节能运行，进一步提高后勤精细化管理水平，为医院可持续发展奠定了基础。

按照《市级医院后勤智能化管理平台建设标准》的要求，目前该平台已完成动态监测点位达 92％，安装安全告警点位设备 142 台，能效分析点位设备 214 个，日常维护设备点位 162 台，共建设工程点位数点位 6742 个，计量点位个数为 5720 个，报警点位个数为213 个，其中锅炉点位个数为 25 个，水冷机组点位个数为 38 个，安装智能远传电表 274块，远传水表 45 块，电表点位个数为 5843 个。胸科医院静态数据完整率达 82％。其中医院概况数据完整率为 100％；历史数据完整率为 100％；医疗业务量完整率为 100％；楼宇信息完整率为93%，楼层信息完整率为98%；设备信息完整率为82%；楼宇大修完整率为100%；设备维修巡检保养完整率为64%。在今后的工作中将逐步完善和核实信息的准确性。

图9　智能化管理平台平面位置图

图10　智能化管理平台界面

3.2.4　围护结构改造

医院建筑节能设计的关键因素之一即为具备良好的围护结构热工性能，主要包括外墙、屋顶、地面、外窗的传热系数和（或）遮阳系数，窗墙面积比，建筑体形系数等。

而对于建筑节能来说，外窗往往是围护结构中的薄弱环节，外窗的构造是否合理，质量是否过关，极大地影响建筑的节能效果。外窗作为建筑外围护结构的开口部位，不但要满足采光、日照、通风、视野等基本要求，还要具有优良的保温、隔热、隔声性能，才能为病人提供舒适、宁静的疗养环境，才能实现节约能源、保护环境、改善热舒适条件的目的。

外窗节能的途径主要包括控制窗墙面积比、降低传热系数和遮阳系数，以及提高气密性等级。降低传热系数K值是为了减少因室内外温差而产生的传热，阻挡室外热量的传递；降低遮阳系数SC是为了减少夏季太阳辐射透窗入室，消耗室内冷量。该项目在改造过程中将部分病房楼的外窗由原来的单层玻璃窗改造为中空双层玻璃窗，其与普通单层玻璃相比，除多一层玻璃外，还有中间空气层的热阻，有效地降低外窗的传热系数，阻挡室外热量的传递（图11）。

图 11　病房楼外窗

3.3　水处理系统改造

医院对其废水处理系统进行了迁址及扩容改造，位置从院区东侧移至集中绿化景观的地下，日处理量由原来的 800t/d 增至 2000t/d，并由人工加药改为自动加药（图 12）。经处理后的水由泵房内水泵提升供给院区绿化灌溉、垃圾间冲洗等用水，泵房出水管和室外绿化给水管相连接，并且保证再生水在输配的过程中水质不会被污染。

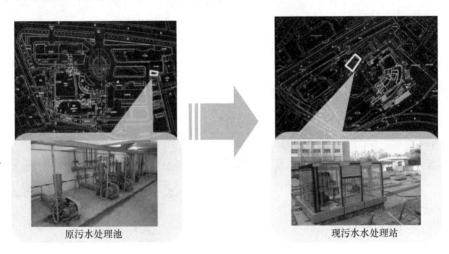

原污水处理池　　　　　　　　现污水水处理站

图 12　废水处理系统改造前后对比图

3.4　室内外环境改造

3.4.1　室外绿化环境

本着院区环境有益于病人和医护人员身心健康的原则，在现有用地空间的条件下，综合考虑与周边环境的协调，在医院 2 号病房楼五层裙房设有 2 处屋顶绿化，与院区已有的乔、灌、草景观绿化搭配形成复合绿化景观体系，实现了医院土地的集约利用，北侧病房楼可直接欣赏到该景观（图 13）。屋顶花园的设置不仅丰富了院区景观，而且在增加绿化面积的同时，起到净化空气、愉悦心情、促进病患康复和提高医护人员工作效率的重要作用。

3.4.2　室内标识系统

作为特殊的服务机构，在医院的 VI 系统中，重要的是整个医院的指示标识系统的建

125

图 13 屋顶绿化图

立，因为它直接影响到患者就医是否方便，是否合理地进行人群分流，有效地控制医院秩序。对于医院方面科学的标识系统也可以有效地提高工作效率、传播医院形象。医院的标识系统应具备以下特点：

（1）简明性：一目了然，信息完整易懂，方位表示准确明显。

（2）连续性：像接力棒一样，在到达指示目标地之前，所有可能引起行走路线偏差的地方，均应有该目标地的引导指示。

（3）规律性：由大到小，由表及里，由近及远，由多到少。例如：先指示大目标（如：门诊、医技、住院等），然后再指示中目标（如：内科门诊），最后由科室门牌标识来指示小目标（如：具体诊室）。

（4）统一性：同类（同区域）的引导标识应在其颜色、字体、规格、位置、表现形式等方面进行统一规划，这样建立起来的视觉习惯将有助于行人顺藤摸瓜，按系统线索寻找目标。

（5）可视性：文字与背景的色彩应有明显的对比，应选用没有衬线的文字，文字应有足够的体量供行人在一定距离内准确辨认。在无障碍通道的标识设计中，要符合国家有关行业标准。

该项目在改造过程中对室内的标识系统进行了改进完善，将人流物流的合理性感知于人，尽可能地把病人的心理、社会需求全面地体现在医院的空间环境之中，让人们在使用中感到非常方便、自然、体贴，真正做到以人为本（图 14）。

图 14 医院室内外标识系统

4. 改造效果分析

4.1 锅炉烟气热回收系统

锅炉的烟气进入烟道后，被引入排烟余热回收装置。该装置的热量回收部分主要包括超导换热器，通过充分吸收排烟中的显热，来加热交换器内的水，以达到利用余热的目的。排烟通过超导换热器被吸收掉显热，温度下降到90～100℃左右再排出。

当排烟温度从200℃下降到90℃，下降了110℃，则可以节能6.1%～7.3%（每下降15～18℃，提高锅炉使用效率1%）。综合考虑取每下降18℃效率提高1%，则烟温下降110℃，锅炉使用效率提高6.1%。

4.2 太阳能热水系统

该项目太阳能热水系统投入使用后，对燃油供热的总替代率达到31.67%。在节能效果方面集中热水系统的供热资源成本从0.041533kgce/MJ下降到了0.028889kgce/MJ，年节能量接近50tce，供热资源成本下降率（即节能率）达到30.44%，节能效果显著。

4.3 智能化管理平台

通过建立医院后勤智能化管理平台，实现"安全、高效、舒适、节能、精细"的集约式精细化管理，进一步提高医院后勤管理的水平。依托智能化管理平台，可以实现监控后勤设施设备安全运行情况；各类能源计量和统计，以及用能能耗分析对比，从而控制降低运营成本；通过对医院建筑面积各项数据的统计分析，为医院基本建设和大修改造服务；在确保医院正常运行的前提下，节约后勤人力资源，提高医院后勤工作效率；对医院建筑面积各项数据的统计分析，为医院在基本建设和大修改造服务中提供数据支持。

5. 改造的经济性分析

若锅炉回收的显热热能全部转化成热水，该项目锅炉燃料为天然气，价格为3.99元/m³，由于该项目锅炉系统进行油改气改造，以往无数据。2013年前3个月共计用天然气348227m³。则每年可节约燃气：348227×4×6.1%＝84967m³；节约资金：84967×3.99＝339018元；系统设计使用寿命为10年，静态收益约340万。若考虑到燃气价格上涨预期，则效益更为可观。

太阳能热水系统投入使用后，由上海同济工程咨询有限公司对医院太阳能生活热水系统进行节能评估，根据2011年9月～2012年8月的统计，系统年节能率达到30.44%，年节能量约50tce，年降费率达到30.99%，年节能效益约31.1万元，取得了较好的节能和降费效果。

6. 思考与启示

医院建筑作为一种特殊类型的公共建筑，功能布局和活动人群复杂、大型仪器设备多、用能系统复杂、全年不间断运营，总体能耗高于一般公共建筑，存在较大的节能潜力，因此加强医院用能管理，提高医院能源利用效率，建设节能型医院具有重要意义。

该项目的锅炉烟气热回收系统、太阳能热水系统、智能化平台系统的改造均采用了合同能源管理方式，引入第三方节能服务公司，以合同能源管理的模式，帮助医院推进节能管理是一种非常合理和有效的方式。

14　上海市第六人民医院室外环境绿化改造工程

项目名称：上海市第六人民医院室外环境绿化改造工程
项目地址：上海市徐汇区宜山路600号
建筑面积：28350m²
改造面积：28350m²
资料提供单位：上海园林设计院、上海建工集团、上海市第六人民医院

1. 工程概况

上海市第六人民医院建于1904年，其前身为上海西人隔离医院，1947年改名为上海市立第六医院，1966年正式更名为上海市第六人民医院，是一所大型综合性教学三级甲等医院。医院核定床位1766张，实际开放床位1950张，设有33个临床科室、9个医技科室。2014年医院门急诊量达364.8万人次，出院病人数9.3万人次，手术8.09万人次。医院的骨外科、内分泌与代谢病学、心血管病学是国家级重点学科，先后设立上海市创伤骨科临床医学中心、上海市糖尿病临床医学中心、全国综合性医院示范中医科、上海市急性创伤急救中心、上海市传染病专科诊治中心和上海市危重孕产妇会诊抢救中心。

医院现有大部分建筑为20世纪90年代建造，故在整体布局、绿地比例及景观风貌上均有较合理的规划布置。医院用地范围内的现状绿地总面积达到28350m²，绿地率为45%，室外绿化景观结构以中央大绿地加局部楼前小绿地为模式布置，地下车库上方设置了覆土绿化，院区内中央绿地平面图见图1，地下车库覆土绿化见图2。

图1　中央绿地平面图

图2　地下车库顶部覆土绿化

医院绿地占地面积较大，绿化率较高，绿地乔木经过多年生长，整体长势较好，密林区域、疏林草地、水系有机结合，具有较好的景观效果。但由于受到了诸如前期规划设计

部分因素欠考虑、后期医院发展建设侵占多处绿化建设用地、医院后期维护力量及水平有限、投入经费有限等多种不利因素的影响，医院绿地存在着多处不足，影响医院整体室外景观环境的综合质量，降低绿地使用者的体验。

（1）缺乏隔离绿化

医院建设时期地处上海市西郊，早期建设时周边城市发展处于起步阶段，规划未对医院与周边城市环境的相互关系做过多考虑，导致现状医院与外围城市环境没有足够距离的绿化缓冲隔离区域。医院门诊入口见图3。

院区外围基本没有专门的防护隔离绿带，且随着医院规模的不断扩大，防护绿地不断被侵占，整体防护效果一般。医院内部的不同功能区域如门诊楼、医技楼、急诊楼之间的绿化也没有经过特殊设计布置，无法起到防护隔离效果。

（2）中央绿地空间层次单一

中央绿地竖向变化较小，没有吸引使用人群的小空间布置，层次单一。缺乏色叶树种，以常绿树为主，缺乏季像变化，见图4。

图3　门诊入口　　　　　　　　　　　图4　中央绿地层次单一

图5　中央绿地园路

（3）中央绿地内园路未设置无障碍通道

中央绿地内园路未设置无障碍通道，行动不便的患者很难进入绿地进行康复锻炼、观赏及游憩，见图5。

（4）分散小绿地缺乏统一规划设计

医院内部分散小绿地缺乏统一规划设计，只有简单的绿化覆盖，缺乏特色，无法在独立的建筑周边营造富有韵味的休憩场地空间，见图6。

（5）地下车库覆土绿化景观效果一般

地下车库覆土绿化只是简单的草坪覆盖，未进行更进一步的绿化特色营造，整体景观效果一般。

（6）缺乏必要的公共设施

中央绿地仅设置几处椅子和一个凉亭，患者和陪同人员坐在花台的边缘甚至护栏的顶部，既不舒适也不利于环境卫生，同时还影响人流疏散和流通。见图7。

图 6　局部分散绿地

图 7　座椅和凉亭

2. 改造目标

2.1　增加防护隔离绿化

可在院区和与城市道路的交界处密植林带。设置防护隔离绿化带的目的主要在于为医院提供绿色生态屏障，起到防护隔离、阻滞烟尘、减弱噪声、抑杀细菌的作用，有助于治疗、康复和精神慰藉，为医院创造幽雅、安静的环境氛围。

2.2　中央绿地景观规划改造

原中央绿地内的色彩过于单一，可在乔木下栽植灌木，增加大片的宿根、球根花卉，组成缀花草坪，并进行无障碍安全通道系统及标识指示系统的综合布置。调整改善中央绿地的竖向变化，丰富景观空间，营造舒适宜人的局部小空间环境。由于中央绿地面积较大，可布置一些辅助医疗场地，如日光浴场、空气浴场、树林氧吧、体育活动等，并与树丛、树群相对隔离，形成相对独立的绿化空间。在绿化景观树种的选择上，综合考虑医院使用人群对色彩、气味、形态、触觉多方面对植物的特殊要求。

2.3 地下车库覆土绿化景观规划改造

对地下车库顶部覆土绿化可增加植被丰富度，增加耐旱植物的选择利用，适当增加游憩停留场地。

3. 改造技术

3.1 景观植物选择配置

3.1.1 基础绿化

医院采用常绿或落叶灌木，或栽植一、二年生草本花卉，利用植物丰富的自然色彩、柔和多变的线条、优美的姿态增加建筑的美感，使之产生一种生动活泼而具有季节变化的感染力。

3.1.2 道路绿化

选择乔木，如龙柏、雪松、广玉兰、棕榈等树种，或是利用灌木设置一些模纹花坛，也可随季节变换摆设些时令盆花，规整的树木栽植、修剪整齐的开花灌木，使景观美观、整齐、大方，增加医院的景观气势，凸显严谨的科学理念。

3.1.3 中央绿地

布置花坛、花台。花灌木的色彩对比不易强烈，以常绿素雅为主。配合疏植一些落叶大乔木，其下设置座凳以便患者休息和夏季遮阴，大树应远离楼宇 8m 外种植，以免影响室内日照和采光。

3.1.4 防护隔离绿化

医院的边界防护绿带密植 10～15m 宽的乔、灌木防护林带，以起到隔声防尘的效果；特殊区域的外围隔离林带宽度应达到 30m 以上，通过植物的乔、灌、草等多层搭配，可选择枝叶浓密、杀菌力强、降噪效果佳、净化效能好、滞尘量大的树种，如樟树、黄连木、珊瑚树、侧柏、圆柏、臭椿等；玫瑰、桂花、紫罗兰、茉莉、柠檬、蔷薇、石竹、铃兰、紫薇等芳香花卉产生的挥发性油类也具有显著的杀菌作用。速生树种与慢生树种应考虑两者的合理比例，以各约占 50% 为宜。落叶树种与常绿树种的比例，分别宜占 30% 和 70% 左右。乔木与灌木一般前者宜占 40%，后者宜占 60%。草本与木本一般前者宜占 70%，后者宜占 30%。

3.2 营造人性化的空间层次

3.2.1 引人接近

采用园路引导人们进入到绿地中，道路宽度满足轮椅的通过（至少 1.8m）。铺装接缝小于 3mm，以防轮椅的车轮或拐杖陷入其中。如果坡度大于 6%，则需加设台阶，并作相应的防滑处理。如果坡道的地面高差大于 150mm 或长度大于 20mm，则在坡道两侧设置栏杆。

在植物空间的尺度、色彩和肌理处理上也应具有接近性和亲和性。颜色方面应以明快的中色调绿色为主，适当点缀其他色彩（如红色、黄色等）；在植物肌理方面，应当选择质感细腻、柔和的材料。

休憩用的椅子宜采用木质，调查研究表明，景观中椅子材质的舒适度由高到低依次为：木质＞金属＞水泥。

3.2.2 私密领域

由于门诊楼空间有限，主要依靠不同形式的座椅、铺地等来形成暗示性的领域感，使人与人之间保持适当的安全距离；住院楼可通过乔、灌木的高低错落、不同围合形式来达到一种视听相对隔绝的半私密状态，人的视线被周围植物的枝干、树叶等局部遮挡，让视线不可直达；也可控制植物屏障围合或开敞程度，使人面对植物景观，背对人群活动，给医务人员和重症病人的探访者提供休息、交谈和沉思的空间。

3.2.3 功能延伸

从入口处集中绿地景观，到门诊部附属集中植物景观，再到住院部集中绿地景观，层层递进，配合无障碍设施，为住院部患者的集聚、交流提供良好平台；为患者（包括身体虚弱患者，使用轮椅患者）提供良好的修养场所；为医务人员和重症病人的探访者提供一定的私密性场所。

3.2.4 灵活多变

灵活多变即实现空间功能的可调节性。具有可变性的集中绿地功能空间能迎合人们的需求，符合社会的发展，这种空间的功能并不是单一的，而是弹性可变的，其空间设计可以满足医院中不同使用者的需求，使患者、医务人员、探访者的需求能够在同一空间中得到满足。

3.3 覆土绿化

根据地下车库屋面荷载，选择小型乔木、灌木、地被植物等复层配置，并设置园路、座椅、亭架等园林小品供人们休憩游览。乔、灌木应种植在承重的柱和梁的位置，且不得随意变动位置。

3.4 利用景观色彩产生良好影响

人处在绿色丰富的环境中一段时间以后，肌肤的温度可以降低 1～2.2℃，脉搏的跳动平均每分钟也可以减少 4～8 次，可以减缓血液的流速，减轻心脏的负担，使呼吸平缓且均匀。在大面积布置植物时，以绿色为基调，其他色彩的植物作为点缀色出现。对比色往往会形成醒目、明快、对比强烈的景观效果。

4. 改造效果分析

4.1 隔声防尘效果

经过大量实测研究，宽度为 10m 的绿地降噪量可达 6dB 左右，而排除距离效应，绿地降噪量约 3dB。如果绿化带宽度达到 20m，且具有良好的复层结构，则降噪效果可达7～9dB。院区外围隔离绿化见图 8。

图 8　院区外围隔离绿化

4.2 中央绿地效果

　　该项目调整改善了中央绿地的竖向变化，丰富景观空间，营造出舒适宜人的局部小空间环境，且综合布置了无障碍安全通道系统及标识指示系统。中央绿地改造效果见图 9。

4.3　地下车库顶部覆土绿化效果

　　通过对地下车库顶部覆土绿化进行精心改造设计，与周围建筑相结合，营造出富有特色的庭院景观。图 10 为覆土绿化图。

图 9　中央绿地改造效果图（一）

图 9　中央绿地改造效果图（二）

图 10　地下车库顶部覆土绿化效果图

5. 思考与启示

　　虽然我国对医疗机构的室外景观研究正在逐步深入，但许多医院的绿化景观设置仅仅是为了增加绿化率，并未融入辅助康复的概念，缺乏整体性和系统性，没有考虑方便患者使用的细节设计，生态化、人性化的设计理念和表达方法严重滞后于国外，这也说明目前我国医疗机构室外景观改造的需求是巨大的。

　　上海市第六人民医院通过对出入口基础绿化、边界防护和功能隔离绿带、集中绿地、覆土绿化等进行多样化的改造，实现了复合绿化景观体系的推广，在美化环境的同时，对医院生态化、人性化的室外环境营造起到积极作用，适宜的声环境、热环境以及康复景观利于构建医院建筑景观系统的生态平衡，值得我国医院建筑的借鉴。

15　上海市精神卫生中心改造工程

项目名称：上海市精神卫生中心改造工程
项目地址：上海市徐汇区宛平南路 600 号
建筑面积：50738m²
改造面积：10120m²
资料提供单位：中国建筑技术集团有限公司、上海交通大学医学院附属精神卫生中心

1. 工程概述

上海市精神卫生中心位于上海市徐汇区，东侧是宛平南路，西侧是双峰路，北侧是零陵路，南侧是用地分界线，由 3 条路和分界线合围而成。医院占地东西方向长约 242m，南北方向宽约 171m。上海市精神卫生中心总建筑面积约为 50738m²，其中保留建筑10120m²，新建建筑 40618m²。医院有职工约 1000 名左右，其中门诊最大就诊人数 5000人次/日，拥有 572 个床位。整个医院由 6 栋主要建筑组成，包括：门急诊医技楼、病房楼、疾控教育楼、后勤楼与心理咨询楼、旧病房楼。其中前四栋楼于 2006 年前后建成投入使用，心理咨询楼建于 20 世纪 80 年代，旧病房楼建于 20 世纪 60 年代。医院总平面布置如图 1 所示。

图 1　上海精神卫生中心建筑总平面图

工程改造前，空调系统水泵的运行方式为开 1 台冷水机组对应开 2 台冷冻水泵和 2 台冷却水泵，且冷冻水泵和冷却水泵运行存在严重的操作错误，导致大量水流量旁通，既浪费了能源，又缩短了水泵的使用寿命。对热水循环泵进行统计发现，最小温差仅为 1℃，且流量设计值偏大，即典型的大流量、小温差现象。2006 年的运行数据也表明：即使在最冷月份，分集水器的供回水平均温差也仅为 5℃左右。这主要是由于水泵设计选型偏大，末端负荷随室外环境温度变化时，并不能进行变频调节，使得部分负荷时系统的水流量远大于设计温差所需的流量要求。

变压器的最大负荷率均低于 50%，变压器运行不经济，无功损耗大，使得线路和设备上损耗降低。大部分区域存在严重的过度照明，照度值远远超过国家标准相关规定，从而造成使用时的能源浪费；光源和灯具的选择不合理：具体体现在利用光效较低的卤钨灯进行一般照明，使用灯具的配光不够理想，造成利用效率偏低。大楼的控制管理系统不完善，缺乏空调、冷热源等系统的集中监视与控制，空调各系统和给排水系统的运行都采用手动控制，控制准确度不够，不能达到舒适、节能的目标，也不利于对这些设备进行综合运行管理；缺少对公共照明系统的监控；照明灯具均为手动控制；缺少变配电参数的监控。

2. 改造目标

项目改造前消耗的能源主要是电能、柴油、燃气和水。以 2006 年能源消耗为例，全年耗电量 3854370kWh，耗燃气量 110257m³，耗柴油量 322.8t，年耗能支出为 534.1 万元，单位建筑面积耗能支出为 105 元/(m²·a)，其中电费 312.5 万元、燃气费 19.3 万元、水费 34.9 万元、柴油费 167.4 万元。其中电费所占比例最大（58.51%），其次是柴油费用（31.34%），水费占 6.53%，燃气费用占 3.61%。因此，该项目通过改造达到节电和减少柴油消耗的目的。

3. 改造技术

3.1 增设太阳能热水系统

上海精神卫生中心原热源为燃油蒸汽锅炉，蒸汽通过容积式换热器间接加热冷水。增设太阳能热水系统后，自来水经太阳能集热器预热后补给生活热水水箱，该水箱与原蒸汽换热器连接，为间接式系统，集热系统的传热工质为水＋乙二醇混合溶液。太阳能集热器安装在医院主病房楼和附楼屋顶上。集热器和热水系统机房布置分别如图 2 和图 3 所示。

3.2 变频控制系统

医院历年空调系统运行记录表明，满负荷工作时间仅占 28%，其余时间为部分负荷工作，

图 2　屋顶太阳能集热管现场

图3 太阳能热水系统机房布置

水泵变频节能空间较大。空调系统水泵采用变频控制，不仅有利于保障空调冷冻机正常运行，而且可以大大降低空调系统水泵的运行能耗和整个系统的综合能耗，从而降低建筑空调能源消耗和运营成本。该项目变频控制柜设置在工程部办公室，如图4所示。

3.3 BAS升级

楼宇自动化系统（BAS）又称建筑设备自动化系统，主要用于对建筑物内的空调系统、给排水系统、照明系统、变配电系统以及电梯等系统设备进行集中监视、控制与管理，一般为集散结构，即分散控制、集中管理。BAS通过及时调整大楼内设备的运行状况和数量，关闭不需要运行的设备，以节约能耗。BAS升级后能够监控的系统有：冰水系统、冷却水系统、热水系统、太阳能热水系统、新风系统、空调箱控制系统、门诊新风机控制系统、电表分项计量监控系统、温控器控制系统和变频控制系统等。

3.4 照明系统

从用电统计分类可以看出，照明电量占总用电量比例为14％左右，照明节电装置能够针对电网电压偏高和波动的现象实时在线调控并输出最

图4 变频控制柜现场设备

佳的照明工作电压，减少由于电压过高将更多的能量转化为热量而电压过低影响照明效果的现象发生，从而达到提高电力质量、延长光源使用寿命、节约能耗的目标。

医院实施照明系统改造时对照明灯具进行更换，选择T5节能荧光灯系列产品，更换了约600根灯管。灯具在正常使用条件下使用寿命可达10年以上。

4. 改造效果分析

由于医院于2007年底开始改造，于2008年底完成并对各系统进行调试运行。因此，设定2007年用能为改造前用能，而2009年用能为改造后用能。

医院改造的系统主要消耗能源为电和柴油，因此主要比较耗电和耗柴油量。改造前后"床日耗电量"和"床日耗柴油量"对比分析如表1所示。

改造前后"床日耗电量"和"床日耗柴油量"　　　　表1

年份	年床日数	年门诊量	当量年床数	年耗电量（kWh）	床日耗电量[kWh/(床·d)]	年耗柴油量（t）	床日耗柴油量[kg/(床·d)]
2007	341640	307611	444177	4564020	10.3	388.8	0.88
2009	337625	386600	466492	3632997	7.8	360	0.77

通过表 1 对比可以得出，改造后年"床日耗电量"节省率为 24.2％，而"床日耗油量"节省率为 11.8％，节能效果明显。由于"床日能耗量"公式中的年能源总消耗量以标准煤为比较依据，因此改造前后的能源消耗量换算对比如表 2 所示。

改造前后"床日能耗量"对比分析 表 2

年份	2007	2009
年耗电量（kWh）	4564020	3632997
耗电当量标煤耗量（t）	1492.4	1188.0
年耗柴油量（t）	388.8	360
耗柴油当量标煤耗量（t）	566.5	524.6
总耗标煤量（kge）	2058.9	1712.6
当量床日数	444177	466492
当量床日耗标煤量［kgce/（床·d）］	4.64	3.67

从表 2 对比分析得出，"床日能耗量"从改造前 2007 年的 4.64kgce/（床·d）减少为改造后 2009 年的 3.67kgce/（床·d），节能率为 20.8％，节能效果明显，达到并超过了 2009 年上海市卫生局提出的"单位医疗业务量能耗"下降 2％的指标。

5. 改造后的经济性分析

根据上述改造效果分析，改造后年"床日耗电量"节省率为 24.2％，而"床日耗油量"节省率为 11.8％。2007 年总耗电量为 4564020kWh，总耗柴油量为 388.8t，以商业电价平均 0.7 元/kWh，柴油价格 5200 元/t 计算，则 2007 年业务量情况下，以改造后的节能率计算得年节省费用为 $(4564020×24.2％×0.7+388.8×11.8％×5200)×10^{-4}=101.2$ 万元。

本次节能改造医院总投资为 420 万元，由此得出投资回收期约为 4.2 年，节能效益明显。

6. 思考与启示

改造前的节能评估诊断报告书提出的各个节能改造措施，其形成的主要依据是各个医院提供的医院各个系统实际运行状况等第一手资料，这些第一手资料必须全面、详细、真实，否则就会给节能诊断带来偏差，甚至误导，从而影响节能改造的整体效果。

对新建医院建筑，在规划设计阶段，除了按照国家有关节能设计规范的要求进行规划设计以外，还应聘请有关权威机构进行充分论证，结合医院建筑的运营特点和国内外能源状况，制定中、远期医院用能战略规划，用发展的眼光来审视医院建筑的用能、节能、减排状况。从一个医院建设的初始阶段就将节能、减排的方针贯彻始终。

16　上海交通大学附属仁济医院（东部）改造工程

项目名称： 上海交通大学附属仁济医院（东部）改造工程
项目地址： 上海市东方路 1630 号
建筑面积： 147443.9m²
改造面积： 82000m²
资料提供单位： 中国建筑技术集团有限公司、上海建工集团、上海交通大学附属仁济医院

1. 工程概述

仁济医院是上海开埠后第一所西医医院，迄今已有 160 多年的历史，是中国最早的综合性西医医院之一，是我国近代医学的摇篮。近年来，医院得到了迅速发展，成为学科门类齐全，集医疗、教学、科研于一体的综合性三级甲等医院。仁济医院浦东分院位于上海市浦东新区陆家嘴金融贸易区内，北依浦建路，东靠东方路，南邻上海儿童医学中心，西侧是临沂北路。医院占地面积 131 亩，建筑面积 147443.9m²，实际开放床位 1600 余张，目前医院在编人员 2300 多人（图 1）。医院医疗技术力量雄厚，目前拥有在职正高职称专家 122 名，副高职称专家 289 名，据最新统计资料，年收治门急诊病员近 217 万余人次，住院病人逾 5 万 7 千人次，完成各类手术 2.8 万余台。

图 1　仁济医院建筑鸟瞰图

2. 改造目标

通过前期对医院进行改造前的测试及分析，仁济医院 2008 年的能耗数据如下：

（1）仁济医院日平均耗电量为 39134.71kWh/d，耗电主要集中在 6～10 月之间，占总耗电量的 61.03%。因此，夏季是耗电的主要月份，即使在初夏和夏末时，耗电量仍远远高于过渡季节，夏季运行节能潜力较大。

（2）仁济医院日平均耗燃气量为 5549.50m³/d，燃气消耗主要集中在 12～3 月之间，占总耗燃气量的 59.9%，因此，冬季是耗用燃气的主要月份。在冬末的 3 月份仍占 10.65%，冬末运行管理节能潜力较大。

（3）仁济医院日平均耗水量为 1234.13m³/d，用水量每月较为均匀，冬季供热凝结水排放对用水量有一定的影响，但主要同医院病房床位的使用率和使用习惯有关。

因此，通过改造可以有效地回收并避免浪费能源，减少系统总能耗；同时提高住院人员的舒适性。

3. 改造技术

3.1 中央空调冷凝热回收系统

3.1.1 系统简介

该系统主要用于空调制冷季节冷凝热的回收，回收的热量用于日常的洗浴热水，根据医院现场的情况，分别在门急诊内科病房楼及外科病房楼安装一套中央空调冷凝热回收设备。

3.1.2 系统原理

该系统的原理图如图 2 所示。

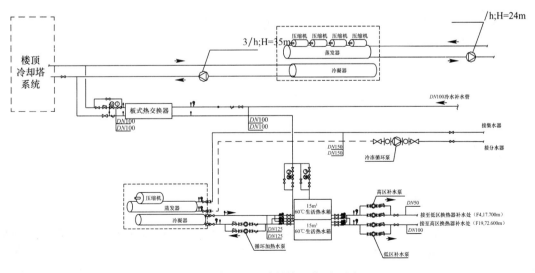

图 2　中央空调冷凝热回收原理图

3.2 锅炉排烟余热回收系统

3.2.1 系统简介

该系统主要用于医院锅炉房内 2 台 2t/h 蒸汽锅炉的排烟余热回收，回收的热量用于加热锅炉补水。

3.2.2 系统原理

该系统的原理图如图 3 所示。

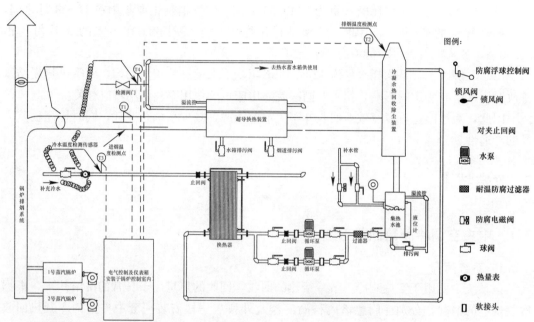

技术说明：
1. 本热回收设备产生的热水直接供锅炉补水或其他使用。
2. 可以通过所安装的一些检测及变送仪表直观地观测到锅炉的排烟温度T₁、经热回收之后的排烟温度T₂冷水进水温度T₃及所加热的出水的温度T₄。
3. 可以在一定范围内设定所需热水的温度，并据此来调节冷水补水量。
4. 为了计量，在水管上安装热量表或水表，以作为节能的计量器具。
5. 经过对已安装的设备进行检测，该热回收装置安装之后，不会对锅炉炉膛的压力及燃烧产生有害影响。
6. 本热回收装置在设计、生产工艺及选材上已经充分考虑到酸性腐蚀的影响。

图 3　锅炉排烟余热回收原理图

3.3 中央空调冷热源群控系统

该系统主要用于门急诊综合楼及外科病房楼地下室机房内直燃机及冷水机组的自动启停控制，从而可以避免空调系统出现极冷极热的情况，并显示各设备的运行状态。

4. 改造效果分析

为了能够准确地进行评价改造后的节能效果，在节能改造时安装了一些计量设备，因此下述节能改造数据非常准确。

4.1 中央空调冷凝热回收系统

统计 2009 年 10 月、2010 年 8～10 月外科大楼的热泵及热水循环泵用电的数据。节能改造之前，热泵所产生的热量和冷量分别需要原有锅炉和空调机组提供，根据外科楼螺杆机组参数和锅炉天然气耗量，可以计算出改造之前的当量能耗及节能率，具体见表 1。改造后的项目节省费用如表 2 所示。

改造之前的当量能耗及节能率   表 1

测试月	2007 年锅炉天然气耗量（万 m^3）	锅炉产生等量热量天然气耗量 H（万 m^3）	燃气锅炉当量能耗 E（H）（tec）	螺杆机组产生等量冷量电耗 U_2（kWh）	螺杆机组当量能耗 E（U_2）（tec）	节能率（%）
2009 年 10 月	2.326	1.307	15.869	13.229	5.345	38
2010 年 8 月	1.529	1.095	13.291	11.081	4.477	45
2010 年 9 月	1.796	1.681	20.417	17.021	6.877	46
2010 年 10 月	2.326	2.073	25.168	20.982	8.477	46

项目节省费用   表 2

测试月	热泵电费 M（U_1+B）(元)	当量燃气费 M（H)(元)	当量电费 M（U_2)(元)	节省费用（%）	节能率（%）
2009 年 10 月	25882	27531	10583	32	38
2010 年 8 月	19379	23060	8865	39	45
2010 年 9 月	29325	35422	13617	40	46
2010 年 10 月	35891	43664	16785	41	46

4.2 中央空调冷热源群控系统

由于该系统涉及包括空调末端的整个空调系统，很难通过计量装置进行准确计量。鉴于此，可以通过安装该系统后的运行情况进行比较，空调冷热源 BA 自控系统安装上之后，空调冷源根据整个建筑物的冷/热量需要进行运行，而不是根据原来人为判断运行，从而可以避免极冷极热情况的出现，提高了空调系统的舒适度，且节省了能源。

5. 思考与启示

虽然仁济医院改造最大限度地发挥了节能减排的作用，经过长期的跟踪调研，发现在手术室独立冷源、空调冷凝器在线清洗以及人员的行为节能方面仍可进一步挖掘潜力。

17 同济大学附属上海市肺科医院室外环境绿化改造工程

项目名称：同济大学附属上海市肺科医院室外环境绿化改造工程
项目地址：上海市杨浦区政民路 507 号
建筑面积：7763.6m²
改造面积：7763.6m²
资料提供单位：上海园林设计院、上海建工集团、同济大学附属上海市肺科医院

1. 工程概况

上海市肺科医院（上海市职业病防治院）创建于 1933 年，现已发展成为一所集医疗、教学与科研功能为一体的现代化三级甲等专科教学医院。医院开放床位数 980 张，设有胸外科、肿瘤科、呼吸科、结核科、职业病科等 14 个临床科室、11 个医技科室和多个研究机构，其中胸外科、呼吸科、职业病科为国家临床重点专科，胸外科专科排名全国三强。2013 年，医院提供门急诊服务 75 余万人次，出院 5.7 万人次，胸外科手术 5321 例，较 2005 年分别增长 41.6%、62.9%和 92.3%。

医院占地面积 10.3 万 m²（图 1），环境整洁，设施精良。作为"上海市花园单位"，医院有近一个世纪历史的叶家花园，占地 7763.6m²，院内绿树成荫，为病人的治疗和休养提供了优美、舒适的环境。该花园设计方为日本的单位，布局别具一格。"卧龙冈"与"伏虎岭"横卧在花园南北两侧，环抱着园中的湖泊池塘，构成一个整体；亭台楼阁、小桥流水、山石洞壑，则错落有致地分布在这冈阜怀抱之间和绿岛土丘之上，形成了一幅园林胜景（图 2）。园内植被整体长势较好，不仅有上百年的龙柏古树群，还有水杉、桂花、玉兰、雪松、樱花、红枫、香樟与竹丛等木本花木（图 3）。

医院南侧为新建的景观，但对于户外空间的布置并未得到充分的重视。所谓的景观就是建筑建成后留出一定的空地，然后以填充式景观作品填补空地而已，由此导致出现医院入口等区域人车混行、交通拥挤等现象。医院大多重视医院建筑室内的功能完善，缺少对室外景观环境的艺术性、合理性与功能性的关注。

图 1 同济大学附属上海市肺科
医院平面图

图2　叶家花园的湖边庭院　　　　　图3　叶家花园的湖水杉

（1）与原有的"叶家花园"景观无呼应

原有的叶家花园为中国古典园林，园内亭台楼阁，道路蜿蜒曲折，步移景异，曲尽通幽，见图4、图5。

图4　叶家花园内景观水系　　　　　图5　叶家花园内景观植被

（2）缺少小空间和必要的公共设施

院区南侧的场地基本为开敞空间，无绿化或硬质景观进行隔离，缺少室外的互动和停留的空间，见图6。医院入口急诊处未设计供病人或家属休息的设施，患者和陪同人员只能坐在景石上，或景观桥的护栏顶部，既不舒适也不利于环境卫生，还会影响人流疏散和流通（图7）。

（3）缺少植被，植物层次单一

医院南侧景观为医院建筑改建时同时建设完成，其景观风格较简约，绿化多以草坪为主，在草坪上点植花灌木，在建筑的周边密植一些香樟等常绿品，缺乏色叶树种，季像变化单一。医院门诊入口见图8。

图6 园内开敞场地   图7 在景观桥上休息的人群

图8 门诊入口景观

2. 改造目标

2.1 通过对南侧室外景观的改造，与原有的叶家花园形成连续性的景观

　　中国古典私家园林遵从古老的"前宅后院"格局，多紧邻宅邸一侧而成跨院。园址多选于山水佳美之地，于大自然中寻找隐士之隋或颐养天年。园林多附属于建筑而内存，与建筑功能合为一体。正所谓"两半之和妙琵琶，对立互掺似博弈"。在上海市肺科医院室外环境规划改造设计中，应增加古典园林的景观元素和布局手法，在充分考虑不同建筑功能的同时，布局虽有人作、宛自天开的室外景观，并与叶家花园融为一体。

2.2 增加小空间和室外公共设施

原有的室外空间无分隔，且一览无遗，室外的景观改造可学习中国古典园林的手法，将原有一览无遗的室外空间进行划分，根据不同建筑的使用功能，在建筑的周边布置不同功能的园林空间，在每个空间内布置园凳等公共的景观设施。

2.3 增加植被，丰富绿化层次

原医院室外植物过于单一，有研究表明，在欣赏自然景色 4～6min 后，人的血压和肌肉张力会在不同程度上下降，同时能够减少患者、医护人员和访客的精神压力，陶冶人们的性情，在医疗康复过程中使患者从心理上挣脱传统的物理疗法和化学疗法的精神桎梏。园林因植物而有生命，植物作为主要的造景元素在私家园林中占有举足轻重的地位。讲究"外师造化，中得心源"，以大自然为蓝本，创造出天地人和的共生氛围。一讲姿美，注重植物形态美；二讲色美，配置上体现四季的色彩之美；三讲味香，淡雅清幽，不可过浓矫揉造作之嫌，不可过浅以防意犹未尽；四讲意境，注重与园主人精神境界的结合。

3. 改造技术

3.1 空间营造

每一个或开敞或私密的空间内利用漏窗、园门等相互连通，植物、山石等阻断视线，充分利用虚实相间、主辅对比的手法，做到步移景异，好似天作之笔。每一个空间都具有其发人深思的景观主题，给人以精神上的享受。

3.2 植物配置

在植物配置上注重植物的形态美和色彩美，配置具有四季色彩的乔、灌木。也可在不同的园林空间内根据植物不同的特点营造雨打芭蕉、闻木樨香等具有中国传统元素的植物景观，创造良好的微气候环境。同时，可以考虑在园内增加具有康复功能的园艺景观，增加患者动手和劳动的能力。

肺科医院的室外环境内还应多种植具有杀菌和滞尘作用的龙柏，龙柏不仅能净化医院的室外环境，其植物中散发的有益物质能帮助肺病病人的康复。

4. 改造效果分析

利用园门、漏窗等景观元素，搭配樱花、杜鹃、南天竹等四季的植物，丰富空间内的自然色彩，园林景石的点缀和切割后的花岗岩石材的铺地，使整个空间更自然且具有亲和力。图 9 为空间改造后前后对比效果图，图 10、图 11 为改造后园内的景观元素。

改造前   改造后

图 9　空间改造后前后对比效果图

图 10　划分不同空间的景墙　　　　　图 11　曲径通幽的景观步道

5. 思考与启示

古典私家园林规划改造设计在医院景观中的推广应用，不仅可以传承中国传统的空间营造、植物配置等手法，同时也使医院的室外景观更具有中国特色，并做到天人合一。

现代医院的建设中可多借鉴上海市肺科医院古典私家园林中的造园手法，利用景墙、绿篱等对空间进行划分，扩大游人的空间感。同时可以利用借景、障景等手法，开辟透视线，增加景深。在充分尊重使用者各种需求的同时，为病人、访客及医护人员创造出一方净土，使人们充分释放心情，舒缓压力，康复身心。

18 上海市儿童医院普陀新院改造工程

项目名称： 上海市儿童医院普陀新院改造工程
项目地址： 上海市普陀区泸定路 355 号
建筑面积： 72500m²
改造面积： 72500m²
资料提供单位： 上海建工集团、上海市儿童医院普陀新院

1. 工程概况

上海市儿童医院普陀新院为三级甲等综合性儿童医院，该医院位于上海市普陀区长风生态商务区，东至泸定路、南至规划将建的上海妇幼保健中心地块和华东师范大学第四附属中学、西至规划绿化带和规划将建的普陀区妇幼保健医院新院、北至规划将建的普陀区妇幼保健医院新院和同普路。该项目基地建设用地面积为 26000m²，拟改扩建成拥有 1 栋 13 层的住院部大楼，建筑高度 61.3m，其附有 1 栋 4 层的诊疗医技裙房、1 栋 1 层的专家诊疗楼以及 1 个地下室（图 1）。总建筑面积 72500m²，其中地上建筑面积 51600m²，地下建筑面积 20900m²；绿地率 26.5%（不包括屋顶绿化）。该医院核定床位为 550 张，平均日门急诊量为 6500 人次。建成后的上海市儿童医院普陀新院将承担本市乃至全国其他省市急难重患儿的医疗服务，成为服务本市、辐射全国、引领儿科医疗技术发展的现代儿科医、教、研中心。

图 1　上海市儿童医院普陀新院效果图

2. 改造目标

为了满足医院发展的需求、改善诊治条件、缓解群众看病难问题，满足上海市儿童医

院普陀新院集医疗、教学、科研、保健、康复等一体化发展需要的要求，将原住院部大楼进行了改扩建。

通过项目改造，在原有建筑面积与周边环境的基础上，以绿色建筑为理念，走人性化道路，主要进行了以下方面的改造。

2.1 建筑功能改造

新大楼将设有儿内科、儿外科、中医科、麻醉科、眼科、耳鼻喉科、口腔科、皮肤科、病理科、药剂科、检验科、影像科等十多个专业及部分医技科室，以满足医院发展的需要。

2.2 结构改扩建

裙房的上部结构与主楼用抗震缝分开，地下室顶板作为上部结构的嵌固部位。该项目门急诊医技楼主体结构采用现浇钢筋混凝土框架结构、基础采用桩＋筏板形式；住院部综合楼主体结构采用现浇钢筋混凝土框架剪力墙结构、基础采用桩＋筏板形式。

2.3 节能改造

使用节能型建筑材料，各种设备均选用节能型，充分利用自然采光和自然通风，使用高效的电力系统、非传统水源利用系统、热力恢复系统，采用全新风系统等措施，以实现长期节约能源的目标。

2.4 绿化改造

采用隔离绿化带、集中绿化、屋顶绿化相结合的方式，局部布置雕塑、艺术灯具等小品，起到美化医院环境的作用，为住院病人康复提供良好的绿色环境，规划后医院绿地率26.5％（不包括屋顶绿化）。

3. 改造技术

3.1 建筑改造

3.1.1 建筑设计

（1）建筑布置

1）满足医院的功能使用要求；

2）营造良好院区环境，塑造现代化医院形象；

3）控制建设对周围环境的不利影响；

4）建筑采用紧凑形式布局，室内以矩形为主，最大化地减少外墙凹凸、最大限度地减少建筑能耗。整体考虑住院部大楼建成后功能的完整性、合理性、协调性。

（2）改造设计采取的措施

结合原住院部大楼的地貌，采取以下措施：

1）根据周边道路中心标高，分段确定场地标高，基本接近自然标高，减少挖填方。

2) 建筑布置既符合场地标高的选择，又保证相关建筑无高差通行；既减少结构处理的难度，又提高使用效率。

3) 道路横向坡度为 2%，利用道路组织排水，坡形道路路面采取防滑措施。

4) 无障碍设计：医院各建筑出入口均设置无障碍坡道、建筑各层（或首层）均设有无障碍厕位（或无障碍厕所），满足残障人士的使用；同时，各栋建筑的垂直交通系统均可直接到达地下层，并设置无障碍按钮，满足无障碍通行要求。医院机动车停车位 572 辆，其中 2% 的车位按无障碍设计标准配备。

5) 合理控制各栋建筑间的间距，各栋建筑的四周均设置可供消防车通行的环形车道，并在 13 层住院部大楼的南北两侧均设置消防登高面。基地泸定路南侧设置了消防紧急出入口，可供紧急时消防车出入。

（3）隔墙改造

建筑外墙材料的选择均使用环保节能产品，所有选择的材料必须是经过检测后确认为优质的，所有材料检测合格后必须经现场监理工程师认可。填充墙部分的外墙及特别需要的砖墙砌体均采用混凝土空心砌块，分割墙体的分割材料采用轻质隔墙。

外墙主体部分构造采用矿（岩）棉毡（50.00mm）＋双排孔混凝土小砌块（190.00mm）（盲孔）（200.00mm）＋水泥砂浆（20.00mm）形式；地下室外墙采用膨胀聚苯板（50.00mm）＋钢筋混凝土（400.00mm）＋水泥砂浆（20.00mm）类型。

（4）门窗工程

1) 室内门一般采用木质夹板门，局部采用实木装饰门，放射用房采用防护门，净化手术室采用电磁感应门。

2) 底层主入口选用不锈钢门框玻璃门，主入口处均设无障碍坡道和扶手，建筑内部凡是有病人到达的走廊侧均设扶手，门下方安装护门板。

3) 外窗采用断热铝合金多腔密封低辐射中空玻璃窗（6＋12A＋6 遮阳型）为主，传热系数为 2.80W/(m²·K)，自身遮阳系数为 0.50，气密性等级为 4 级，水密性等级为 3 级，可见光透射比为 0.40；立面外窗采用静电喷涂断热型材铝合金窗框及中空 Low-E 玻璃，局部幕墙设计以平行开启窗，以形成良好的自然风量循环。

（5）通风与日照

住院部大楼平面设计合理、功能整齐统一，使大楼能达到南北贯通的通风要求；在体块上一字形的建筑模式，使得大楼内部得到良好的通风采光。

配餐及职工食堂位于地下，面对下沉式广场，达到采光通风的生态效应；为了保证人流密集时新鲜空气的流通，设计约 1800m² 的门诊大厅，并设计约 1000m² 的二层挑空空间，且南北采用采光天井的方式，增加门诊大厅的采光及视觉舒适度；病房区的淋浴卫生设施集中设置在大楼东西两端，能获得良好的采光通风；各层均在东北、西北两端设有洗衣晒衣阳台，外立面采用通透式百叶样式，通风的同时也能丰富建筑外立面形态。

在日照方面，结合场地特点，该项目的高层建筑布置在基地的东北角，经综合日照分析，保证住院部病房在冬至日满窗有效日照 3h 的日照要求，为患者营造一个了良好的康复环境。

3.2 绿化改造设计

基地内的绿化层面共有 3 个：

（1）儿童医院的主要服务对象是 14 周岁以下的儿童，因此在设计风格上为了尽量体现活泼、轻松的感觉，植物选择以色彩明艳、充满活力为主，且多选用乡土树种、叶面宽大的植物和树种。

（2）采用屋顶绿化形式，最大限度地利用建筑空间，形成立体景观。同时设置屋顶绿化雨水利用系统，减轻排水系统压力。采用屋顶绿化后可以作为集中绿地的一个有效补充，为住院病人康复提供良好的绿色环境，还有助于缓解医院中的热岛效应，优化医院景观，达到与环境协调、共存、发展的目的。

（3）绿色照明：采用"绿色照明"理念，使用太能系列灯具以及环保节能的 LED 照明灯具来布设投光灯、草坪灯等。

规划后医院绿地率 26.5%（不包括屋顶绿化）。

3.3　结构改造

13 层的住院部大楼，其裙房上部结构与主楼用抗震缝分开，地下室顶板作为上部结构的嵌固部位。抗震设防烈度为 7 度，设计地震分组为第一组。

3.3.1　主体结构

该工程主楼采用钢筋混凝土框架剪力墙结构体系，梁板式楼屋面，剪力墙抗震等级为一级，框架抗震等级为一级；剪力墙尽可能布置在楼电梯间处及周边，以免影响建筑功能，但尽量做到质量中心与刚度中心重合。裙房采用钢筋混凝土框架结构体系，梁板式楼屋面，框架抗震等级为二级。

3.3.2　基础与地下结构工程

该工程基地内均设置一层地下室，采用钢筋混凝土桩＋筏板基础，桩型均采用钻孔灌注桩。该工程地下室整体长度、宽度都较长，且功能复杂，在结构设计和施工中采取了设置后浇带、提高楼板配筋率、在施工中添加微膨胀剂等措施，以减小温度收缩应力的影响。

3.3.3　项目施工

（1）材料的选取

主要结构材料选用

混凝土：基础采用 C30，上部采用 C30-C40，地下室及水池水箱采用密实防水混凝土，抗渗强度等级为 P6；

钢筋：HPB235、HRB335、HRB400；

填充墙：外墙及特别需要的砖墙砌体均采用混凝土空心砌块，钢筋为 Q235B；

分隔墙体：轻质隔墙。

（2）基坑的开挖和施工

1）严格按照基坑支护设计及现行施工规范合理组织施工；

2）挖土阶段应合理组织施工，以减少基坑暴露时间；挖土后及时施工形成对撑，减少对围护结构的影响，从而降低对老病房楼的影响。

3）基坑开挖阶段应加强信息化监测，严格按围护设计图纸设置观测点，特别注意共和新路一侧围护的变化值，并及时上报有关数据。制定详尽的施工监测方案，合理布点、精心监测，并将有关数据通过电算处理，以指导施工。

4）基坑降水施工时，随时监测基坑外水位的变化，确保不因基坑降水而导致住院部大楼及其裙房的沉降。

5）根据基坑施工中可能出现的问题，制定有效的方案，并配备一定的人、机、料应急。

（3）施工污染防护措施

由于该工程施工的医院处于使用状态，因此需要采取文明施工措施，尤其对于综合楼周边正常使用的动力辅助楼、干部病房楼及实验楼等采取抗尘、防噪、防光污染等措施。

1）安全隔离

① 工程采取全封闭施工，仅在东面共和新路上开设大门，使施工场地与医院隔离开来。综合楼采取全部脚手架2层滤网全封闭，特别是北侧脚手架采用夹板围挡封闭，有效防止坠物、灰尘，同时从声源上隔离噪声。

② 建立严密的防坠设施系统，在四层设置1道挑网；周转材料的钢平台位置选在远离院区的地方；塔吊起吊货物严禁超出围墙。

③ 在塔吊作用半径内用钢管脚手搭设安全通道，保证现场人员的安全。

2）扬尘控制

① 全部采用商品混凝土及商品砂浆，从根本上消除了自拌混凝土及砂浆中的大量灰砂。

② 上部结构全部封闭施工，采用质量优良的密目网对外脚手进行全封闭。

③ 在材料运输干道上派专人24h进行保洁工作，定时洒水防控灰尘。

3）噪声控制

在临时围墙朝院内方向部分搭设全高度钢管脚手架、2层滤网全封闭，并在内侧拟采用隔声材料全封闭，以隔断噪声和灰尘的污染，保证了病人的住院环境质量。

4）污水排放控制

① 在施工过程中，沿围墙一周采用明沟排水，全部贯通至沉淀池，沉淀物统一外运，并派专人清理明沟，保证整个排水系统的畅通。

② 在围护施工阶段整个现场采用硬地坪施工法，泥浆有组织地排放。设专门的泥浆池、沉淀池，使泥浆能重复使用，处理后的废浆统一外运。

③ 污水处理站散发的臭气采取收集、活性炭吸附脱臭治理措施后，在住院部大楼楼顶排放。

3.4 暖通空调改造

该项目空调通风设计为地上部分冬夏两季提供舒适性空调，满足足够新鲜空气，并保证过渡季节达到良好通风环境；对地下室、公共区域进行全面消防设计。

3.4.1 室内外设计参数

（1）室外设计参数

夏季：干球温度34℃；

湿球温度28.2℃；

主导风向东南风；

平均风速3.2m/s。

冬季：干球温度—4℃；

相对湿度 75%；

主导风向西北风；

平均风速 3.1m/s。

（2）室内通风换气次数

水泵房：6h^{-1}；

厕所：10～15h^{-1}；

配电间：6h^{-1}；

冷冻机房：6h^{-1}；

锅炉房：平时和事故时满足 12h^{-1}；锅炉停机时，满足 3h^{-1}。

3.4.2 冷热源设置

经计算，夏季空调总冷负荷约为 8209kW，冬季空调总热负荷约为 5746kW。冷源采用 3 台 700RT 离心式冷水机组和 1 台 300RT 螺杆式冷水机组，热源采用 3 台 4t/h 的蒸汽锅炉，为空调、工艺、生活用水提供蒸汽，宜大小配置。冷冻水供/回水温度为 7℃/12℃，空调热水供/回水温度为 60℃/50℃，同时设冷水泵、冷却塔和冷却水泵。

3.4.3 空调系统

面积大的共用部分均采用大风道全空气低速送、回、排风系统，采用上送下回或侧送下回、上排气流组织形式。病房、办公室等小房间采用风机盘加新风系统。空调水系统按建筑情况采用干管同程的形式，以达到运行可靠、施工管理方便的效果。

3.4.4 通风系统

对于空调场所，设置排风系统，加强通风换气，实现空气量的平衡。对于部分非空调场所及设备用房如变电间、水泵房等，按需要设置通风系统，并结合利用自然通风方式，既满足使用效果，又充分节能。

3.4.5 空调自控与节能

（1）各全空气空调系统水路均设电动调节阀调节水量，控制室温，达到节能目的；

（2）风机盘管水路均设电动二通阀，由带季节转换和三档风速调节开关的恒温控制器进行开关控制，调节室温，达到节能目的；

（3）水系统设压差旁通阀适应系统水量变化；

（4）水系统设供回水温度监测及流量计，控制制冷机组及水泵的运行，以减少能耗。

3.4.6 给排水改造

（1）给水系统

高层病房楼采用水池—水泵—高位水箱联合供水方式。给水系统最低卫生器具配水点处的水压超过 350kPa 时，采用减压阀进行竖向分区。多层采用水池—变频恒压供水设备供水，城市给水管网压力满足要求时采用市政给水管网直接供水。

（2）热水系统

热水采用闭式系统，管网敷设形式为上行下给式，全日制供应热水，机械循环，热媒为医院锅炉房供应的蒸汽或城市蒸汽管网。

（3）排水系统

1）生活排水室内采用污、废水分流制，室外采用污、废水合流制；

2）医用废水经预处理后与病房区生活污水一起送至医院污水处理站进行集中处理，

达到国家排放标准后排入市政污水管网；

3）屋面雨水和地面雨水经雨水斗及路旁雨水口收集后，排入市政雨水管网；

4）消防电梯集水井及地下室集水井内的污水、废水通过潜水泵提升至室外污水窨井和雨水窨井。

3.4.7 动力系统

（1）医院所需的天然气由市政天然气管网供给，天然气主要用于备餐间、治疗室、中心供应室、实验室、化验间、消毒室等场所；

（2）医院所需蒸汽由医院锅炉房供给，蒸汽主要用于热交换器房、中心供应室、消毒室等场所；

（3）医院所需的各种医疗气体由医院集中设置的医用气体机房供给，主要设置的医疗气体种类为氧气、真空吸引及压缩空气。

3.4.8 电气改造

（1）根据各类建筑物的性质，其中消防设备、应急疏散照明、计算机机房、弱电总机房、电梯及各类水泵、手术室、ICU、中心供应等按一级负荷供电，其余常规动力、空调及照明按三级负荷供电。空调按电制冷考虑。

（2）按照规范要求，门急诊、病房等用电负荷设计按 $120VA/m^2$ 考虑，估计用电负荷约为 6355kVA；食堂、行政、科研等用电负荷设计按 $80VA/m^2$ 考虑，估算用电负荷约为 756kVA；地下室用电负荷设计按 $30VA/m^2$ 考虑，估算用电负荷约为 627kVA；总体照明估算用电负荷为 50kVA。

（3）该工程要求电业提供二路独立的 10kV 电源，电缆采用埋地敷设方式。每路 10kV 电源容量约为 2500kVA，二路 10kV 电源同时运行。拟设置一座 10kV 总变电站，选用 4 台 1250kVA 干式变压器。

（4）弱电系统

1）语音通信系统：该工程设置电话交换总机房，选用 800 门程控电话总机，估计总中断线约 80 对，电话交换总机房拟设在一层，估计电话终端约 700 台。

2）综合布线系统：建立大中型电脑网络，以供医疗、科研及运行管理。综合布线总机房设在一层，可同时为 700 台电脑终端服务。

3）结构化综合布线系统：大楼整体采用结构优化综合布线系统，计算机网络连接干线采用光缆输送，电话通信主干线采用第三类大对数电缆，楼层水平线采用第六类 UTP 配线，建筑物各相关层设置综合布线机柜，信息终端采用双孔信息插座。每个插孔通过综合布线机柜内的配线架跳线交换，任意改变电话与电脑网络的选择，必要时对远程诊断、示教等实施光纤直接到桌面的配置。

4）病房电脑呼叫双向应答系统：每病区均设一套呼叫装置（图 2），每个病房设呼叫对讲器，在病房卫生间设呼叫紧急按钮，病区走廊设呼叫显示屏和复位按钮。呼叫装置与供氧吸引合装于一个综合线槽内，线槽面板设有电源插座。

5）楼宇设备自动化管理系统（BAS）：建立楼宇设备自动化管理 BA 系统，对建筑物整个环境进行监测、监视和数据反馈，实现楼宇设备全系统的监视和控制，实现最优化运行，达到节约能源的效果。BA 系统将选用集散型或分布型监控系统和多级网络通信结构

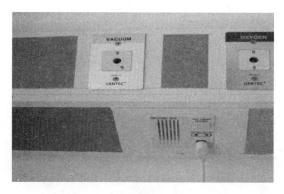

图 2　病房电脑呼叫双向应答器

设备，其软、硬件配置均具有良好的扩展性和开放性，并能方便实现同其他自控和集成系统连接和联网等。

（5）火灾报警系统

对各类建筑物采用监测火灾发生的消防报警装置，并对各类消防水泵、喷淋水泵、消防电视、消防电梯等设备实行自动联动控制。消防控中心拟设在一层（图3）。

图 3　火灾报警器

3.5　节能改造

3.5.1　建筑节能措施

（1）建筑物体形系数小于 0.3，符合节能要求；

（2）建筑采用紧凑形式布局，室内以矩形为主，最大化地减少外墙凹凸、最大限度地减少建筑能耗；

（3）建筑外墙材料选用环保节能产品，各种设备均选用节能型；

（4）立面外窗采用静电喷涂断热型材铝合金窗框及中空 Low-E 玻璃，局部幕墙设计以平行开启窗，以形成良好的自然风循环；

（5）地下室外墙采用 40mm 厚挤塑板外保温，地下车库外墙不考虑保温措施。

3.5.2　给排水节能措施

（1）空调补水、蒸汽和燃气管道单独设置计量表进行计量；

（2）卫生洁具和配件采用节能型产品，水泵采用高效率、低噪声产品；

（3）热交换器采用导流式水-水（或汽-水）节能型产品；

（4）热水管道和热水设备采用保温材料进行保温，以减少热量损失；

（5）设置若干只水表分别对生活用水、空调补给水和绿化浇灌用水进行计量；

（6）空调季节生活热水水源（4℃冷水）经空调热回收设备预热后再进行系统加热。

3.5.3　电气节能措施

根据负荷分配情况分散设置变电所，使变电器深入负荷中心。所有变压器均采用环氧树脂浇注的干式或非晶合金节能环保、低损耗和低噪声的变压器，变压器低压侧采用电容补偿，使功率因数达到 0.90，以节约能源。

（1）变压器的荷载率控制在 85% 左右。

（2）总体道路照明充分利用太阳能，适当选择太阳能灯具作为道路照明。

（3）大空间场所的照明如门诊等候区、公共区域、大堂均设置智能照明控制系统。系统依照时间、功能的需求进行管理，达到合理使用、节约能源的效果。

（4）基地内设置自动化管理系统（BAS），对整个医院空调系统和给排水系统进行自动控制，使系统运行处于最佳工况，最大限度地节约能源。

（5）对空调机盘管采用集中供电控制措施和节能运行措施。

3.5.4 暖通节能措施

（1）采用高效、节能型暖通设备，其性能系数、效率均符合国家相关标准的规定值；提高建筑围护结构的保温隔热性能，减少空调运行时的冷热损失。

（2）合理划分空调系统，从节能的角度出发，集中空调根据使用时间、温度的不同划分不同的空调系统。对部分需要 24 小时空调环境的房间采用独立空调，以利节能、控制和管理。

（3）采用全新风空调系统设置新、排风显热交换器，回收部分排风能量；对小时人流量变化幅度大的区域在空调季采用 CO_2 浓度传感器对空调新风进行调节。

（4）空调风管、水管及保温材料均采用导热系数小、保温性能好的产品，空调冷水管与风管设置隔汽层与保护层；对空调冷热水进行分区域的能量计量，对膨胀水箱和冷却塔的补水进行流量计量。

（5）空调水系统采用二次泵变频控制系统，根据负荷变化改变二次泵电机频率做到节能运行。根据冷却水温度变频控制冷却塔风机转速，节约风机耗电量。

（6）风机采用节能、高效的低噪声离心风机，风机的总效率＞52％。二管制的定风量系统单位风量耗功率低于 0.48，普通机械通风系统单位风量耗功率低于 0.32。水泵采用电机直连、机械密封、振动小、噪声低的高效卧式单级泵，空调冷热水系统最大输送能效比：冷水 $ER＜0.0237$，热水 $ER＜0.0061$。均满足节能标准要求。

4. 改造效果分析

4.1 建筑改造

医院布局更具人性化，各层均在东北、西北两端设有晒衣阳台；病房区淋浴卫生设置采用集中设置，设置在大楼东西两端，均具有良好的采光通风效果，为病人疗养营造了一个安全、美好的环境；通过对整个建筑平面和使用功能的布置，住院部大楼达到了预期的使用要求。住院部功能划分合理、清晰；流线合理（人流、物流、车流分离，洁污分离）；医院建筑布局高低错落、建筑语言表达丰富；住院部绿化达标、环境优雅，基本适应现代化医院的要求。

4.2 环境改造

室内环境改造坚持绿色建筑理念，人性化设计，在门急诊医技综合楼设置了生态式内庭院，内部采光通风效果良好，裙房西侧结合绿化设置了下沉式景观广场，并充分对院区景观进行绿化。改扩建后的新院室内环境指标满足洁净度、换气次数、温度、相对湿度、噪声、照度、新风量等要求；室外采用集中绿化、屋顶绿化相结合的方式，绿化植物色彩鲜艳、活泼；局部布置雕塑，艺术灯具等小品，生动、可爱，符合儿童心理；软硬件设备齐全、环境优雅，为患者营造了良好的医疗环境。

4.3　节能效果

该项目建设坚持绿色建筑的理念，大胆采用新技术、新工艺来提高节能效果。该项目的主要节能措施有：使用节能型建筑材料；各种设备均选用节能型；南面最大限度地利用太阳能；景观和场地能抵御冷风；高保温性能的覆面渗透和传热性能很小；最大限度地利用自然采光和通风；使用高效的电力系统、热力恢复系统等措施，走可持续节能道路，以实现长期节约能源为目标。

5. 改造经济性分析

该项目建成后，医院总建筑面积为 $72500m^2$，扣除地下停车库、宿舍及科研教学建筑面积，业务用房面积为 $59926m^2$，医院核定床位数为 1095 张，床均面积为 $109m^2/$床（$<120m^2/$床），符合上海市市级医院建设标准。同时，建成后的新院门诊量平均每天达到 5000 人次，最高 6500 人次，住院 18000 人次，大大减轻了普陀区其他医院儿科的负担，使得资源整合区域合理。该项目填补了普陀区及上海市西北区域优质儿童医疗资源空白，完善了上海市儿童医疗资源的布局。

项目完成后，医院得以重新规划和改扩建，硬件建筑设施得到充分提升，医院整体性更趋合理，功能更趋完善，环境更显优美，医疗条件和医疗服务明显改观，有效地解决了就医难、住院难等问题，进一步满足了人们日益增长的保健、医疗需要，其产生的社会经济效益是难以估量的，具有重大而深远的意义。

6. 思考与启示

该项目在改造的设计、施工和运营等各个环节均依据绿色建筑规范的指标进行控制执行，满足了"四节一环保"的基本要求，实现了对原有建筑的绿色化改造，达到了节能减排的目的。医院的重新规划与改造，使得建筑硬件设施得到充分提升，医院整体性更趋合理，功能更趋完善，环境更显优美，医疗条件和医疗服务明显改观，更好地发挥区域医疗中心和市级医院作用，就医难、住院难也将得到缓解，医院将更好地承担本市乃至全国其他省市急难重患儿的医疗服务，成为服务本市、辐射全国、引领儿科医疗技术发展的现代儿科医、教、研中心。

19 苏州市吴中区人民医院空调系统改造工程

项目名称：苏州市吴中区人民医院空调系统改造工程
项目地址：江苏省苏州市吴中区
建筑面积：75934.4m²
改造面积：75934.4m²
资料提供单位：中国建筑技术集团有限公司、苏州浩佳节能科技有限公司、苏州市吴中区人民医院

1. 工程概况

该工程为吴中区人民医院空调系统改造工程，建筑地上主体24层，病房部分19层，裙房5层，地下2层，总建筑面积75934.4m²，建筑高度为95m（图1）。

原空调系统设计方案：主楼办公区采用变冷媒流量多联机空调系统，裙房三～五层门诊因院方要求设置多联机空调系统。其他病房、门急诊等区域空调冷源采用水冷冷水机组，热源采用汽水热交换机组（其中蒸汽由城市蒸汽管网供给），除一楼大厅等大空间区域采用集中处理的全空气系统外其余均采用风机盘管加新风系统，空调水系统采用闭式二管制系统。

图1 苏州市吴中区人民医院外观图

2. 改造目标

苏州地区春夏季新风湿负荷较大，加之医院人流量大，室内人员散湿量高，从而导致室内相对湿度经常在70%以上。该本工程对全部空气处理机组和新风处理机组进行改造，在机

组内增设"除湿三维热管"装置，使室内相对湿度降到65%以下。同时，针对多联机空调系统部分，设置"三维热管热回收机组"，满足室内新风需求的同时，对排风进行能量回收。

3. 改造技术

3.1 除湿三维热管部分

"除湿三维热管"可以采用U形结构，夹在表冷器前后安装。空调机组工作时，表冷器前后的空气存在一定温差，利用三维热管的热超导特性，热量由三维热管的预冷段转移至三维热管的再热段，而空气经过预冷段冷却后，再经过表冷器冷却除湿，可大幅增加表冷器除湿量。过冷后的空气经过再热段，温度升高到舒适的送风温度，同时送风含湿量大大降低。由于三维热管被动传热的特点，整个预冷和再热的过程完全没有能源的消耗（图2、图3）。

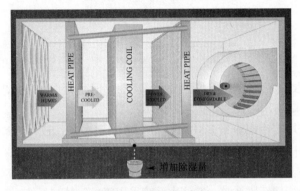 

图2　除湿三维热管工作原理图　　　　　　　图3　除湿三维热管安装形式

3.2 热回收部分

六～二十四层的主楼多联机空调系统，每层设置1台"三维热管热回收机组"，每台机组风量为3000m³/h。由于三维热管热交换器的新风、排风两侧完全隔绝，没有交叉污染，可回收各层卫生间、实验室等所有场所的排风，用于给新风预冷/预热处理（图4）。

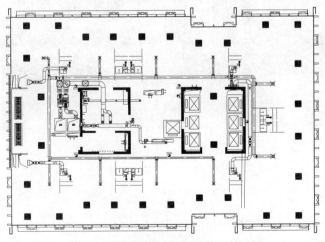

图4　三维热管热回收机组平面布置图

4. 改造效果分析

4.1 除湿三维热管部分

4.1.1 节能效果

通过"除湿三维热管"的作用，将能源重新分配，在不增加原有空调机组能耗的前提下，可以显著提高机组除湿能力，同时提高送风温度。与传统的"过冷＋再热"除湿方式相比，达到相同的除湿量和送风状态，使用"除湿三维热管"，根据三维热管配置的不同，制冷量和再热量可减少 20％～50％。

4.1.2 改造效果计算

以新风机组 FAHU-1-1 为例，设计风量为 5000m³/h，制冷量为 66kW。改造前后机组进出风状态参数如表 1 所示（除湿三维热管采用 2 排管）。

改造前后机组进出风状态参数 表 1

对比状态	风量（m³/h）	进风参数	三维热管预冷段		表冷器			三维热管再热段	
			预冷量（kW）	预冷段出风参数	冷量（kW）	表冷器出风参数	除湿量（kg/h）	再热量（kW）	再热段出风参数
改造前	5000	干球温度：34.1℃ 湿球温度：28.6℃ 含湿量：22.74g/kg干	—	—	66	干球温度：19.20℃；湿球温度：18.64℃；含湿量：13.30g/kg干	56.78	—	—
改造后			7.931	干球温度：29.56℃；湿球温度：27.57℃；含湿量：22.74g/kg干	66	干球温度：17.65℃；湿球温度：17.12℃；含湿量：12.05g/kg干	64.28	7.931	干球温度：22.28℃；湿球温度：18.67℃；含湿量：12.05g/kg干

4.1.3 空气处理过程

除湿三维热管安装前的空气处理过程为：O→S→A；

除湿三维热管安装后的空气处理过程为：O→M→N→S'→B（图 5）。

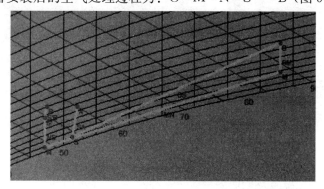

图 5　空气处理过程焓湿图

4.1.4 改造效果

对空调机组进行改造后，投入运行的空调系统效果理想（图6、图7）。根据后期实际测试的结果，夏季室内平均温度在24℃左右，相对湿度普遍控制在65％以内。

图6 改造前   图7 改造后

4.2 热回收部分

4.2.1 节能效果

"三维热管热回收机组"设置于六～二十四层的新风机房，每层设置1台，共19台，总风量57000m³/h。设计三维热管热回收效率为63％，根据苏州地区全年逐时气象参数计算，每年综合节电量27.55万kWh。

4.2.2 改造效果

空调系统改造投入运行以后（图8），对制冷、制热工况时热回收效果进行测试，测试结果如表2所示。

 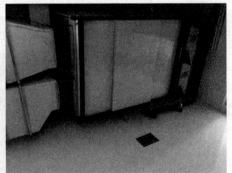

图8 三维热管热回收机组安装实景

经过计算，夏季工况时热回收效率为65.2％，冬季工况时热回收效率为65.6％。

测量位置	测试点	夏季工况		冬季工况	
		实测值（℃）	平均值（℃）	实测值（℃）	平均值（℃）
新风进口温度	测试点1	33.2	33.24	−2.1	−2.28
	测试点2	33.1		−2.3	
	测试点3	33.4		−2.5	
	测试点4	33.2		−2.2	
	测试点5	33.3		−2.3	
新风出口温度	测试点1	28.63	28.626	13.26	13.262
	测试点2	28.64		13.28	
	测试点3	28.66		13.24	
	测试点4	28.59		13.27	
	测试点5	28.61		13.26	
回风进口温度	测试点1	26.3	26.16	21.5	21.4
	测试点2	26.1		21.3	
	测试点3	25.9		21.4	
	测试点4	26.2		21.2	
	测试点5	26.3		21.6	

5. 思考与启示

空气/新风处理机组安装"除湿三维热管"后，通过免费的预冷，可以提高空调机组的除湿能力，降低空调房间的相对湿度，从而减少空调房间细菌和霉菌的滋生。特别是在医院空调系统中，病菌来源和数量较多，降低室内相对湿度可以有效抑制其生长。

通过免费的再热可提高送风温度，降低送风的相对湿度，保证送风管道的相对干燥。通常空调送风管道中，空气相对湿度接近95%，容易滋生细菌和霉菌。采用除湿三维热管后，送风管道中空气的相对湿度可降到70%左右。另外，送风的含湿量降低后，还可适当提高空调房间内的温度设定值，即可达到相同的人体舒适度，可进一步实现空调系统的节能运行。

三维热管热回收机组的新风侧和排风侧完全隔绝，不会产生交叉污染，可以用于卫生间、实验室等所有场所的排风热回收。同时，由于"三维热管"具有双向传热的特点，只要固定安装于新风和排风通道中即可，因此特别适用于空调系统中冬、夏季节双工况的能量回收。

20 武汉市第五医院 3 病区改造工程

项目名称：武汉市第五医院 3 病区改造工程
项目地址：湖北省武汉市汉阳区显正街 122 号
建筑面积：81000m²
改造面积：6500m²
资料提供单位：中国建筑技术集团有限公司、武汉市第五医院

1. 工程概况

武汉市第五医院是汉阳地区唯一一所集医疗、教学、科研和预防保健为一体的三级甲等综合医院，是武汉大学教学医院、江汉大学第二附属医院。医院创建于 1923 年爱尔兰传教士在汉阳显正街开设的诊所，后取名为圣柯隆伴医院。医院经过 90 年的建设与发展，如今已成为学科门类齐全、诊疗设备先进、就医环境优美、医疗技术精湛、医院管理科学的现代化综合医院（图 1）。

医院开放床位 800 张，年门诊量逾 70 万人次，年出院病人 2.68 万人次。设有 23 个

图 1 武汉市第五医院外观图

一级诊疗科目、42个二级诊疗科目，现有职工1240人。医院占地面积2.34万 m^2，建筑面积8.1万 m^2。

2. 改造目标

通过对该医院3病区的室内外装饰装修、强弱电系统、给排水工程等进行改造，使改造后的医疗环境得到提升，满足人员的舒适性要求。

3. 改造技术

3.1 建筑改造

该项目在建筑室内外装饰装修方面主要进行如下改造：

（1）所有室内隔墙采用轻质夹芯条板（FPB90B90mm厚），高度2800mm。

（2）一层过道及中庭地面均为800mm×800mm福建白麻石材，中国黑石材波导线200mm；其余房间地面均为600mm×600mm地砖；二～五层大面积地面采用PVC医用地胶；公共卫生间、茶水间、污物间等用600mm×600mm地砖；六层办公用房采用600mm×600mm地砖。

（3）一层过道墙面为600mm×600mm象牙白色墙砖（横向5mm V形缝，纵向密拼），中庭墙面为600mm×600mm象牙白色墙裙1200mm，上面均为白色乳胶漆；其余房间墙面均为白色乳胶漆，成品黑色玻化砖踢脚线150mm；二～五层大面积墙面为白色乳胶漆，PVC医用地胶踢脚线；公共卫生间、茶水间、污物间等墙面300mm×450mm墙砖；六层医用办公室墙面均为白色乳胶漆，成品黑色玻化砖踢脚线150mm。

（4）一层过道顶棚轻钢龙骨石膏板木结构造型吊顶，面饰白色乳胶漆；其他走道及房间顶棚统一为600mm×600mm白色硅钙板吊顶；一层中心供氧顶面翻新为白色乳胶漆；公共卫生间、茶水间、污物间等顶面为600mm×600mm浅灰色铝扣板吊顶；病房卫生间为300mm×300mm白色铝扣板吊顶。

（5）晒衣区的隔墙1350mm高，墙面300×400墙砖，上面铝合金窗至顶。

（6）卫生间墙面为300×450白色墙砖，地面300×300防滑地砖，顶棚300×300银色铝扣板。

（7）楼梯地面为珍珠蓝石材，围边中国黑石材200mm波导线；所有墙面踢脚线为中国黑石材踢脚线150mm，上面白色乳胶漆。

（8）顶棚灯具以600×600方形灯盘为主，病房内各设一个地脚夜灯，局部筒灯照明；中心供氧机房所用电气、电源均为防爆式；局部顶棚造型处为T5日光灯管、筒灯及柔性顶棚。

（9）1号楼梯间朝向中庭侧的栏杆更换成高度为1500mm；2号楼梯间朝向中庭侧的栏杆更换成高度为1200mm；样式和用材与现有栏杆一致，其他楼梯栏杆保留，新刷防锈漆，表面刷灰色油漆。

（10）一楼大门原有铁艺门保留，新刷防锈漆，表面刷灰色油漆；医用办公室单开门定做成品套装门；病房及病房卫生间门采用现有木门扇，六楼对外露台处开门采用成品防盗门。

（11）原有五层半的水箱砌屋拆除，修复后做屋面防水；所有病房卫生间采用换气扇排气，接软管至外墙玻璃窗，开孔排气即可。

3.2 强弱电改造

3.2.1 照明配电与设备安装

照明、插座分别由不同支路供电，各建筑照明均就地分散控制。

照明开关、强弱电插座均为暗装；插座均为单相两孔＋三孔安全型插座；除注明外，卫生间插座底边距地 1.2m，其他插座均为底边距地 0.3m，开关底边距地 1.4m（有架空地板的房间，所有开关、插座的高度均为距架空地板的高度）；卫生间内开关、插座选用防潮防溅型面板。

3.2.2 电缆、导线的选型及敷设

所有穿过建筑物伸缩缝、沉降缝的管线均按照《建筑电气安装工程图集》中有关的做法施工；3 根及以下照明支线穿 ϕ25PVC 管，4～5 根照明支线穿 ϕ30PVC 管；照明配电箱引至灯具及插座线路始终采用 ZR-BV-SW 型导线穿 PVC 电线管，管线均设在吊顶内明敷，丝杆做吊筋（图 2）。

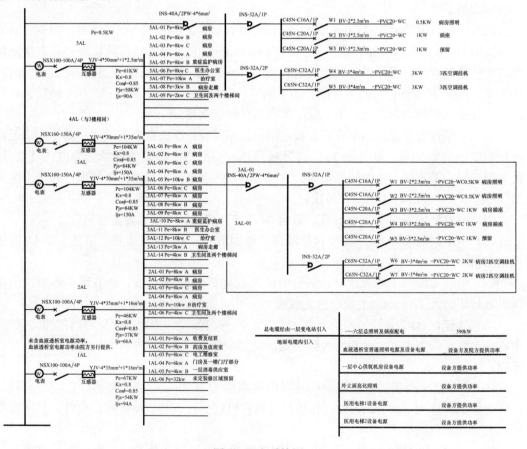

图 2　配电系统图

3.3 给排水系统改造

3.3.1 管材及接口

给水管采用 PP-R 管，热熔焊接，热水管采用 PP-R 热水管；生活污水、废水排水管采用建筑排水用 UPVC 排水管，承插粘接接口。

3.3.2 管道安装

给水龙头安装高度根据《给排水卫生设备安装图集》99S304 确定；排水立管上检查口安装高度距楼地面 1.0m；排水管道的横管与横管、横管与立管的连接，采用 45°三通；给水管道全部入墙暗敷设。

3.3.3 其他

管道穿越钢筋混凝土池壁及外墙时预埋防水套管，穿越剪力墙或梁时预埋钢套管；立管与排出管端部的连接，采用两个 45°弯头；卫生间防水层为聚氨酯防水，卷边均达到 1.8m；室外防水层为 SBS 防水，卷边 300mm。

给排水系统图如图 3、图 4 所示。

4. 思考与启示

随着我国医疗事业的不断发展，目前很多医院已无法满足现代医疗的要求，通过对医院建筑进行改造，能够有效改善患者的就医环境以及医护人员的工作环境；但是另一方面，医院建筑的能耗普遍较高，建议对该医院进行进一步的节能改造。

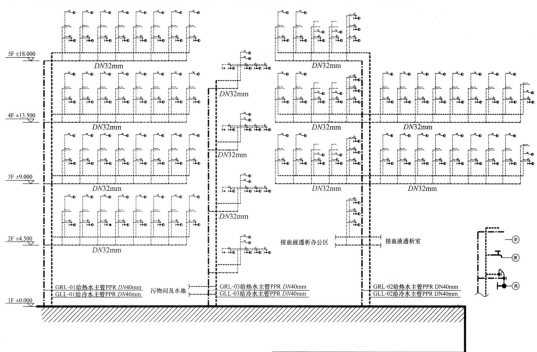

图 3 给水系统图

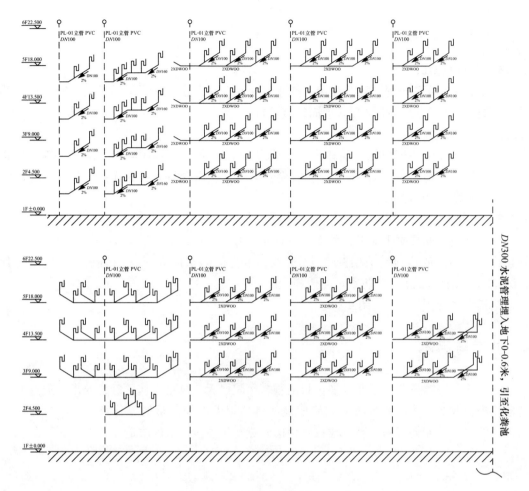

图 4　排水系统图

168

绿色改造篇
夏热冬暖地区

21　江门市五邑中医院绿色化改造工程

项目名称：江门市五邑中医院绿色化改造工程
项目地址：广东省江门市华园东路30号
建筑面积（养生大楼）：21500m²
改造面积（养生大楼）：21500m²
资料提供单位：中国建筑技术集团有限公司、广东省建筑科学研究院集团股份有限公司、江门市蓬江区长菱新能源有限公司、江门市五邑中医院

1. 工程概况

江门市五邑中医院成立于1958年，前身为江门市中医院，现已发展成为一所集医疗、科研、教学、预防保健、康复为一体的综合性中医医院，先后成为三级甲等中医医院、全国示范中医院、首批广东省中医名院、全国中医医院信息化示范单位、暨南大学附属江门中医院。

五邑中医院建筑风格典雅，环境优美，总占地面积8.1万 m²，总建筑面积11.9万 m²，医疗服务功能完善，学科设置齐备（图1）。目前，全院职工人数1500余人，高级技术职称152人，硕、博士145人，市名中医20人。拥有全数字化直线加速器、肿瘤超声聚焦治疗系统"海扶刀"、1.5T核磁共振、128层螺旋CT、DSA、实时四维彩超等先进仪器设备。编制床位2500张，现开放床位2140张，年收治住院病人5万人次，开展住院手术2万余例，年门诊量200万人次。

图1　江门市五邑中医院外观图

医院主要进行了2号、3号、4号、5号、6号住院楼以及实习生大楼的整体翻新改造，同时还有2栋养生大楼的翻新正在进行中，节能改造方面之前为采用燃油炉产热水，现改造为太阳能热泵热水系统产热水，门窗保温隔热方面也进行了改造。

图 2 医院平面布局图

其中，养生大楼乃是原大地针织厂一栋生产厂房，位于五邑中医院西北侧，是五邑中医院扩建（加固改造）项目，每层层高 4.2m，位于华园东路与环市二路大道交叉口，该建筑于 1989 年设计，建成之后一直作为生产车间使用。现将其改造为符合要求的护老养生大楼（图 2）。

此外，1 号、16 号、32 号住院楼以及专家楼也进行了热水系统的节能改造，将原有的燃油炉改造为太阳能-热泵热水系统，同时将医疗蒸汽锅炉也进行了改造，从燃烧重油的锅炉改成节能管道燃气锅炉。

2. 改造目标

通过对原有建筑的加固、增层、翻新，对围护结构的节能改造，对热水系统、给排水系统的改造，对空调系统的改造以及院区环境的改造等一系列绿色化改造措施，使医院建筑实现节能、环保，并体现人性化的一面。

3. 改造技术

3.1 建筑改造

3.1.1 建筑功能布局改造

整个院区通过增设连廊将所有楼栋链接，方便各科室、楼栋之间的连通，各建筑形体呼应，外观协调，交通连贯，功能完善，便于人员往来（图 3）。

图 3 院区连廊增设

3.1.2 围护结构改造

养生大楼的围护结构做了门窗工程、墙体工程及屋面工程的改造。

（1）门窗工程

养生大楼改造后一律使用满足《铝合金窗》98ZJ721 和《铝合金门》98ZJ641 以及

《铝合金门窗工程设计、施工及验收规范》DBJ 15-30 中技术要求的铝合金门窗。

改造前，养生大楼使用的是传热系数高，水密性、气密性较差的单层玻璃窗，改造时将部分病房楼外窗更换为铝合金绿色吸热中空玻璃，不同尺寸铝合金窗的厚度如下：

1）单块玻璃面积小于或等于 $0.5m^2$，采用 5mm 厚玻璃；

2）单块玻璃面积大于 $0.5m^2$、小于或等于 $0.9m^2$，采用 6mm 厚玻璃；

3）单块玻璃面积大于 $0.9m^2$、小于 $1.5m^2$，采用 8mm 厚玻璃；

4）单块玻璃面积大于 $1.5m^2$ 及安装高度大于 20m（层数≥7 层），及地面人流较多的外墙窗应采用安全玻璃（图 4）。

图 4　外窗改造及外墙保温

此外，落地玻璃窗、玻璃门选用安全玻璃或采取防护措施，并增加警示标志。外窗及玻璃门热工性能如表 1 所示，窗墙面积比如表 2 所示。

外窗及玻璃门热工性能　　　　　　　　　　　　　　　　　　　　　表 1

窗框及玻璃名称	窗传热系数［W/(m²·K)］	窗遮阳系数 Sc	可见光透射比
铝合金绿色吸热中空玻璃	4.0	0.5	0.66

注：传热系数和遮阳系数为外窗本身热工性能参数，可见光透射比为玻璃材料性能参数。

窗墙面积比　　　　　　　　　　　　　　　　　　　　　　　　　　表 2

窗墙面积比	各朝向窗墙面积比	东向	≤0.70	0.29
		南向		0.04
		西向		0.20
		北向		0.19

（2）墙体工程

砖砌体采用不小于 MU7.5 蒸压泡沫混凝土砖及 M5 混合砂浆砌筑，顶层墙体及女儿墙砂浆强度等级不低于 M7.5。一般外墙、梯间墙为 200 厚墙，其余为 120 厚墙，施工操作要点参考《江门市常用新型墙体材料的应用资料汇编》。蒸压加气混凝土砌块技术指标如下：

1）干燥收缩值：≤0.50mm/m；

2）密度等级：≤800kg/m³；

3）养护龄期：出釜后在遮棚内养护 15d 以上；

4）放射性物质含量不超过国家限制标准；

173

5) 该工程选用规格：300mm×200mm×150mm，240mm×115mm×53mm。
外墙主材和保温材料名称、厚度与构造做法表，如表3所示。

填充墙的主要构造及材料 表3

部位	主要构造材料名称	厚度 (mm)	λ [W/(m·K)]	S [W/(m²·K)]	R (m²·K/W)	K [W/(m²·K)]	D
外墙（由外到内）	聚合物砂浆	5	0.93	11.37	0.016	1.13	3.67
	水泥砂浆	20	0.93	11.37	0.183		
	蒸压泡沫混凝土	180	0.22	3.59	0.333		
	水泥砂浆	25	0.93	11.37	0.027		
	耐碱破纤网格布，抗裂砂浆	10	0.93	11.37	0.11		

改造后，外墙加权平均传热系数 1.81W/(m²·K)（考虑热桥后），平均热惰性指标 3.10，外墙表面平均太阳辐射吸收系数≤0.7，墙体热工性能较好，有一定的保温隔热作用。

（3）屋面工程

改造后，建筑使用了挤塑聚苯板屋面，屋面层主要材料名称、厚度与构造做法如表4 所示，改造后，屋面的平均传热系数为 0.90W/(m²·K)，平均热惰性指标为 2.71。

屋面层的主要构造及材料 表4

部位	主要构造材料名称	厚度 (mm)	λ [W/(m·K)]	S [W/(m²·K)]	R (m²·K/W)	K [W/(m²·K)]	D
屋面（由上到下）	细石混凝土	40	1.71	17.20	0.023	0.90	2.71
	水泥砂浆	20	0.93	11.37	0.022		
	聚苯乙烯泡沫塑料	50	0.04	0.36	0.794		
	卷材防水层	3	1.00	0.01	0.003		
	水泥砂浆	20	0.93	11.37	0.022		
	钢筋混凝土	120	1.74	17.20	0.069		
	石灰，水泥，砂，砂浆	25	0.87	10.75	0.029		

3.1.3 空间的复合利用改造

该项目在原有建筑主体的基础上，在建筑顶层增加一层作为病房（图5），缓解了医院病房紧缺的情况，同时，节约了征地费用以及配套费用。

图 5 原有建筑增层改造

174

3.2 结构加固改造

养生大楼结构加固改造的原则如下：

（1）框架梁的梁面、梁底纵向受力钢筋植入柱或梁内深度≥24d，不满足时应按"新加梁节点"中钢筋端部为螺栓加垫板的锚固措施处理。当不需植筋而采用直接锚入时，锚固长度按结构总说明确定。

（2）非框架梁的梁面纵向受力钢筋植入柱或梁内深度≥20d，梁底纵向受力钢筋植入柱或梁内深度≥15d，不满足时应按"新加梁节点"中钢筋端部为螺栓加垫板的锚固措施处理。当不需植筋而采用直接锚入时，锚固长度按结构总说明确定。

（3）柱植筋深度：新增柱纵筋应植入基础不小于24d。中间层柱纵筋应穿过楼板，上端应锚入新梁内长度不小于31d或植入梁内不小于24d，当上端柱纵筋位于梁宽外时，柱纵筋向上斜向植入上层柱内24d。

加固改造中板、梁、柱部分节点的构造图如图6所示：

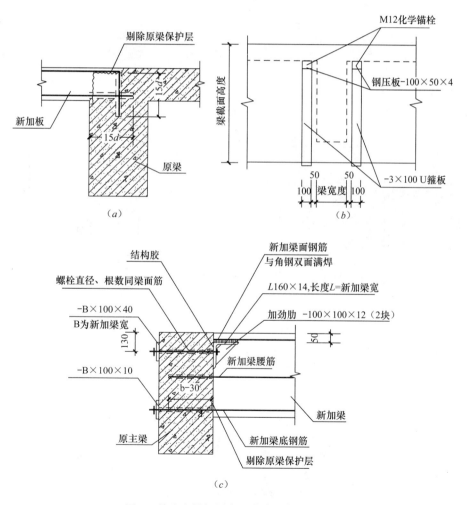

图6 养生大楼加固主要节点的构造（一）

（a）封板节点；（b）等代附加箍筋大样；（c）新加梁节点

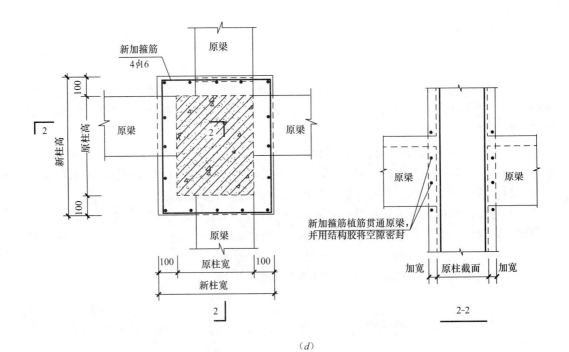

图6 养生大楼加固主要节点的构造（二）

（d）柱截面（四周）加大时梁柱节点柱箍筋构造；

注：节点上下各一道 $\phi16$ 箍筋，中部两道 $\phi16$ 箍筋，钻孔穿过原框架梁。

（e）柱截面（四周）加大时梁柱节点柱箍筋构造；

注：节点上下各一道 $\phi16$ 箍筋，中部两道 $\phi16$ 箍筋，钻孔穿过原框架梁。

176

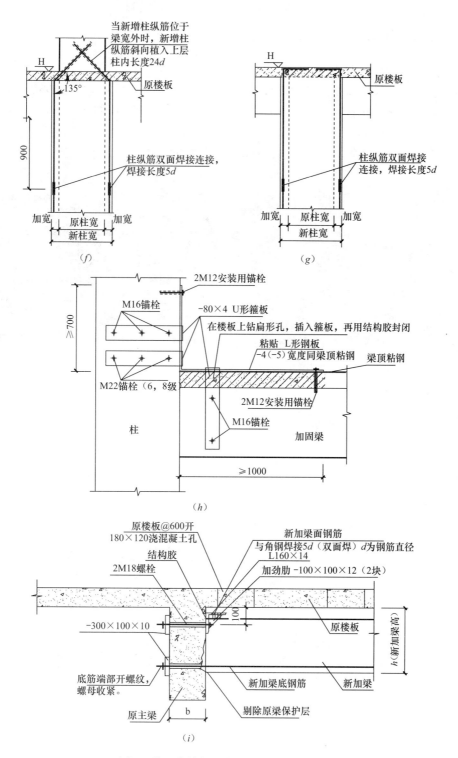

图 6　养生大楼加固主要节点的构造（三）

（f）加固柱端接点加固；（g）加固柱顶层柱顶端节点加固；（h）梁顶粘钢遇柱处节点；

（i）板下新加梁节点

注：当梁顶粘钢钢板厚度为 5mm 时，L 型钢板厚度为 5mm。

3.3 设备系统改造

3.3.1 空调系统改造

该项目康复大楼及体验大楼空调采用直流变频多联空调系统及分体式空调相结合，总冷量为1904kW，室内采用顶棚嵌入型及顶棚型暗装风盘型（中静压）室内机送风供冷，采用下送、侧送风下回风形式。房间温度由变频多联空调系统配套的智能化控制系统自动进行控制调节，集中控制盒放置于设备控制间内，所有分体式空调远程监控到护士站（图7）。

图7 改造后采用的中央空调室外机

3.3.2 生活热水系统改造

改造前，大楼的热水供给系统采用燃油炉加热，供水量约200t/d，年燃油消耗量约1000t。

改造后，热水系统热源采用太阳能＋空气源热泵机组耦合形式（图8），并由供应商成套供货，负责热源机组设计安装及调试，供水量约200t/d。卫生间设热水供应，设计供应人数391人，最高用水定额为100L/（人·d）。

图8 燃油锅炉及太阳能集热器

改造后，热水系统形式同给水系统（图9），由屋面热泵机组生产60℃生活热水，经变频恒压热水泵加压后供应各用水点。系统采用上供下回同程闭式机械全循环供应系统，回水温度为55℃，热水24h全天候供应。最高日热水（60℃）用水量为42.84m³/d，最大时用水量4.43m³/h，设计小时能耗热量为1511514kJ/h。设计小时热水量为7316L/h。

改造后，热水供应系统与原有系统相比：

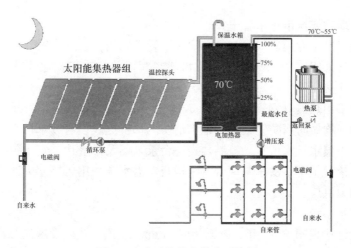

图 9　改造后的热水供应系统图

1）节能：可节约标准煤 6500 余吨/年；

2）减排：减排二氧化碳 16000 余吨/年，减排二氧化硫 130 余吨/年；

3）节约费用：514 万元/年。

3.3.3　给排水系统改造

（1）节水器具更换

为节约水资源，改造将医院内的卫生用水器具统一更换为节水型产品，如采用陶瓷阀芯节水龙头、3/6L 两档调节坐便器、节水式蹲便器等节水器具（图 10）。

图 10　卫生节水器具

（2）生活排水系统

该项目对原有的污水及雨水管道进行了改造，采用雨、污水分流制排水系统（图 11）。排水定额及变化系数同生活给水。

室内污水经室外排水管道排至化粪池，经院区污水处理站处理，其水质按排放条件符合现行国家标准《医疗机构水污染物排放标准》GB 18466，室外污水管道最终排至市政污水井。

医院建筑内含放射性物质、重金属及其他有毒有害物质的污水，当不符合排放标准时，进行单独处理达标后，方排

图 11　排水系统改造

入医院的污水处理站或城市排水管道。

污水管道通气采用专用通气立管，其他排水管道采用伸顶通气管，在屋顶安装成品通气帽。污、废水管采用UPVC普通消声排水塑料管，粘接连接。通气管采用普通UPVC排水塑料管粘接连接。

压力排水管采用热镀锌钢管，螺纹连接。埋地和长期有水浸泡等容易发生腐蚀生锈的场所，其管道内外均做防腐防锈处理。地下消防电梯机坑底设有废水排水潜水泵两台，潜水泵交替运行。由集水坑水位自动控制，当一台泵来不及排水达一定水位时，两台泵同时工作，达报警水位时报警，潜水泵两台继续运行。潜水泵采用无堵塞大通道潜水泵，潜水泵应有不间断动力供应。

（3）雨水排水系统

屋面雨水设计重现期 $P=5$ 年，降雨历时 5min。屋顶女儿墙设溢流口，屋面雨水排水与溢流口总排水能力按 50 年重现期的雨水量设计。

图 12 以雨水为水源的景观池

屋面雨水采用外排水系统，室内雨水管排至室外雨水井，最后排至市政雨水井。采用 87 型立式雨水斗。一般规格为 DN100，雨水管道采用UPVC承压排水塑料管，粘接连接。

为节约水资源，工程将收集的雨水经处理水质达标后作为医院景观水池的水源（图 12）。

3.4　照明光源改造

改造后，医院病房以及走廊等公共区域的灯具全部使用 LED 灯或 T5 节能灯（图 13），在不影响室内采光照度的前提下，同时能够达到节能的效果。

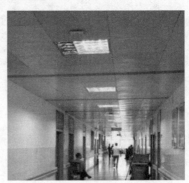
图 13 节能灯具

3.5　室内外环境改造

3.5.1　室外绿化改造

院内设置了丰富的院区景观，在增加绿化面积的同时起到净化空气、愉悦心情的作用，以促进病患康复、提高医护人员工作效率（图14）。院区绿化改造时，种植了各种各样的中草药，不仅美化了环境，还可让病人在就医、养病期间了解和学习到中草药知识，形成该项目的特色。

图14 院区绿化

3.5.2 室内人性化改造

医院在改造过程中增设了人性化导向系统和时间显示装置，这两部分不仅提升了医院的整体形象，也进一步完善了医院的内部使用功能，同时使人在就医过程中感到方便、自然、体贴（图15）；医院连廊处增设的医药知识普及长廊，能在人们休憩的同时，普及医

（a）　　　　　　　　　　　　　（b）

（c）　　　　　　　　　　　　　（d）

图15 人性化措施
（a）时间显示装置；（b）人性化导向系统；（c）凉茶赠饮处；（d）安全扶手

药知识（图16）。此外，结合当地气候情况，在医院内部增设的凉饮赠饮处，可帮助前来就医的人们解暑降温；院内各处楼梯均增设楼梯扶手，便于人员行走，增加上下楼梯的安全性（图15）。

图16　医药知识普及长廊

4. 思考与启示

目前大量的既有医院建筑存在围护结构性能差、能耗高、管线老旧、使用功能差等问题。把这些建筑拆除不现实也不可能，科学有效地对既有医院建筑进行必要的、逐步的合理改造，是解决该类问题的较好途径之一。江门市五邑中医院绿色化改造工程即是绿色化改造的较好案例之一，其采取的改造措施有：

（1）外墙、外窗保温改造，增加气密性；
（2）空调系统改造，提高病人舒适性；
（3）增层加固、增设连廊，提高使用性能；
（4）增设医药知识普及长廊，宣扬中医文化。

通过上述一系列措施，不仅获得了良好的室内效果，改善了医院的就医环境，同时也大大节约了能源，取得了良好的节能和环保效益，树立了医院的良好形象，其经验值得借鉴。

22　梧州市中医医院改造工程

项目名称: 梧州市中医医院改造工程
项目地址: 广西壮族自治区梧州市新兴二路 142 号
建筑面积: 28990m²
改造面积: 28990m²
资料提供单位: 中国建筑技术集团有限公司、梧州市众欣节能设备发展有限公司、梧州市中医医院

1. 工程概况

梧州市中医医院始建于 1960 年,是一所集医疗、预防、保健、康复、科研、教学为一体的具有中医特色、中医技术门类齐全的国家三级甲等中医医院、广西中医学院第六附属医院、医保定点单位、南方医科大学珠江医院技术协作单位、中国健康扶贫工程定点医院。

医院以医疗为中心,教学、科研等同步发展为原则,坚持医教研相彰,依靠严谨的治学传统、浓郁的文化底蕴、科研实力,促使医、教、研全面发展,提高医院的整体实力。2009 年,该医院一座楼高 15 层、功能齐全的住院大楼建成投入使用,医院床位展开达 500 张以上,为医院未来发展提供良好的平台,为梧州市中医事业的传承和发展奠定坚实的发展基础(图 1)。

图 1　项目外观图

住院楼总建筑面积 28990m²,三～十四层为住院部,床位共 650 张,按照每人 110L 用水计算,每天设计用水 71.5t,预留手术室热水用量 2000L/d,供需设计热水 73.5t;住院楼原有 140 块平板式太阳能,3 台热泵机组,每小时产水量为 2930L/h,1 个 20t 热水储水箱,1 个 5t 热水箱。

2. 改造目标

2.1　改造原有室内管网

原有室内冷水管网分两级供水,六层及以下为自来水供水,七层以上使用天面冷水蓄水箱供水,前期发现六层及以下部分出现串水问题,但是由于部分管网已经镶入内墙,无法检测串水部位,因此将为住院楼所有管道进行升级改造,废除原有管道系统,重新设计

热水管道系统，改造后达到以下目标：

（1）采用同程循环热水供应系统，解决热水供应系统循环水短路问题（管道循环连接不合理时，会形成每条立管的水流阻力不同，热水循环运行过程中，阻力少循环快，阻力大循环慢或不循环，循环快的立管有热水，循环慢的立管都是冷水。这种现象俗称水短路）。热水管道回水循环采用吸程增压泵，解决管道过长、热水循环阻力大造成管道冷热不均匀的问题，管路改造后确保用水点打开龙头后 10s 内出热水。

（2）根据医院用水状况和楼层结构，供水系统分成两个区域：手术室区域和住院病房区域（手术室区域根据院方实际情况，独立设置电热水器，不使用本系统）。

（3）供水主管、供水立管和回水循环管采用新型 PRCL 复合保温管，增强保温效果，减少热能损耗；引入卫生间支管路采用 PPR 热水管（改造后将节约 15％以上的能耗）。

（4）管道改造后采用定温供水设计，热水供水温度控制在 45～55℃范围。原有热水输送管路，夏天太阳能热水温度会过高，一是会发生烫伤事故，二是加快循环管道及水泵老化。

（5）采用变频泵恒压供水，保证高区部分用水点的供水压力稳定。

（6）热水供水立管的高端和低端加装截止阀、引入卫生间支管路前端加装截止阀和活接口，便于日后维修。

（7）热水供应系统具有控制热水供水时间功能，医院可根据具体情况设置定时段供水或全天候 24h 供水。

2.2　升级原有太阳能系统

原平板式太阳能集热器 140 组，3 台空气源热泵机组，制热量共 144kW，产水量每小时 2930L，2 个蓄热水箱，共 25t。

医院共 650 张病床，按照《建筑给水排水设计规范》GB 50015 第 5.1 条要求的最低标准 110L/（人·d），住院楼日最高用水量 71.5t，每天预留 2t 热水给手术室使用，本案每日最高用水量为 73.5t，原系统不满足生活热水用水量。

因此，改造后增加 220 块平板式集热器与保留原来的 140 块集热器放置于太阳能加高构架。增加 3 台空气源热泵机组，与保留原来的 3 太空气源热泵机组串联使用。增加一个 18t 方形水箱和一个 36t 方形水箱，原两个旧水箱由于保温性能差不再使用。改造后基本满足住院楼生活热水用量。

3. 改造技术

太阳能集热器与空气源热泵耦合，主要为住院楼病人提供生活热水。

3.1　太阳能集热器与空气源热泵耦合技术说明

该项目采用集中集热—集中蓄热—直接供水式太阳能热水系统（空气源热泵辅助），此系统通过放置于楼顶的大规模集热器集中采集热量直接对水进行加热，并将热水集中储存在蓄热水箱中，热水直接供到房间内供使用（图 2）。该系统技术成熟，热利用效率高；安装简洁、效率高，管线少、易安装，易与建筑相结合，配合先进的控制系统可实现分区恒温供水。

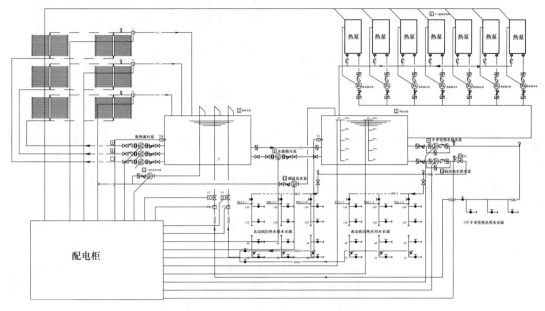

图 2　太阳能与热泵热水供应系统运行原理图

太阳能配置不足部分由空气源热泵来进行辅助加热，使整个太阳能系统完美运行，达到最优效果，满足用热水要求。

3.2　系统运行说明

3.2.1　集热温差循环

当集热器顶部温度与水箱温度之差 $T_1-T_2\geqslant10℃$ 时，集热循环泵启动，进行循环；当集热器顶部温度与水箱温度之差 $T_1-T_2\leqslant4℃$ 时，集热循环泵 2 关闭，停止循环（温度设定值可调）。

3.2.2　补水系统

（1）集热水箱采用最低水位补水、电磁阀恒温补水：

1）当水箱水位≤25％时，电磁阀 F1 打开自动补水；当水位≥50％时，电磁阀 F1 关闭；

2）当水温 $T_2\geqslant45℃$ 时，电磁阀 F1 打开，自动补水；当水温 $T_2\leqslant40℃$ 时，电磁阀 F1 关闭，系统自动转入温差循环，直到最高水位时，停止补水；

（2）供热水箱采用放水泵温差补水和最低水位补水：

1）当 $T_2-T_3\geqslant8℃$ 时，放水泵启动，同时混水电动阀 D 打开，使集热水箱与供热水箱的水相互循环；当 $T_2-T_3\geqslant3℃$ 时，热水放水泵、电动阀 D 关闭（温度设定值可调）。

2）当 $T_2-T_3\leqslant3℃$，且供热水箱水位≤50％时，热水放水泵启动，混水电磁阀 D 不打开，把集热水箱的热水送到供热水箱，当供热水箱水位≥75％时，热水放水泵关闭（温度设定值可调）。

3.2.3　防冻系统

当管道温度 $T_5\leqslant5℃$ 时，集热循环泵启动；当 $T_5\geqslant10℃$ 时，集热循环泵关闭，使管道

185

温度始终保持在一定的温度上，以防管道被冻（温度设定值可调）。

3.2.4 辅助加热系统

（1）采用空气源热泵辅助，当供热水箱温度 $T_3 \leqslant 45℃$ 时，热泵自动启动；当水箱温度 $T_3 \geqslant 55℃$ 时，热泵自动关闭（上、下温度可调）。

（2）13：00～19：00 系统自动检测集热水箱、供热水箱的水位和温度，当集热水箱水位 $\leqslant 50\%$ 或 $T_2 \leqslant 45℃$ 时，系统启动强制加热程序；放水泵启动，电动阀 D 打开，两水箱的水相互循环。供热水箱循环后水温降低，当供热水箱温度 $T_3 \leqslant 45℃$ 时，热泵辅助加热启动，集热水箱循环后水温升高；当集热水箱温度 $T_2 \geqslant 45℃$ 时，电磁阀 F1 打开自动补水，直到集热水箱水位达到最高水位后强制加热程序关闭（温度、水位设定值可调）。

3.2.5 供热水系统

（1）该系统采用双管供水，供水泵选用自动压力泵，控制系统实现管路末端用水点供水压力和流量。

（2）当热水管道温度 $T_4 \leqslant 35℃$ 时，系统启动末端回水电磁阀 F3，同时随着管路压力降低，供热水泵自动运行，将主管道的凉水顶回供热水箱。当热水管道温度 $T_4 \geqslant 40℃$ 时，系统关闭末端回水电磁阀 F3，同时随管路压力升高，供热水泵自动停止（温度设定值可调）。

3.2.6 集热系统监控功能

（1）监控水泵的启动状态，故障时报警。
（2）监测集热净出口温度以及水箱温度。
（3）监测热水回水温度及水箱水位。
（4）在计算机屏幕上显示工艺流程图形，显示监测点的水温数值。
（5）水泵故障报警并能打印输出，报警记录存入数据库中。
（6）控制器上预留通信接口。

3.3 管道回水及每个用水点热水供应方式

热水供应管道采用高保温性能的 PRC 复合保温管，结构是内部厚壁 PPR，外壁采用 PVC 管，中间聚氨酯定温定量高压发泡，管道使用的 PRC 复合保温管，保温效果几乎达到保温水箱的保温效果，管道温降极少；管径从上向下逐渐变小，以达到热水管耗能最小；楼顶保温水箱设有供水和回水系统，供水管有增压泵，当楼下某一用水点打开水龙头增压泵启动，此时增压泵具有回水和增压功能，回水口设置有温感探头和电磁阀。当增压回水口温度上升达到设置值（如 40℃）时，回水电磁阀关闭，增压泵只有增压功能，用户关闭龙头，增压泵没有水流动，泵停止工作；若该点的温度低于设定值（30℃）时，系统回水电磁阀打开，回水系统进入等待用户用水状态。这样在用水高峰期，管道实现恒温状态，每个用水点热水供应，即开 10s 左右产生热水。

3.4 防风、防电、防雨措施

天面安装太阳能集热器由于受到天气影响因素较大，所以需要考虑大风、大雨和闪电的问题（图 3）。

防风措施：在地面新增水泥墩，与太阳能支架连接在一起，本方案使用真空管太阳能集热器，安装时整片安装连接一起，增加抗风性能，水泥墩与支架连接后更坚固；

防电措施：屋顶金属设备、接闪杆要与接闪带可靠连接，太阳能支架与原建筑避雷设施连接点不少于5处；

防雨措施：主要为水泵作防雨设备，由于水泵紧连热泵和水箱等主要设备，露天易受到雨水影响，所以在水泵位置上加设一个防雨设施。

图3 设备安装效果图

4. 改造经济性分析

中医院住院楼天面原有144块平板太阳能集热器，现工程改造后可安装平板太阳能集热器361组，比原来新增了217块平板太阳能集热器，新增面积434m²。

（1）太阳能热水系统的年节能量：

$$Q_s = A_c J_T (1 - \eta_c) \eta_{cd}$$

式中　Q_s——太阳能热水系统的节能量，MJ；

A_c——太阳能集热器面积，m²；

J_T——太阳能集热器采光表面上的年总太阳能辐照量，MJ/m²，取4736MJ/m²；

η_{cd}——太阳能集热器的年平均集热效率，%，取0.50；

η_c——管路和水箱的热损失率，取20%。

则太阳能热水节能量为：434m²×4736MJ/m²×(1-20%)×0.50=822169.6MJ/a。

每年电热水器加热水耗电量：

$$M_{电} = Q_s / (\eta_1 \cdot \lambda_1)$$

式中　$M_{电}$——电加热耗电量，kWh；

η_1——电热水器机组热值，3600kJ/kWh；

λ_1——电转化效率，取95%；

系统全年有效得热量换算为全年节能量：

$M_{电}$=822169.6×1000/3600/95%=240400.47kWh/a。

（2）太阳能热水系统的年节省费用

240400.47kWh/a×0.88元/kWh=211552.41元/年

每年节约费用21.16万元。

5. 思考与启示

在梧州中医医院的生活热水系统改造中，针对医院建筑生活热水系统的管网及用水情况，在原设计基础上增设太阳能集热器及空气源热泵，以满足其用水需求，并解决串水问题。该项改造技术充分利用可再生能源，大大节约了常规能源，具有很好的借鉴作用，为太阳能在医院建筑利用提供数据。

23　南方医科大学第三附属医院门诊楼改造工程

项目名称：南方医科大学第三附属医院门诊楼改造工程
项目地址：广东省广州市天河区中山大道西 183 号
建筑面积：31000m²
改造面积：31000m²
资料提供单位：广东省建筑科学研究院集团股份有限公司、南方医科大学第三附属医院

1. 工程概况：

南方医科大学第三附属医院（广东省骨科研究院）是一所集医疗、教学、科研为一体的三级甲等综合性医院，为广东省专科医师和全科医师规范化培训基地，是 2015 年第 36 届 SICOT 世界骨科学术大会主要承办方之一。医院地处广州市天河区中山大道西，是广东省公费医疗、新型农村合作医疗、工伤、生育、医疗保险等定点医院，获评广州医保最高信用等级"AAA"单位，与广东省地市及泛珠三角区域建立了异地就医联网结算平台，是广州市 120 急救网络医院。现编设临床、医技科室共 40 个，教研室 4 个，展开床位1000 张。拥有博士、硕士授权学科 19 个。

该医院原建筑为 4 栋厂房及 1 栋酒店，经整体功能改造后作为南方医科大学第三附属医院，通过进行功能布局、结构加固、能源系统、室外环境等的改造，形成该医院门诊楼。图 1 和图 2 为改造前后对比图。

图 1　改造前 4 栋厂房及 1 栋酒店　　　　图 2　改造后医院外观图

2. 改造目标

通过对厂房及酒店的结构进行加固与改造，对功能布局进行调整，并重新装修后，作为南方医科大学第三附属医院的门诊楼，同时对医院内部装修进行专业设计，在满足门诊楼基本医疗要求的前提下，呈现一个崭新的就医环境。

3. 改造技术

3.1 建筑改造

3.1.1 建筑功能布局改造（含标识系统改造）

（1）平面功能布局

该工程改造前为 4 栋厂房及 1 栋酒店，改造后为南方医科大学第三附属医院门诊楼，各层的平面布置图如图 3 所示。

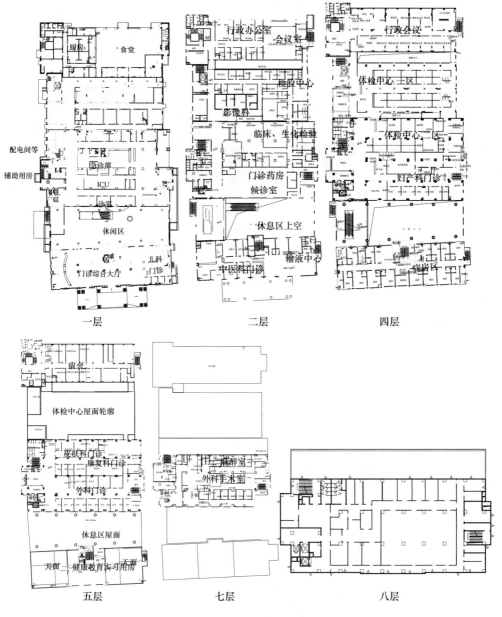

一层　　　　　　　　二层　　　　　　　　四层

五层　　　　　　　　七层　　　　　　　　八层

图 3　改造后门诊楼平面布置图

门诊楼共4层，一层设置有综合大厅和贯穿一～四层的休息区。二～四层格局基本一样，但房间功能不同。从第五层开始休息区和体检中心屋面以上不再有功能房间，从第六层开始不再有宿舍，第六层和第八层格局基本一致，第八层设手术室。

（2）标识系统

门诊楼的标识主要有三种，即楼层标识、位置标识和说明标识，如图4所示。

各楼层的楼层标识均以白色为背景，以紫色表明所在楼层及该楼层的功能用房；各楼层的位置标识以蓝色系的颜色为主，搭配有粉色和浅黄色，并用红色表面所在位置；柱面及墙面粘贴的引导和说明标识，均以紫色为背景色，搭配浅蓝色文字颜色，使就医者及家属能够方便快捷地知道自己所在的位置并找到到达目标区域的方式（图4）。

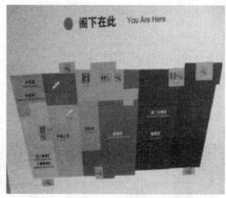

图4　门诊楼标识系统

3.1.2　围护结构改造

该工程原有砌块墙体、建筑外墙采用180mm厚蒸压加气混凝土砌块墙体、建筑内墙采用150mm厚蒸压加气混凝土砌块墙体，新砌筑间墙均到结构楼板底。砌体墙主要材料如表1所示。

门诊楼砌体墙主要材料

表1

砌体部分	砌块名称	砌块强度等级	砂浆强度等级	备注
围护墙	新型轻质墙体材料	MU5	M5	墙体材料密度不大于6kN/m³
间隔墙		MU5	M5	
卫生间墙		MU5	M5	
楼梯间墙		MU5	M5	

3.1.3　室内外装饰装修改造

门诊楼室内装修效果如图5所示，采用600mm×60mm无机复合板顶棚；门口位置铺进口印度红门槛石；门厅大堂使用800mm×800mm米白色地砖；消防监控中心使用防静电地板；各诊室，值班室等使用2.0厚地板胶（浅色：45253）；饭堂使用600mm×600mm红砖作地板。室内墙体装饰按照不同的区域进行装饰。

布置格局：除1楼大厅外，各层格局相似。

装饰材料及颜色：所有的石膏板或硅钙板顶（卫生间为铝扣板）均为白色；所有墙面的涂料均为米黄色；护士站台面为白色树脂版；病房内部地面均为朱红色地板革，病房区

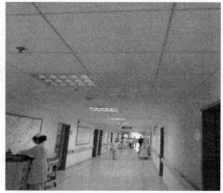

图 5　门诊楼标识

过道地面为黄色搭配其他色彩带的 PVC 卷材。

3.2　结构加固改造

该工程对基础采用微型钢管柱加固；对柱采用外包钢法加固，对梁采用粘贴钢板加固，对楼板采用粘贴钢板加固、新增楼板，对混凝土裂缝的处理方法：宽度小于 0.3mm 的裂缝进行裂缝封闭处理，对混凝土表面质量缺陷（麻面、蜂窝、孔洞、露筋）的处理。相关处理方法的工艺举例如图 6、图 7 所示。

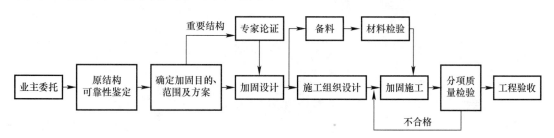

图 6　加固的一般程序

表面处理 → 放线定位 → 钢材下料制作 → 胶粘剂配制 → 安装就位 → 焊接成型 → 灌浆 → 防护

图 7　外包钢加固法

各构件受力钢筋的连接方式如表 2 所示。

各构件受力钢筋的连接方式　　　　　　　　表 2

	柱，剪力墙边缘构件		框支柱	侧壁分布筋	框架梁顶面贯通筋		梁底筋	框支梁，转换梁	板
	$d \geqslant 22$	$d < 22$	全部	全部	$d \geqslant 25$	$d < 25$	全部	全部	全部
机械连接	●				●		●		
焊接连接		●				●			
搭接连接				●					●

注：●表示采纳的方法。

加固改造中，板、梁、柱的加固及其主要节点的加固构造如图 8～图 10 所示。

191

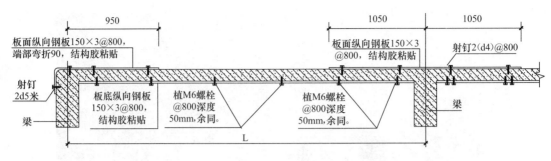

图 8　加固大样

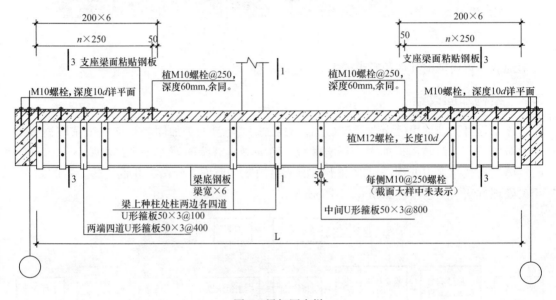

图 9　梁加固大样

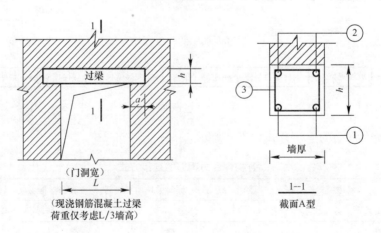

图 10　门窗过梁构造

3.3　设备系统改造

3.3.1　通风系统改造

实验室通风柜、生物安全柜等设备通风由专业公司完成；实验室空调由专业公司根据设备通风进行优化设计。P2 实验室内气流组织采用上送下回的形式,P2、PCR 实验室内新、排风支管皆设定风量阀,压力梯度根据用户需求调试,洁净区与非洁净区保持 10Pa 的压差,相邻洁净区保持 5Pa 的压差。风机盘管居中安装,风口定位配合装饰确定,风口位置不正对诊床、诊桌;新风管接风机盘管时直接接入送风管,不进回风箱。CT、DR 机房采用洁净型风机盘管,房间内所有风口设过滤器,新风应略大于排风量,使房间内相对相邻区域保持 5~10Pa 正压。风机盘管安装情况如图 11 所示,制冷设备种类、数量及其主要参数如表 3 所示。

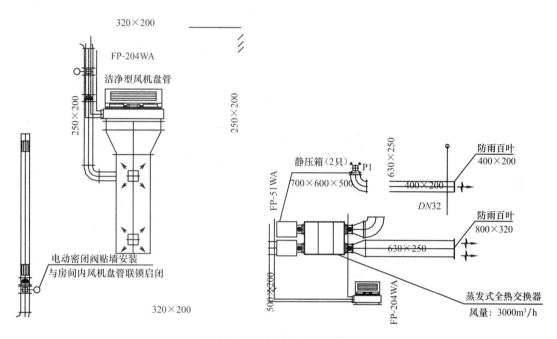

图 11　风机盘管的安装示意图

制冷设备一览表　　　　　　　　　　　　　　　　　　　　表 3

设备名称	数量	主要参数
冷却塔	3	$Q=225m^3/h$;额定功率 5.5kW,
冷冻水泵	4	功率 16kW,流量 $190m^3/h$;扬程 18.5m
冷却水泵	3	15kW,$190m^3/h$,扬程 18.5m
水冷机组	24	额定制冷量 103kW,额定输入功率 20.7kW
风冷机组	8	额定制热量 68kW,额定输入功率 19.1kW

3.3.2　生活热水系统改造

生活热水改造设计仅设置主管,热水加热设备接已有设备热水管材,PP-R 塑料热水管(管材压力等级 2.0MPa)热熔连接热给水管道。配水干管最高点设自动排气装置,系统最低点设泄水阀。热水横干管,立管每 30m 设一个金属波纹管伸缩器,补偿管道热胀冷缩。热水回水泵及热水回水电动阀的启闭由设在电动阀前的热水回水管上的电接点温度计自动控制;开启温度为 50℃,关闭温度为 55℃。在热水系统的最低处设泄水阀,排到地漏。设置两台水泵,一备一用。具体情况如图 12 所示,主要热水供应设备如表 4 所示。

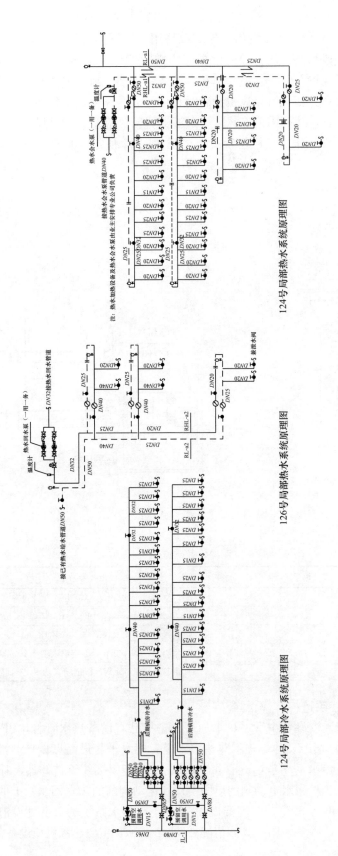

图12 热水系统示意图

126号局部热水系统原理图

124号局部冷水系统原理图

194

<table>
<tr><th colspan="3" style="text-align:center">热水供应主要设备一览表</th><th>表 4</th></tr>
<tr><td>设备名称</td><td>数量</td><td colspan="2">主要参数</td></tr>
<tr><td>太阳能集热器</td><td>25</td><td colspan="2">尺寸：2000mm×1000mm；集热效率：0.52</td></tr>
<tr><td>空气源热泵热水机组</td><td>2</td><td colspan="2">出水温度 55℃</td></tr>
<tr><td>水泵 1</td><td>3</td><td colspan="2">额定功率：265W，额定流量 135L/min，最大流量 190L/min，额定扬程 3m，最大扬程 5m</td></tr>
<tr><td>水泵 2</td><td>1</td><td colspan="2">输入、输出功率：1000、400W，额定流量 115L/min，最大扬程 7m</td></tr>
</table>

3.3.3 废水处理系统改造

污水处理站装修时，外墙原水刷石墙面铲除，重新用1：2.5水泥砂浆批荡，贴 60×240 红色条形砖饰面；原有地面打毛清洁，用 1：2.5 水泥砂浆找平，按室内装修作法施工；内墙面原抹灰面铲除，重新用 1：2.5 水泥砂浆批荡，按室内装修作法施工；屋面楼地面作清洁处理，重新用防水砂浆找平，面抹水泥膏。污水处理站室内装修材料如表 5 所示。

<table>
<tr><th colspan="6" style="text-align:center">污水处理站室内装修材料一览表</th><th>表 5</th></tr>
<tr><td>房间</td><td>顶棚</td><td>内墙面</td><td>楼地面</td><td>踢脚（墙裙）</td><td>门槛</td></tr>
<tr><td>污 1</td><td>白色乳胶漆</td><td>白色乳胶漆</td><td>500×500 防滑砖</td><td>100 高地砖</td><td>防滑砖</td></tr>
<tr><td>污 2</td><td>白色乳胶漆</td><td>白色乳胶漆</td><td>400×400 防滑砖</td><td>100 高地砖</td><td>防滑砖</td></tr>
<tr><td>污 3</td><td>白色乳胶漆</td><td>450×300 白色瓷砖</td><td>600×600 玻化砖</td><td>踢脚（墙裙）</td><td>玻化砖</td></tr>
<tr><td>污 4</td><td>白色乳胶漆</td><td>450×300 白色瓷砖</td><td>600×600 玻化砖</td><td>踢脚（墙裙）</td><td>玻化砖</td></tr>
</table>

废水处理工艺如图 13 所示，主要由次氯酸钠溶液消毒，投放比例为 3：1。

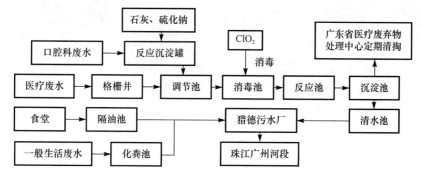

图 13　废水处理工艺

3.4　电气系统改造

3.4.1　照明光源改造

该工程采用节能筒灯、防雾筒灯、吸顶日光灯、防爆灯、T8 荧光灯、防雾反射灯、豆胆灯、卤素灯等进行照明。会议室使用白色日光灯；走廊、行政办公室采用泛黄灯光效果；白天，大厅采光充分利用自然光。具体效果如图 14。

图 14　改造后的灯光效果

3.4.2　照明监控改造

办公室按设定的时间或室内有无人员控制照明开关，按照室外照度自动调节灯光亮度，如：室外光线强时适当调低灯光亮度，室外光线弱时适当调高灯光亮度；保持室内照度一致；室内有人时控制照明开关亮灯，室内无人时控制照明开关关灯。公共部位门厅、走道、楼梯等按室外照度及按照时间控制照明。按照时间程序控制节日照明、室外照明。

3.4.3　楼宇自控系统

设置专门的楼宇自控系统，对供配电与照明、暖通空调系统、火灾报警与消防联动控制、电梯运行管制、给排水等系统进行监控管理。

3.5　室外环境改造

室外绿化改造如图 15 所示。

图 15　改造后的室外实景图

大厅设置手扶式电梯方便病人行走；两侧建筑间设连廊，并免费提供代步车，方便交通（图 16）；同时设置容易识别的标识导向，极大地体现了该医院"以人为本"的理念。

图 16　扶梯与代步车

4. 思考与启示

　　旧楼改造是一项复杂而艰巨的工程，而旧建筑整体功能的改造更是会涉及旧系统和新需求的统一，因此在实施改造之前应认真结合新设计图纸的施工要求，对改造工程有一个全面的考虑和规划，只有这样才能事半功倍。南方医科大学附属第三医院门诊楼虽然已实施了一系列的改造措施，但是为了能够更好地实现绿色化改造的目标，该项目在雨水回收和用电分项计量等方面仍可进一步挖掘改造潜力。

改扩建篇
严寒地区

24　青海省妇女儿童医院门诊住院综合楼

项目名称：青海省妇女儿童医院门诊住院综合楼
项目地址：青海省西宁市城东区共和路
建筑面积：32797.39m²
资料提供单位：中国建筑技术集团有限公司、中国建筑科学研究院、青海省妇女儿童
医院

1. 工程概况

青海省妇女儿童医院门诊住院综合楼位于青海省西宁市，该项目总用地面积为23389.4m²，总建筑面积为32797.39m²，其中地上建筑面积25136.59m²，地下建筑面积7660.8m²，容积率1.90，工程总投资1.1亿元。该项目于2010年6月10日开始施工，2012年9月29日竣工，2012年10月20日正式投入使用（图1）。

图1　青海省妇女儿童医院门诊住院综合楼效果图

2. 节地与室外环境

2.1　项目选址、用地指标及公共服务设施

该项目位于青海省西宁市城东区，西邻共和路，南向直通南绕城快速道，距离主要出入口500m范围内有15条公交线路，交通便利（图2）。该项目所选场址原为废弃锻压车

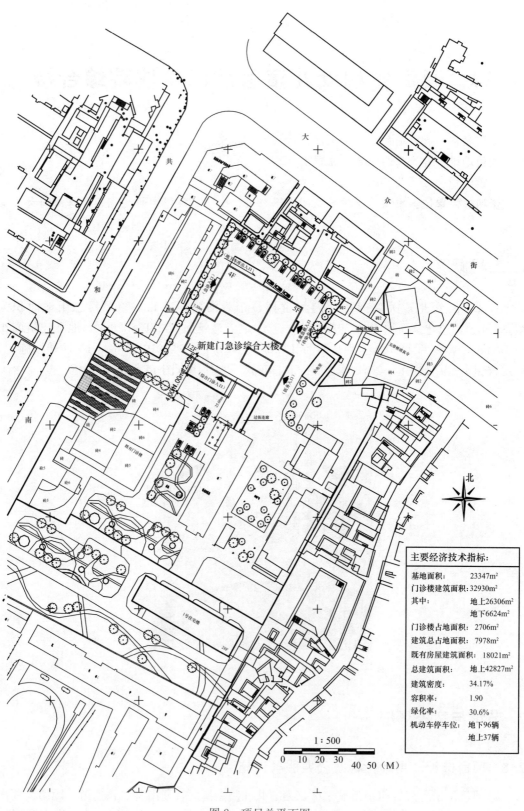

新建门急诊综合大楼

主要经济技术指标：

基地面积：	23347m²
门诊楼建筑面积：32930m²	
其中：	地上26306m²
	地下6624m²
门诊楼占地面积：	2706m²
建筑总占地面积：	7978m²
既有房屋建筑面积：	18021m²
总建筑面积：	地上42827m²
建筑密度：	34.17%
容积率：	1.90
绿化率：	30.6%
机动车停车位：	地下96辆
	地上37辆

1：500

0 10 20 30

40 50（M）

图2 项目总平面图

202

间和居民危房，未破坏当地文物、自然水系、湿地、基本农田、森林和其他保护区。场址内亦没有洪灾、泥石流和含氡土壤的威胁，无电磁辐射危害和火、爆、有毒物质等危险源。

2.2 室外环境

声环境：该项目位于交通主路旁，周边交通噪声值较高，但经围护结构隔声后，室外噪声源对室内影响较小。

光环境：该项目幕墙设计及选材合理，幕墙玻璃光学性能达到 3 级，玻璃反射比大于 0.3，不会对周边建筑产生有害眩光污染，不会遮挡周边建筑日照；同时，该项目设计有良好的景观照明遮光角，使得夜景照明不会对周边产生光污染。

风环境：该项目主轴方向为东南-西北方向，与正东-西方向成 29°夹角，使得项目主立面避开了冬季主导风向，有利于冬季防风、防寒；主轴方向与夏季主导风向成 65°夹角，较有利于夏季利用自然通风（图 3）。

2.3 出入口与公共交通

项目周边 500m 范围内有 10 个公交站点，如图 4 所示，其中 A、B、C、D 公交站点均能实现步行 500m 内到达，公交线路有 15 条，交通方便，组织合理，利于出行。

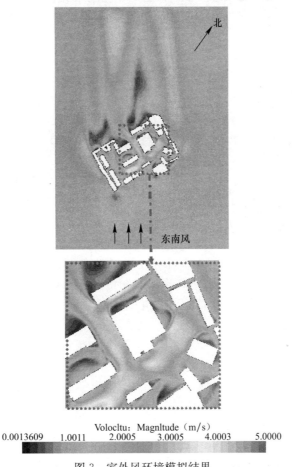

图 3　室外风环境模拟结果

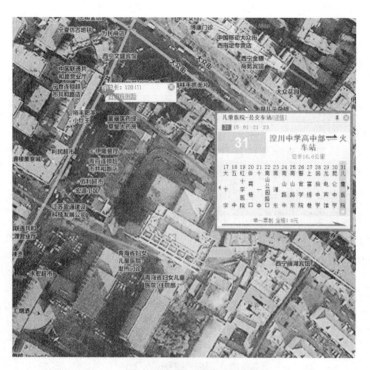

图4 公交站点示意图

3. 节能与能源利用

3.1 建筑节能设计

该项目建筑外窗热工性能不满足节能设计标准要求，但建筑整体经过能耗权衡判断，其节能率满足节能标准要求。

鉴于西宁市具体气候特征，无需设置空调系统，夏季主要靠自然通风带走室内负荷，冬季采用地板辐射供暖，热源为医院燃气锅炉，锅炉效率达到95％。

3.2 高效能设备和系统

为了节省水泵输配能耗，该项目供水系统根据建筑高度进行分区，低区采用市政管网直接供水，高区采用变频水泵供水，有效节省的水泵耗能。

载客电梯、医用电梯和扶梯均采用节能电梯。

3.3 节能高效照明

采用高效节能灯具，灯具功率因数都在0.9以上，并配置节能型电子镇流器，灯具显色指数不小于80，统一眩光值不大于22。主要功能空间照明功率密度值（LPD）满足《建筑照明设计标准》GB 50034中目标值的要求。

3.4 可再生能源利用

在屋顶布置了737.8m²的太阳能集热器为医院提供生活热水，太阳能热水系统提供的热水量占消耗热水量的比例为 64.06%。

4. 节水与水资源利用

4.1 水系统规划设计

根据项目实际情况，没有利用中水、雨水等可再生水。从节水"开源-节流"的原理考虑，重点考虑节流的节水方式。根据《建筑给排水设计规范》GB 50015 的定额进行计算，项目生活总用水量 45698m³/a，绿化灌溉用水 1519.28m³/a，道路冲洗用水 46.56m³/a，全年预计总用水量 47263.84m³/a。

该项目设置了合理和完善的给水、排水系统。给排水范围分为：(1) 门诊综合楼生活给水、排水系统；(2) 太阳能生活热水系统；(3) 室内消火栓给水系统；(4) 自动喷水灭火系统。

（1）日常用水

给水系统利用原医院给水管网，总用水量约为 125.2m³/d，消防用水量 18L/s。给水系统实施分区供水，低区为地下层至四层，由室外给水管网直接供水；高区为五层至十二层，由高区水箱结合变频水泵供水。

（2）生活热水

太阳能热水系统集热器采用集热管，布置于门诊楼屋面，总面积为 737.8m²。屋面布置有一个 60m³ 的贮热水箱，贮热水箱上设有 3 套管路：1 套为与太阳能集热器连接的供、回水管；1 套为热水供、回水管；另布置 1 根冷水补水管。生活热水供水管下行接至每层供水末端。

（3）排水

医院门诊楼：一至十二层室内污废水合流，室外集中排至独立的排水管网，经化粪池及成套地埋式医院专用污水处理设备处理达标后排至市政排水管网，最高日排水量为 71.36m³/d。

屋面雨水采用内排水系统，屋面雨水坡至屋面天沟，由天沟内的雨水口以及雨水悬吊管、立管、出户管引至室外雨水井，并接入院内雨水管网。地下室车库冲洗地面集水、消防电梯排水、泵房排水排至集水坑，由排水泵排至室外污水管网。

4.2 节水措施

该项目所有用水器具均为节水型器具，项目整体节水率不低于 8%。

5. 节材与材料资源利用

5.1 建筑结构体系节材设计

该项目结构形式为钢筋混凝土框架剪力墙结构，建筑造型相对简约，经计算项目采用的装饰性构件造价占建筑总造价的比例小于 5‰。

5.2 建筑材料利用

混凝土全部采用预拌混凝土。

项目建设中使用的可循环利用材料重量占全部用材重量的比例为 7.58%。项目所有墙体材料均为住房城乡建设部推荐的新型节能环保墙体材料。

5.3 土建装修一体化设计施工

该项目为医院建筑，建设施工达到了土建装修一体化的要求。根据项目室内使用功能的要求，其室内装修无需采用灵活隔断，内墙材料为 200mm 厚加气混凝土。

6. 室内环境质量

6.1 采光、通风

该项目主轴方向为东南-西北方向，与正东-西方向成 29°夹角，使得项目主立面避开了冬季的主导风向，有利于冬季防风、防寒；主轴方向与夏季主导风向成 65°夹角，较有利于夏季利用自然通风。

该项目主立面朝向为南-北向，所以有利于全年利用自然采光改善室内光环境。由于冬季太阳高度角较低，南北朝向的建筑，有利于采用被动式日照采暖，改善室内热环境。

该项目采用了大面积的玻璃幕墙，室内自然采光效果较好，经计算机模拟分析，在全阴天工况下，76.02% 的建筑面积达到了采光系数 2% 以上的效果（图 5）。

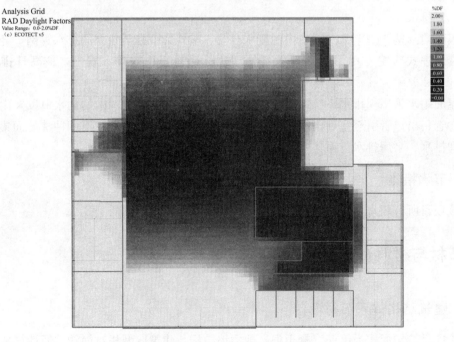

图 5　室内自然采光模拟分析结果

6.2 室温控制

该项目夏季未设置空调系统，冬季采用地板低温辐射供暖。夏季室内温度调节主要依靠开窗自然通风的方式。为了达到较好的自然通风效果，建筑设计了较大的开窗比例。东、南、西、北四个方向外窗可开启面积的比例分别为：35.3%、32.2%、35.8%和34.0%。室内人员可以根据个性使用需求开启外窗，调节室温，同时引入室外新风，改善室内空气品质。

7. 运营管理

7.1 建筑智能化系统

该项目设置了较完善的建筑智能化系统，主要包含：火灾自动报警及消防联动系统；有线电视系统；综合布线系统；保安监视系统。

7.1.1 火灾自动报警及消防联动系统

火灾自动报警及消防联动系统包括：消防联动控制系统、消防直通对话系统、电梯监视控制系统、消防广播系统、应急照明控制系统。火灾自动报警系统采用集中报警控制，消防自动报警系统按两总线设计。通过不同部位设置的感温探测器和感烟探测器进行报警，消防控制室根据火灾情况控制相关层的正压送风、排风。消防控制室可通过控制模块编程，自动启动消防栓泵并接收反馈信号。在变配电室、消防水泵房、电梯机房、防排烟机房等部位设置消防直通对讲电话分机。在消防控制室设置电梯监控盘，能显示各部电梯运行状态，当火灾发生时，根据火灾情况，控制电梯运行，指挥电梯按消防程序运行。首层着火时，启动首层、二层及地下各层火灾应急广播；地下层着火时，启动首层及地下各层火灾应急广播；二层以上着火时，启动本层及相邻上、下层火灾应急广播。

7.1.2 有线电视系统

有线电视信号由室外有线电视信号引来，系统采用860MHz双向高隔离度的邻频传输系统。

7.1.3 综合布线系统

综合布线系统将语音信号、数字信号的配线经过统一的规范设计，综合在一套标准配线系统上。该项目综合布线系统为开放式网络平台，可实现资源共享、综合信息数据库管理、电子邮件、个人数据库、报表处理、财务管理、电话电视会议等。

7.1.4 保安监视系统

该项目在出入口及公共走道设置视频监控系统，系统采用嵌入式数字硬盘录像机加矩阵管理。所有摄像机电源均自带UPS电源，工作时间＞20min。

7.2 系统的高效运营、维护、保养

设备、管道的设置便于维修、改造和更换。

8. 项目创新点、推广价值及效益分析

8.1 创新点

该项目地处气候分区为严寒地区的青海省西宁市，其地区气候特点为：日照时间长，全年太阳辐照量大，冬季漫长，夏季凉爽，全年平均气温 6.5℃。全年空气湿度较低，全年日平均含湿量最高可达 16％。从气候特点上看，建筑特点应以冬季防寒为主，夏季宜充分利用自然通风降低室内负荷，且应充分利用太阳能这种可再生能源。根据以上气候特点，该项目的创新点可总结如下：

从被动式的角度：

（1）未采用空调系统，依靠自然通风满足室内舒适度要求。且项目布局朝向较好，有利于冬季防风并利用日照进行简单的被动式供暖、夏季通风散热。

（2）设计较大面积的玻璃幕墙，充分利用了自然采光，可有效降低室内照明耗电量，并有利于利用冬季日照进行被动式供暖。

从主动式的角度：

（1）冬季供暖采用了低温辐射供暖系统，这种供暖系统室内设计温度可以比传统散热器供暖低 2℃ 或计算负荷可取传统散热器计算负荷的 90％～95％ 左右，是一种在保证室内舒适等级相同的工况下较节能的供暖方式。尤其对于医院诊疗室和病房，热量从下向上传递，能给病患者带来较好的舒适性。

（2）高区供水系统采用了变频泵，有效地节约水泵能耗。

（3）在医院这种电梯利用率较高的建筑中，节能电梯的应用可起到较好的节能效果。

8.2 推广价值

对于该气候区下，室内舒适度等级要求不高的大型公共建筑，可参照青海省妇女儿童医院从设计前期引入被动式设计，从需求上选择夏季空调系统的应用。

对于大型医院建筑，可参照青海省妇女儿童医院项目利用变频技术节省水泵或风机能耗。

另外，青海省妇女儿童医院这种电梯使用频率较高的公共建筑，使用永磁同步拽引电动机的电梯，尤其是具有电能回馈功能的电梯，节省电梯能耗的做法值得推广应用。

8.3 综合效果分析

该项目在原有院区应用的基础上进行扩建，扩建的门诊住院楼传承了原有项目对能源的应用方式。新增了 1 台高效燃气锅炉为新项目供暖。天然气作为清洁能源，对比原有燃煤供暖，有效地改善了本地环境。

项目建成后绿地总面积 5357m²，室外地面面积 13576m²，乔、灌木复层绿化的应用能够有效改善内院内环境，起到固碳作用。室外透水地面面积 5357m²，占室外地面面积比例为 39.5％，透水地面主要为地被植物地面，有利于本地雨水入渗，增加地下水涵养量。

该项目申报绿色建筑二星级设计标识，主要的增量成本体现在太阳能热水系统应用、节能电梯应用，总增量为 25.3 万元，单位面积增量成本为 7.71 元/m^2。太阳能热水系统的应用节省了传统能源能耗，且节省了机房空间。在响应国家及青海省号召的同时，遵循了低碳减排的设计理念。

该项目将成为青海地区办公建筑，尤其是政府投资公益建筑的绿色建筑典范。从公共建筑角度将绿色低碳理念向民众推广，同时对推动我国太阳能系统的利用在城镇普及，起到良好的示范作用。该项目的实施对加快推进城市发展进程具有重要意义和作用。

改扩建篇
寒冷地区

25 山东泰安市妇幼保健院

项目名称：山东泰安市妇幼保健院
项目地址：山东省泰安市龙潭路
建筑面积：140379m²
资料提供单位：中国建筑技术集团有限公司、中国建筑科学研究院、泰安市妇幼保健院

1. 工程概况

山东泰安市妇幼保健院位于泰安市高新技术开发区龙潭路以东，市消防中心以北。项目规划用地面积126257m²，项目场地地形北高南低，东高西低。项目总工程投资为3.2亿元，编制床位1200张。规划地块容积率1.11，建筑密度18.61%，绿地率40.47%。其中1号病房楼工程，总建筑面积16403.56m²，地上9层，地下1层；2号病房楼工程，总建筑面积21279.8m²，地上12层，地下1层；感染楼总建筑面积3794.88m²，共4层，一层为诊室、治疗室和办公室，二至四层主要为病房，框架结构形式；门诊医技楼建筑面积37558.8m²，框架结构形式，地下一层设汽车库和设备用房，四层为门诊科室；保健楼总建筑面积11444.25m²，地上7层，保健楼东侧为后勤服务楼，后勤服务楼和妇幼保健楼中间用伸缩缝隔开，其中后勤服务楼一层为功能科室、水厂和洗涤中心，二层为职工厨房和餐厅，三层为大会议室；妇幼保健楼一层为儿童服务中心，包括疫苗接种、幼儿游泳等，二层为妇女保健科，三层为康复科，四层为生殖健康科，五层为筛查中心，六层、七层为科研、办公用房。主体结构采用钢筋混凝土框架结构，设计使用年限50年，抗震设防烈度为六度。该项目于2009年08月立项，建设周期为2012年8月至2015年6月（图1）。

图1 山东泰安市妇幼保健院效果图

2. 节地与室外环境

2.1 项目选址、用地指标及公共服务设施

项目位于泰安市高新技术产业开发区内，地势东高西低，周围无污染性行业，场地内无文物、自然野生动植物种类、自然水系、湿地、农田、森林及其他保护区。据场地勘察，场地地貌单一，场地类别为Ⅱ类，属建筑抗震一般地段，设计特征周期值 0.45s，场地土为中硬土。场地内及附近无全新活动断裂，除泥质页岩及石灰岩溶蚀及裂隙发育外，无其他影响工程稳定的不良地质作用，稳定性相对较好，适宜建筑。经检测，场地土壤含氡浓度最大为 14975.82Bq/m³，小于 20000Bq/m³，可不采取防氡工程措施（图 2）。变电室内敷设了接地网，变电室的设计满足《变电所设计规范》GB 50053 和《电磁辐射保护规定》GB 8702 的相关要求。

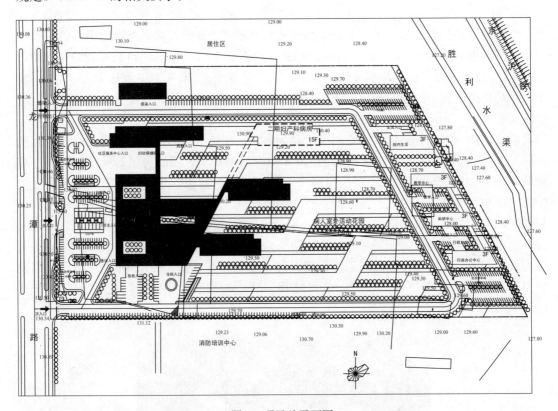

图 2 项目总平面图

2.2 室外环境

声环境：山东泰安市妇幼保健院位于泰安市高新技术开发区龙潭路以东，市消防中心以北。依据项目环评报告，项目东、南、北边区域执行《声环境质量标准》GB 3096 2 类区标准，其标准限值为昼间 60dB，夜间 50dB。靠近城市交通主干线（龙潭路）一侧执行《声环境质量标准》GB 3096 中的 4a 类区标准，其标准限值为昼间 70dB，夜间 55dB。在

214

场界外 1m 设置噪声现状监测点位，各个监测点噪声值均能满足《声环境质量标准》GB 3096 2 类区和 4a 类区标准。

光环境：项目外窗玻璃幕墙反射比不大于 0.3，满足现行国家标准《玻璃幕墙光学性能》GB/T 18091 要求。城市道路绿化带中的乔木、灌木对玻璃幕墙有一定的遮挡作用，能有效控制光污染。此外，室外景观照明选用紧凑型荧光灯、LED 灯等低功率节能灯具，无直射光射入空中，能够避免各种形式的光污染。该项目为公共建筑，本身对日照无要求。项目西侧为奥林匹克花园居民楼，经场地日照分析，不会对居住建筑造成日照影响（图 3）。

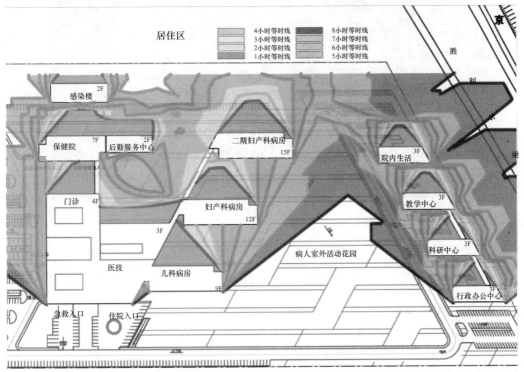

说明：1.《民用建筑设计通则》(GB50352-2005)内5.1.3条规定"医院半数以上病房应能获得冬至日不小于2个小时的日照标准。
2.本日照分析采用清华紫光日照设计软件计算，计算地点为泰安，计算日期为冬至日。

图 3　日照平面等时线图

热环境：项目通过大面积绿化面积及水景水体汇水的方式，达到有效入渗雨水的目的，增加场地雨水与地下水涵养，室外透水地面面积比为 52.45%，能够起到良好的缓解热岛效应的目的。

2.3　出入口与公共交通

项目所在地紧靠泰安市中部的主要交通枢纽——龙潭路，是国道、省道、区道交汇点，交通极为便利，便于出行。项目主出入口到达公共交通站点的步行距离不超过 500m 的公交站点为奥林匹克花园（距离主出入口约 73m）、农大科技肥业（距离主出入口约 346m）。途径公交线路有 2 条，为 2 路、K26 路（图 4）。

场地平面布置充分利用现有用地，满足城市规划条件，并符合医院的可持续发展，分别设置急诊入口、门诊入楼、儿科入口、住院入口和感染污物出入口、生活入口和车辆入口，合理组织人流、车流、物流，内外交通便捷，互不干扰。医疗区面向龙潭路展开，根据公共性的差异，以门诊主入口朝向主入口广场，病房楼入口置于广场入口处北端。后勤区主要在医疗区东侧布置，保健功能区置于门诊综合大楼东侧，在门诊、医技楼地下室设置了126个汽车泊位，在门诊、医技楼南侧设置了地面停车位74个。设风雨走廊连接门诊综合楼、病房楼和保健楼，形成主要医疗功能区的内部连接流线。

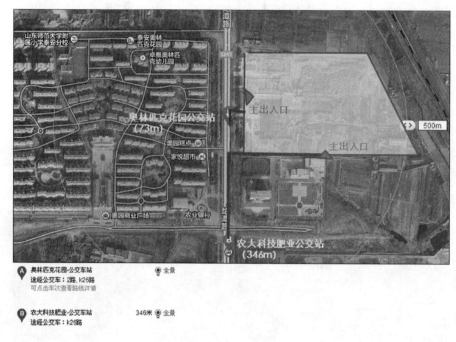

图4　公交站点示意图

2.4　景观绿化

该项目景观植物配置以山东泰安市本土植物为主，乔、灌木有白蜡、杜仲、垂柳、桦树、红枫、西府海棠、龙柏、雪松、云杉、女贞、石楠等；地被类有金叶女贞、瓜子黄杨、地被菊、萱草、葱兰、美丽月见草等；项目绿化整体设计以自然、亲和、人性、健康为主旨，坚持"适地适树、经济美观"的原则，大量运用乡土树种；坚持乔、灌、草复层绿化，注重植物季相与色相的配置。

2.5　透水地面

项目通过大面积绿地面积及水景水体汇水的方式，达到有效入渗雨水的目的，增加场地雨水与地下水涵养。绿化面积51100m²，绿地下方局部为地下车库，部分绿地下皆为自然土壤，能够达到有效入渗雨水的目的。项目设有水景水体，水景水体水域汇水面积2800.5m²。室外透水地面面积合计53900.5m²，室外地面面积102757.00m²，透水地面面积比为52.45%。

2.6　地下空间利用

合理开发利用地下空间，其功能为地下车库和设备用房（图5）。地下建筑面积为10340m²，建筑占地面积23500m²，地下建筑面积与建筑占地面积之比为44%。

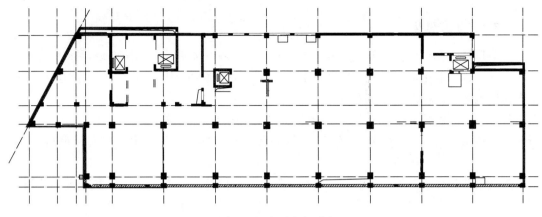

图 5　地下一层平面图

3. 节能与能源利用

3.1　建筑节能设计

该项目地处寒冷地区，外墙主墙体采用阶梯型混凝土砌块（290mm）（150mm 加气混凝土砌块＋140mm 聚苯板）；屋面采用 100mm 厚钢筋混凝土外贴 90mm 厚岩棉保温板；外窗采用单框断热型铝合金中空玻璃窗（5＋12＋5），建筑围护结构设计符合《山东省公共建筑节能设计标准》DBJ 14 的要求。

3.2　高效能设备和系统

冷热源：冷源为变制冷剂流量多联机系统，热源为市政热源。

系统形式和末端：病房、观察、ICU、病区办公、值班、门诊等采用风机盘管加新风系统，暗装卧式风机盘管设于各空调房间吊顶内，每层设独立新风系统。洁净手术部采用净化空调系统，新风集中处理，术前区域采用一次回风全空气系统。室内风机盘管采用同程式二管制，空调机组采用异程双管制。热源为市政热源，冷冻水供/回水温度为 7℃/12℃；热水供/回水温度为 45℃/40℃。

独立分项计量系统：项目对冷热源、照明、动力设备、特殊用电、热水用电设置独立分项电能计量装置；每层配电线路分别设置有数显功能的电度表计量，电表预留通信功能，可将信号传输至病房楼新建变电站，实现远距离监测。作为各科室独立核算的依据。

高效能设备：项目空调夏季冷源为变频多联式空调机组，选用日立 RAS-450FSN6Q、RAS-630FSN6Q、RAS-504FSN6Q、RAS-850FSN6Q 系列变频多联机空调机组，综合部分负荷性能系数最小为 6.75，LPLV 值满足《多联式空调（热泵）机组能效限定值及能源效率等级》GB 21454 的规范要求。空调系统风机单位风量耗功率最大值为 0.158，小于标准要求的 0.48，普通机械通风系统风机单位风量耗功率最大值为 0.264，小于标准要求的0.32，均满足《公共建筑节能设计标准》GB 50189 中的规定。项目电梯选用变频调速（VVVF）节能电梯，较普通电梯节能率大于 30％。

3.3 节能高效照明

能源形式：在科技楼地下室设独立的 10kV 变电室，备两个 10kV 电源，照明配电按三级负荷设计。低压配电系统采用放射式与树干式相结合的配电方式。照明采用单电源、双电源供电末端互投混合方式配电。

灯具：照明执行国家《建筑照明设计标准》GB 50034 中照明功率密度目标值标准，所有灯具均采用高效节能荧光灯（T5 直管），配高效节能电子镇流器，光源显色指数 $Ra \geqslant 80$，色温应在 4200K 左右。

控制策略：办公室等灯具的控制采用多联开关间隔控制，办公室、诊室等所控灯列与侧窗平行，灵活掌握照明开关所控灯数。走廊照明在护士站统一控制，地下车库等公共场所照明采用照明配电箱就地控制并纳入建筑设备监控系统统一管理，室外照明的控制纳入建筑设备监控系统统一管理。

3.4 能量回收系统

病房办公区采用全热交换器，回收效率不小于 60%，回收排风冷（热）量后新风直接送入室内，办公室、诊室和会议室每个人的新风量为 30m³/h，病房每个人的新风量为 40m³/h。经经济性分析，扣除附加耗电量后热回收系统全年节电量为 158175.57kWh，按泰安市非居民用电 0.8024 元/kWh 计算，全年共节约电费 12.69 万元。系统静态投资回收期为 3.15 年。

3.5 可再生能源利用

泰安市属于暖温带半湿润季风气候区，太阳能资源比较丰富适宜采用太阳能热水系统。1 号和 2 号病房楼和感染楼的病房内卫生间及医生更衣室内设置屋面集中式太阳能热水系统（图 6）。太阳能系统产热水量占建筑生活热水消耗量的 61.35%，年节电量为

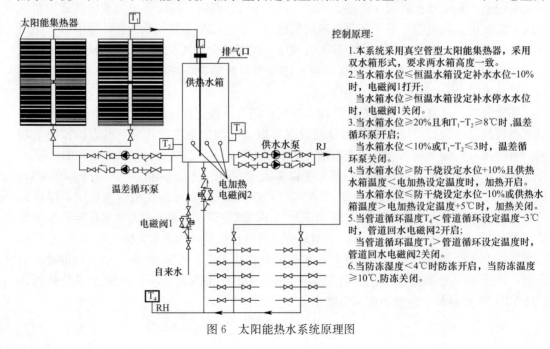

图 6 太阳能热水系统原理图

12096937.35kWh。泰安电价按 0.8024 元/kWh 计算，年节约成本 970.66 万元。系统增量按照集热面积 4000 元/m² （含管路费用）计算，该项目有效集热面积为 1190m²，计算得到太阳能热水系统的静态回收期约为 4.90 年。

4. 节水与水资源利用

4.1 水系统规划设计

水资源：泰安年平均降水量为 681.2mm，受季风气候影响，年际降水变幅大，年内降水分布很不均衡，夏季降水最多，占年降水量的 65%，冬季最少，仅占 3.6%；受地形地貌影响，东部降水多于西部，山区降水多于平原，总趋势是自东北向西南逐渐减少。

用水定额：根据《民用建筑节水设计标准》GB 50555 及相关用水标准，并结合山东泰安气候条件及该项目用水状况和设计文件确定项目的用水定额。病房用水定额为 270L/（人·床），门诊为 9L/（人·次），食堂就餐用水定额为 15L/（人·次）绿化灌溉 0.28m²/（m²·a）（冷季型二级养护），道路浇洒 0.35L/（m²·d）。

给水：由龙潭路市政给水管网引入，竖向分 2 区，地下一层至 4 层市政直供；五层及以上采用加压供水，入户管表前设置减压阀，供水压力不大于 0.2MPa；

排水：采用污、废水合流制，污、废水重力自流排至室外；

热水：1 号和 2 号病房楼和感染楼设置屋面集中式太阳能热水系统；

雨水：屋面地面雨水经雨水收集系统处理后回用，室外地面雨水经道路汇集排至雨水口，经室外雨水管道收集排至龙潭路市政雨水管网；

用水计量：工程自来水、淋浴用水、厨房备餐用水、食堂用水及热水均按用途设置水表。对入楼自来水引管、热水供水总管和每层热水引管、雨水收集系统水管、室外绿化灌溉用引水管、景观补水用雨水引水管和自来水补水管等均设置水表进行单独计量。

用水安全：水源为市政给水，水量水质均满足规范要求，采用无负压供水设备，充分利用市政管道压力供水，避免二次加压带来的污染和减少能耗，水箱采取防污染措施；水箱进水均自液位以上接入；水箱溢流、泄水均有空气隔断间接排水，末端加装防蚊虫金属网。给水管道在系统运行前用水冲洗和消毒，保证水质安全。采用雨水收集系统的雨水，水质能够满足《城市污水再生利用-景观环境用水水质》GB/T 18921 和《城市污水再利用-城市杂用水水质》GB/T 18920 等相关水质要求。雨水管道采用颜色标识，雨水管外壁模印或打印明显耐久的"雨水非饮用"标志。阀门、水表、取水口应有明显"雨水"标志，施工中严禁误接、误用。

4.2 节水措施

节水器具：卫生洁具与配件均为节水型，节水率大于 8%，节水型洁具及配件满足《节水型生活用水器具》CJ 164 及《节水型产品技术条件与管理通则》GB/T 18870 的要求；

管件管材：生活给水管：室内冷水管采用 AGR（丙烯酸共聚聚氯乙烯管），压力等级为 1.6MPa，采用专用粘合剂 No.80 连接；吊顶、管道井内热水立管及干管采用 PSP 钢塑

复合管，管道采用双热熔管件热熔连接；房间内连接器具的热水支管采用 NFβPPR 管
（S4 级），热熔连接。排水立管、横管采用消音型硬聚氯乙烯（PVC-U）光壁排水管，承
插式胶粘连接。出屋面伸顶通气管和中间层及底层埋地、吊顶内敷设的水平横干管采用柔
性接口的机制，排水铸铁管，法兰连接。雨水管道：采用给水聚氯乙烯塑料管，承插式胶
粘连接或橡胶圈管箍连接。空调冷凝水管道：采用光壁硬聚氯乙烯排水管，承插式胶粘连
接。

阀门及附件：生活给水管 $DN \leqslant 50$mm 者采用铜截止阀或铜球阀，$DN > 50$mm 者采用
闸阀或蝶阀；管材为塑料管者采用相应的塑料阀门，工作压力为 1.6MPa。消防给水管道
上采用球墨铸铁闸阀或双向型蝶阀，工作压力为 2.0MPa。压力排水管上的阀门采用铜芯
球墨铸铁外壳闸阀，工作压力为 1.0MPa。给水泵的出水管上安装微阻缓闭止回阀；消防
水泵的出水管上安装带关闭弹簧的止回阀；消防水箱的出水管上选用旋启式止回阀，在阀
前水压很低时容易开启；排水水泵出水管上安装旋启式升降式止回阀。卫生间采用 PVC
防返溢地漏。

4.3 非传统水源利用

山东泰安市妇幼保健院项目利用雨水收集系统处理后的雨水回用于室外绿化灌溉、道
路广场浇洒和水景补水，全年实际利用的雨水量 14586.82m³/a。经计算，该项目年总用
水量 312697.63m³/a，非传统水源利用量 14586.82m³/a，非传统水源利用率为 4.66%。
按照山东泰安非居民用水 3.92 元/m³ 的价格计算，全年使用非传统水源节约费用为 5.72
万元。

4.4 绿化节水灌溉

室外绿化灌溉采用喷灌，设计绿地中草坪或草本地被覆盖区域主要采用地埋弹出型喷
头，根据乔木和灌木的栽植疏密或组合类型等情况设计有地埋旋转型喷头、地埋散射型喷
头或地埋旋转射线型喷头，针对不同的植物高度设计不同的弹头弹伸高度。

4.5 雨水回渗与集蓄利用

雨水入渗：规划用地 126257m²，依靠屋面和地面雨水经雨水收集系统处理回用的雨
水 14586.82m³/a，依靠绿地进行雨水入渗，年雨水入渗量 29587.92m³/a。依靠水景水域
汇水的雨水量 1907.70m³/a。合计场地内雨水年利用总量 46082.44m³/a。泰安年平均降水
量 681.2mm，则场地内年总降雨量为 86006.27m³/a，雨水不外排至市政管网的比例为
53.58%。

雨水收集回用系统：该项目采用地埋式一体化雨水收集系统收集屋面和地面雨水回用
于室外绿化灌溉、道路广场冲洗和水景补水，达到水资源有效利用的目的（图7）。雨水出
水水质能够达到《城市污水再生利用·城市杂用水水质》GB 18920 及《城市污水再生利
用·景观环境用水水质》GB/T 18921 的要求。经雨水逐月平衡分析，全年实际利用雨水
量 14586.82m³/a，非传统水源利用率 4.66%，按照泰安非居民水价 3.92 元/m³ 的价格计
算，节约费用为 5.72 万元/a。

雨水收集以及场地的雨水回渗，减少了排水量，减轻了城市洪水灾害威胁，地下水得

以回补，水环境得以改善，生态环境得以修复。在消减城市暴雨径流量、减少非点源污染物排放量、优化水系统、减少水涝和改善环境等方面有积极作用，具有较好的社会效益和环境效益。

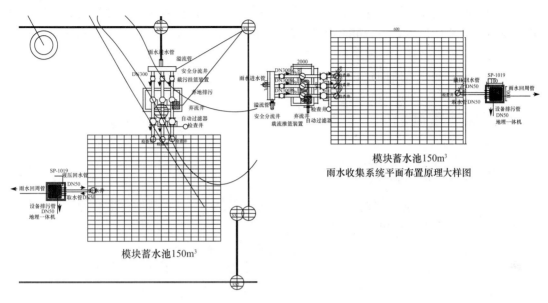

图 7　雨水收集系统平面布置图

5. 节材与材料资源利用

5.1　建筑结构体系节材设计

该项目女儿墙为 1.5m，小于标准规定的 2.2m；项目整体建筑造型要素简约，最不利建筑为门诊医技楼立面处存在部分疑似装饰性构件，依据其工程概预算清单，对其装饰性构件造价进行统计，其工程总造价为 4081.55 万元，疑似装饰性构件造价占工程总造价的 2.14‰，小于 5‰。

5.2　预拌混凝土使用

该项目现浇混凝土全部采用预拌混凝土，应用商品混凝土后，不仅减少了施工现场建筑材料的堆放，明显改变了施工现场脏、乱、差等现象，而且提高了工效和工程质量。

5.3　高性能混凝土使用

该项目 6 层以上的保健楼、1 号病房楼、2 号病房楼使用高强度钢，其中保健楼 HRB400 级（或以上）钢筋占主筋重量的 79.44%；1 号病房楼 HRB400 级（或以上）钢筋占主筋重量的 72.35%；2 号病房楼 HRB400 级（或以上）钢筋占主筋重量的 71.10%。保健楼、1 号病房楼、2 号病房楼总的 HRB400 级（或以上）钢筋占主筋重量的 75.23%，大于 70%。

5.4 可循环材料和可再生利用材料的使用

依据山东泰安市妇幼保健院项目参评建筑1号和2号病房楼、门诊医技楼、感染楼和保健后勤楼的工程概预算，分别对1号和2号病房楼、门诊医技楼、感染楼和保健后勤楼建筑材料进行统计，各个楼的可再循环材料使用重量占所用建筑材料总重量的比例均小于10％。参评建筑1号和2号病房楼、门诊医技楼、感染楼和保健后勤楼可再循环材料总使用重量为6288.15t，占所用建筑材料总重量的比例为9.45％，小于10％。

6. 室内环境质量

6.1 日照、采光、通风

日照：山东泰安市妇幼保健院属于公共建筑，不存在自身在日照标准日的最低日照时数问题，同时不会对周边建筑造成日照影响。

通风和采光：泰安属暖温带温润性季风气候，建筑东西朝向，可充分利用夏季的主导风向，实现室内的自然通风，而冬季可以避开主导风向，减少室内热量流失，此外项目建筑形体规整，通风口均匀布置，两侧均有通风口开启，天井部分起到改善自然通风的效果，有利于室内自然通风和采光。经室内自然通风模拟，项目夏季主导风向平均风速条件下，当所有通风口均开启时，门诊医技楼室内主要功能空间换气次数分别为 $2.97h^{-1}$、$2.55h^{-1}$、$3.45h^{-1}$；1号病房楼室内主要功能空间换气次数分别为 $5.01h^{-1}$、$6.81h^{-1}$、$8.52h^{-1}$；保健后勤楼室内主要功能空间换气次数分别为 $7.82h^{-1}$、$6.29h^{-1}$、$7.47h^{-1}$、$7.24h^{-1}$；感染楼室内主要功能空间换气次数分别为 $7.71h^{-1}$、$5.48h^{-1}$；均在 $2h^{-1}$ 以上，有利于室内的自然通风。

6.2 围护结构防结露、防潮设计

根据《民用建筑热工设计规范》GB 50176 进行计算，外墙、屋面、楼板及外窗部位内表面温度分别为 18.12℃、18.29℃ 和 15.31℃，外窗窗框内表面温度为 13.82℃，均高于结露温度 12.01℃，避免了结露现象。

6.3 室内背景噪声

外环境噪声源主要为龙潭路的交通噪声。综合考虑外墙、外窗在对低频、中频、高频的噪声隔声量情况下的有效隔声量，并结合室内吸声的考虑和室内空调噪声的影响最不利的一层门诊办公室室内噪声值在关窗状态下昼间为 43.80dB，满足办公室室内背景噪声级不超过 45dB（A）的要求。

6.4 室温控制

该项目采用变制冷剂流量多联机空调系统机组，室内各功能房间通过采用三速调节阀实现对室温进行调节。

6.5 无障碍设计

入口：主入口设残疾人坡道，坡道宽 1300mm，坡度 1/12；公共通道净宽均大于 1.5m；无障碍坡道处门槛和内外门设计均符合《城市道路和建筑物无障碍设计规范》JGJ 50-2001 第 7.4 条的规定。

残卫：一至四层设残疾人专用卫生间。

电梯：医梯和候梯厅均严格按照无障碍设计的要求进行设计。

6.6 CO_2 监控系统

项目在人员密度较大的区域设置二氧化碳监测系统。门诊医技一层输液大厅设置 10 个 CO_2 监测探头，2 号病房楼一至十二层示教会议室每层设置一个 CO_2 监测探头，1 号病房楼一至八层示教会议室每层设置一个 CO_2 监测探头，合计设置 30 个，对室内的 CO_2 浓度进行监测，浓度超标报警能够实时报警，实现自动通风调节。

6.7 室内照明设计

建筑室内照度、统一眩光值、一般显色指数等指标满足现行国家标准《建筑照明设计标准》GB 50034 的有关要求，主要功能房室内照明功率密度值按照现行国家标准《建筑照明设计标准》GB 50034 规定的目标值设计。

7. 运营管理

7.1 建筑智能化系统

该项目智能化系统完善，设有建筑设备自动化系统（火灾自动报警及消防联动控制系统、公共广播系统、建筑设备控制系统闭路电视监控系统、门禁系统、车库管理系统）；通信网络系统［综合布线系统（电话、计算机）；有线电视系统］；综合医疗系统（公共信息显示系统）；医院专用系统（门诊叫号系统、取药叫号系统、病房护理呼叫系统、手术示范教学系统、医用对讲系统）；智能化系统集成系统。

7.2 建筑设备自动监控系统

设置建筑设备监控系统，对空调系统、通风系统、给水排水系统等进行实时监控或监测，确保机电设备系统处于良好的工作状态。

该系统是由中央操作站、网络控制器和直接数字控制器组成的集散型控制系统，完成机组的监测、控制及实现相关的各种逻辑控制关系等功能。监控主要内容如下：

（1）制冷、供热系统根据季节变化、时间安排、冷负荷计算等因素合理安排机组运行台数；

（2）空调机组控制启、停及运行状态监测。回风温湿度检测联锁电动阀。新风温湿度检测、风阀控制。空调机过滤网两侧压差监测、送风机压差监测；

（3）送排风系统控制启、停并监测其运行状态；

（4）给排水系统监控集水坑液位监测；

（5）电梯运行监视运行状态。

7.3 系统的高效运营、维护、保养

设备、管道的设置便于维修、改造和更换。如：管井设置在电梯厅、卫生间周边；消防设备、电梯等设置在设备房及电梯机房；空调风管、给排水管道、消防管道、强弱电电缆等设置在吊顶、管井、强电间、弱电间等。

8. 项目创新点、推广价值及效益分析

8.1 创新点

可再生能源利用：泰安市属于暖温带半湿润季风气候区，太阳能资源比较丰富，适宜采用太阳能热水系统。1号和2号病房楼和感染楼的病房内卫生间及医生更衣室内设置屋面集中式太阳能热水系统。太阳能系统产热水量占建筑生活热水消耗量的61.35%，年节电12096937.35kWh，静态回收期约为4.90年。

雨水收集系统：设置雨水收集系统，对屋面和地面雨水收集处理后回用于室外绿化灌溉、道路广场浇洒和水景补水，达到水资源有效利用的目的。系统采用地埋式一体化雨水收集系统，设计150m³ PP模块蓄水池，雨水出水水质能够达到《城市污水再生利用·城市杂用水水质》GB 18920及《城市污水再生利用景观环境用水水质》GB/T 18921的要求。经雨水逐月平衡分析，全年实际利用雨水量14586.82m³/a。非传统水源利用率4.66%，年节约5.72万元。

CO_2监控系统：项目在人员密度较大的区域设置二氧化碳监测系统。门诊医技一层输液大厅设置10个CO_2监测探头，2号病房楼一至十二层示教会议室每层设置一个CO_2监测探头，1号病房楼一至八层示教会议室每层设置一个CO_2监测探头，合计设置30个，对室内的CO_2浓度进行监测，浓度超标报警能够实时报警，实现自动通风调节。既达到了节能的目的又保证了良好的室内空气品质。

智能化系统：为了给妇幼保健医院提供一个舒适、安全、温馨、便捷和高效的就医环境，该项目设有完善智能化系统。设有建筑设备自动化系统（火灾自动报警及消防联动控制系统、公共广播系统、建筑设备控制系统闭路电视监控系统、门禁系统、车库管理系统）；通信网络系统［综合布线系统（电话、计算机）；有线电视系统］；综合医疗系统（公共信息显示系统）；医院专用系统（门诊叫号系统、取药叫号系统、病房护理呼叫系统、手术示范教学系统、医用对讲系统）等智能化系统集成系统较为完善。

8.2 推广价值

该项目设计过程中采用最切合实际的绿色建筑设计方案，运用较为成熟的绿色技术，而非新材料、新技术不合理的堆砌，有效地减少了建筑对环境的影响，符合我国节能建筑政策。同时，采用太阳能热水、自然通风等建筑节能技术、节水喷灌等节水技术，绿色照明系统等，大大节约能源和资源，使该项目成为名副其实的绿色建筑，对医院建筑的设计

及改造具有一定的指导意义。

8.3 综合效果分析

    该项目在设计过程中综合考虑了建筑节能、节水、节材、节地、运营管理、室内环境，应用了太阳能热水系统、雨水入渗系统、节水喷灌等适宜且效果明显的多项技术，达到绿色建筑的相关要求。并且，应用先进的计算机软件模拟技术，对室内自然通风环境、室外风环境等进行模拟，以达到提高人员居住舒适、节能降耗、环境优美的目标，真正体现绿色建筑的现实意义。

改扩建篇
夏热冬冷地区

26　常州市南夏墅街道卫生院

项目名称：常州市南夏墅街道卫生院
项目地址：江苏省常州市南塘路
建筑面积：22767.0m²
资料提供单位：中国建筑技术集团有限公司、中国建筑科学研究院、常州市武进区南
夏墅街道卫生院

1. 工程概况

南夏墅街道卫生院位于江苏省常州市武进区高新区武宜路旁，总用地面积为
33654m²，主要由门诊楼、急诊综合楼、住院部及辅助用房、发热门诊组成。项目建筑密
度为13.1%，容积率0.62，绿地率为48%，总建筑面积为22767.0m²，其中地上建筑面
积为21054.4m²，地下建筑面积为1712.6m²，地下室的主要功能为新风机房、水泵房、
储物间等。项目建筑地上9层，地下1层，结构形式为混凝土现浇框架结构（图1）。

图1　江苏省常州市南夏墅街道卫生院效果图

2. 节地与室外环境

2.1　项目选址、用地指标及公共服务设施

项目建设地位于常州市武进高新区南区，武宜路西侧，南苑小区东侧，西距离滆湖约

4.5km，项目建筑用地为武进高新区规划用地，建设前为空地，场地内无文物、自然水系、湿地、基本农田、森林等保护区。

项目所在区域距离滆湖 4.5km，在其生态二级保护区以外，项目建设和运营期间均不会对其造成污染。项目所在地区属于长江三角洲太湖平原，地势平坦，地震基本烈度为 6 度，满足建设要求。项目所在地东部紧邻武宜路侧有一条 110kV 高压线高压走廊，距离该项目约 83m，大于 15m，符合我国《电磁辐射管理办法》中关于110kV 变电站安全距离的规定，场地内无其他火爆、电磁辐射等威胁源，建设选址符合安全要求。

2.2 室外环境

声：项目附近无高噪声的工业企业，主要噪声污染源为项目东侧武宜路的交通噪声和南夏墅商业广场的建筑施工噪声，其中武宜路车流量不大，车速较缓，车型主要为小、中型车，产生的噪声较小。商业广场的施工噪声会随着施工的结束而消失。根据项目环评报告，测试其最不利噪声值昼间为 58.3dB，夜间为 52.7dB，符合 4a 类噪声标准的要求；北侧、南侧、西侧场界的昼间噪声值最大为 58.3dB，夜间噪声值最大为 47.6dB，符合 2 类噪声标准的要求。

光：该项目建筑选用颜色深、反射系数小的玻璃，符合现行国家标准《玻璃幕墙光学性能》GB/T 18091 中反射比不大于 0.3 的要求；室外景观照明未采用霓虹灯、广告牌等易产生光污染的照明方式。景观照明主要包括景观灯、庭院灯和泛光灯，采用节能灯和金卤灯，灯具功率为 70W，不会对周边道路和住宅产生光污染；项目西侧为南苑小区，建筑距离居住小区的距离大于 43m，经过日照模拟分析，该项目建筑阴影不会影响周边已建成居住建筑的日照情况。

热：该本项目绿地率为 48%，室外机动车停车位采用镂空率大于 50% 的植草砖进行铺装，透水地面面积比达到 62.0%，满足绿色建筑的设计要求。透水地面的设计可缓解城市及院区气温升高和气候干燥状况，降低热岛效应，调节微小气候。

风：常州属典型的季风海洋性气候，四季分明，温和湿润，雨量充沛，日照较多，季风盛行。夏季与过渡季节的主导风向为东南风和西南风，冬季的主导风向为东南偏东方向，全年的平均风速在 2.8~3.1m/s，10% 大风情况下风速可达到 7m/s。建筑主体朝向为南北方向，符合常州地区的建设要求，根据项目目前提供的总平面图，本项目西侧有居住建筑，居住建筑层高为 4 层，其余方面无高大建筑物遮挡，便于实现夏季和过渡季节的自然通风。

项目区域周边的流场分布较为均匀，气流通畅，无涡流、滞风区域，主要通道风场流线基本明显，无明显的气流死区（图 2）。建筑周边人行区域 1.5m 高度处风速均小于 5m/s，风速放大系数均小于 2。

其他污染物控制：食堂使用的燃料为液化气，属清洁能源，由排风管直接排入大气，可不计其对大气产生的影响。食堂产生少量的油烟，经脱油烟机处理后由 2.5m 高排气筒排入大气，尾气能达到《饮食业油烟排放标准》GB 18483 的要求；项目地面停车场的汽车尾气主要是汽车进出时产生，由于出入车辆分散不集中，尾气排放历时较短，其排量和浓度小，对环境影响不大；生活垃圾经分类收集后，运至市政部门统一处理；医疗垃圾严格按照我国《医疗废物管理条例》（国务院［2003］第380号令）以及《医疗卫生机构医疗废物管理办法》（卫生部［2003］第36号令）进行收集、存储、转运和处理。该项目医疗废物收集包装后运送至武进工业废弃物处置有限公司作无害化焚烧填埋处理。

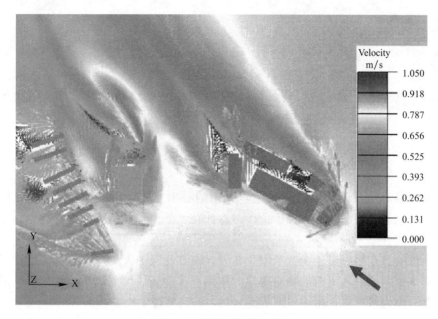

图2　室外风环境模拟结果

2.3　出入口与公共交通

院区主入口设置于场地的南侧，紧靠夏二路，将车辆和人行分开，有效缓解了主入口的压力；门诊、急诊、污物货物、行政办公人员、厨房食物等出入口分别设置，将医院内部人流、物流及公众流线完全分开；项目西侧紧邻南苑小区，北面为公交终点站和空地，另外距离该医院500m范围内有74路公交站台等，满足医院内部各类人员的出行方便（图3）。

该项目为医院建筑，对无障碍设计要求较严格，为了方便病人出入，项目在主出入口设计了两个无障碍坡道，坡道长度为5.2m，同时在建筑北侧出入口设计长度为4.92m的坡道，坡度满足国家无障碍设计规范的要求；项目裙房每层设两个无障碍卫生间，满足无障碍人士的需求。建筑内部除货梯外，均设计成无障碍电梯，电梯尺寸按照医梯尺寸设计，符合无障碍电梯设计要求。

2.4　景观绿化

该项目绿地率为48%，绿化植物以乡土植物为主，合理设计乔木、灌木和草本类植物

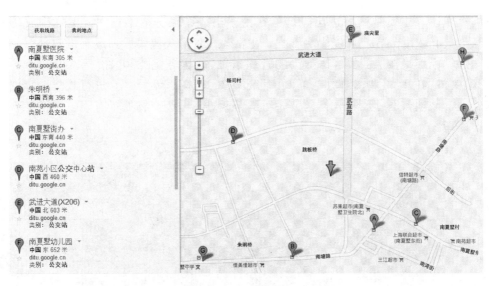

图 3　周边交通地图

的搭配，形成富有生机的复层绿化体系，采用的乔木主要包括：香樟、朴树、榔榆、栾树、银杏、香泡等；灌木包括：瓜子黄杨、八仙花、茶梅、黄杨等；地被包括：粉花酢浆草、矮生百慕大补播黑麦草等。

此外，该项目在裙房屋顶设置了屋顶花园，在方便医护人员与病人休闲的同时，还起到了减少夏季由屋顶进入室内的辐射得热的作用，有助于减少空调系统的能耗。屋顶绿化采用的主要植物为佛甲草，覆土厚度为 50mm，满足植物生长要求。

2.5　透水地面

该项目室外场地的总面积为 29039m²，室外透水地面主要包括室外绿化和停车场，其中室外绿化面积为 16153.92m²，面积为 1856.25m² 的停车场采用镂空率大于 50% 的植草砖铺装，透水地面的面积比例达到 62%。

透水地面可缓解城市及住区气温升高和气候干燥状况，降低热岛效应，调节微小气候，增加场地雨水与地下水涵养，改善生态环境及强化天然降水的地下渗透能力，补充地下水量，减少因地下水位下降造成的地面下陷，减轻排水系统负荷，减少雨水的尖峰径流量，改善排水状况。

2.6　地下空间利用

该项目建筑基底面积为 4325m²，地下建筑面积为 1712.6m²，地下建筑面积与建筑占地面积的比例为 39.6%。地下室共 1 层，其主要功能为变电所、配电间、新风机房、生活水箱、生活泵房、消防泵房、储物间等（图 4）。

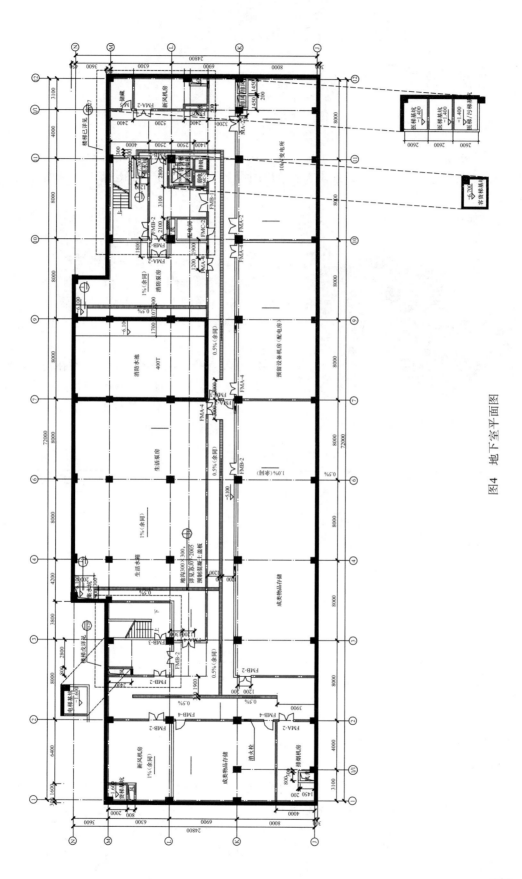

图4 地下室平面图

233

3. 节能与能源利用

3.1 建筑节能设计

该项目根据《江苏省公共建筑节能设计标准》DGJ 32/J96 乙类建筑的节能要求进行设计，经过综合能耗计算，该设计建筑的单位面积全年能耗小于参照建筑的单位面积全年能耗，节能率达到 63.1%。

建筑体形系数为 0.16（＜0.4），满足节能设计要求；屋面采用 75mm 厚的矿棉（岩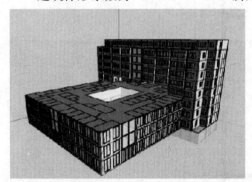棉）保温板作为保温材料，传料，传热系数为 0.52W/(m² · K)；外墙主墙体材料为 190mm 厚的加气混凝土砌块或 200mm 厚钢筋混凝土，外贴 40mm 厚的发泡水泥板作为保温材料，墙体的传热系数为 0.67W/(m² · K)；外窗和幕墙采用断热桥 6＋12A＋6 Low-E 中空玻璃，传热系数为 2.4～2.7W/(m² · K)，同时在建筑南向设置活动外遮阳，有效减少日照得热，降低建筑夏季冷负荷。具体能耗模拟模型及模拟结果如图 5 和表 1 所示。

图 5　能耗模拟模型

能耗模拟结果　　　　　　　　　　　　　　　　　　　　　　表 1

能耗类型	设计建筑年耗电量（kWh）	参照建筑年耗电量（kWh）	参照建筑耗气量（THERM）
照明	373277	489798	—
设备	648509	648509	—
制热	358730	34000	—
制冷	461363	415382	—
冷却塔	—	63766	—
泵和其他设备	11598	56495	—
风机	45684	60302	—
生活热水	314232.8	482470.1	—
总和	2213393.8	3004102.1kWh	
单位建筑面积能耗	97.2	131.9	

3.2 高性能设备和系统

该项目裙房一至三层采用 VRV 多联机空调系统，四至九层采用分体空调，设新风系统，以满足室内空气品质的要求。空调机组的综合能效比均大于 3.5，满足我国《多联式空调（热泵）机组能效限定值及能源效率等级》GB 21454 中一级能效比的要求；通风风机单位风量耗功率最大值为 0.29，小于 0.32，新风机组的单位风量耗功率为 0.09，均满足节能要求；此外，该项目使用 VVVF 节能型电梯，实现变频控制，减少电梯能耗。

3.3　节能高效照明

照明系统能源采用市政电网，主要功能房间和场所室内照明功率密度值按照我国《建筑照明设计标准》的目标值进行设计，优先选用节能灯具（T5 型荧光灯、紧凑型荧光灯、节能筒灯、节能吸顶灯等），并配有电子镇流器，公共区域采用声控延时控制等节能控制方式。

3.4　能量回收系统

该项目一至三层采用舒适性空调设计（包括手术室等房间），其余楼层（四至九层）空调均采用分体空调。空调采用变频多联中央空调形式，并设排风热回收系统，采用全热交换器通过对排风进行热回收来对新风进行冷热处理，实现降低新风系统能耗的目的。全热交换器的回收效率不低于 60％。经过经济性分析，采用全热回收器，夏季空调系统运行的时间为 960h，冬季空调系统运行的时间为 632h，整个空调季由于采用排风热回收系统，可节省的电量为 9.05 万 kWh，但是新风换气机额外增加的耗电量为 2.82 万 kWh，全年可节约运行费用 5.61 万元，增加的初投资为 28.2 万元，静态回收期为 5 年。

3.5　可再生能源利用

该项目采用以太阳能热水系统为主、电热水器为辅的生活热水供应系统，在屋顶设计 $300m^2$ 太阳能集热板，为四层以上的病房卫生间提供生活热水。热水系统采用全循环系统，采用变频恒压供水方式，四层及四层以下局部热水应用点采用家用电器热水器加热供水。根据日照情况，该项目将太阳能集热板布置在主楼部分屋顶，$300m^2$ 集热板每天可提供生活热水 $18.44m^3$，太阳能热水的比例达到 51.11％，考虑全年的阴天天数，常州市全年阴雨天数为 116d，太阳能热水系统全年可用天数为 249d，因此全年可提供的生活热水量为 $4591.56m^3$，生活热水全年的需求量为 $13169.2m^3$，太阳能提供的热水比例为 34.87％。

3.6　能耗分项计量

该项目建筑主要耗能类型为电耗，根据用电性质的不同进行分项计量，主要包括：照明插座电耗、输配系统电耗、空调系统电耗，风机、水泵、电梯等动力用电，将数据传输到控制室进行统一收集管理。用电的分项计量有助于发现整栋建筑能耗较大的部分，进而发掘其节能潜力。

该项目采用多联机和分体空调，其耗电量均进行了单独计量，满足分项计量的要求。

4. 节水与水资源利用

4.1　水系统规划设计

给水系统设计：建筑地下层至地上四层由市政给水管网直接供水，四层及四层以上由设在地下室的蓄水箱、变频泵变频恒压供水，采用箱泵一体化供水装置，水泵为两用一备，供水压力为 0.65MPa（变频恒压供水）。

生活排水系统：项目雨污水采用分流制，污废水排放采用分流制。污废水排至室外，分别处理达标后，经室外管网汇集，按《医院污水排放标准》GBJ 48 进行消毒处理后排入市政污水管网。厨房污水经隔油池处理后排入市政污水管网。

雨水系统：项目雨水采用虹吸雨水的形式，收集屋面的雨水至室外雨水收集池，经处理后用于室外景观绿化灌溉和道路浇洒。

热水系统：项目设计太阳能热水系统，热水系统变频恒压供水，压力基本同冷水加压系统平衡（四层及四层以下局部热水应用点采用家用电热水器加热供水）。

4.2 节水措施

用水器具：该项目全部采用节水器具，所有龙头采用感应龙头，小便斗采用感应冲洗阀，蹲便器采用延时冲洗阀，结构紧凑，自动感应，不易漏水，节水器具的节水率＞8％，用水器具均符合《节水型生活用水器具》CJ 164 的相关规定。

管材管件：室内消防给水管采用内外壁热镀锌钢管；室内生活给水冷热水管均采用公称压力等级为 1.6MPa 的薄壁不锈钢管；室内生活污水管采用排水 UPVC 管及管件及机制柔性接口铸铁排水管；虹吸雨水采用 HDPE 管及相应管件，热熔连接。水系统中使用的管材、管件，均符合现行国家标准的要求。根据实际的压力和用途合理选择阀门，均采用高性能阀门。

按用途设置计量水表：按照雨水用水、景观补水用水、生活给水、裙房各层给水、生活热水等不同用途分别设置计量水表。

4.3 非传统水源利用

工艺流程：收集屋面雨水，储存处理后优先用于绿化灌溉和道路浇洒，补水水源采用自来水或井水。雨水在各雨水收集口进入雨水井汇集，经过弃流装置的前期弃流处理后，前期的高污染的雨水进入市政雨水管网，弃流后的轻度污染的雨水进入节能环保的雨水收集模块。雨水在收集模块中储存，待绿化景观需要进行浇灌时，开启地埋式水处理设备，将雨水收集池内的雨水经 WQX-D 地埋式一体化水处理系统对池水进行"高效气浮—生物接触氧化—多介质过滤净化"，处理后将达标的水储存在清水池，再经变频泵提升至各绿化浇灌等用水点。弃流装置在回水口处设有格栅和格网，防止树叶或其他杂物进入雨水收集模块，在日常运行中需定期清理（图 6）。

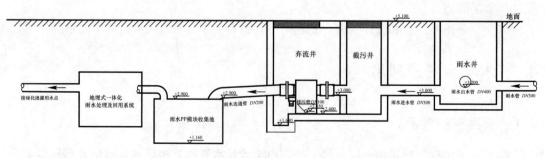

图 6 雨水系统处理工艺

水量计算：该项目需要浇灌的绿化面积为 16153.92m²，道路面积为 12526m²，根据《民用建筑节水设计标准》GB 50555，全年的灌溉用水量为 3230.8m³，道路浇洒用水量为 112.7m³，全年可收集雨水约为 3103.7m³，采用雨水收集利用技术后，全年可节约自来水量为 3103.7m³，该项目的非传统水源利用率达 9.57%。

安全保障措施：雨水管道采取以下措施防止误接、误用、误饮：雨水系统严禁设置水龙头；雨水阀门、水表、取水口应有明显标志，公共场所及绿化雨水取水口应设锁闭装置；工程验收时已逐段进行检查，无误接现象。

4.4 绿化节水灌溉

采用微喷灌的节水灌溉方式，采用辐射式微型喷头将水均匀地喷洒到植物枝叶等区域，相对普通的人工漫灌可节水约 30%。

5. 节材与材料资源利用

5.1 建筑结构体系节材设计

该工程选用钢筋混凝土框架结构体系，相比木结构和钢结构更具有耐久性和防火性，比钢结构节省造价；框架结构可以根据房间功能需要，灵活布置房间大小，相比剪力墙或框剪结构更具优势，九层医院建筑选择框架结构比较经济合理。立面采用的装饰性构件主要包括建筑顶层玻璃顶棚、南立面部分百叶和电梯机房女儿墙，经计算总造价约 25.64 万元，项目工程总造价约 6500 万元，装饰性构件造价为工程总造价的 3.94‰，小于 5‰。

5.2 预拌混凝土使用

该项目分别采用由常州伟业混凝土有限公司和常州顺安砂浆有限公司提供的预拌混凝土和预拌砂浆。

5.3 高性能混凝土及高强度钢使用

该项目主筋钢材总用量为 1548.42t，全部采用 HRB400 级高性能钢筋，III 级钢筋用量占主筋总用量的比例为 100%；项目混凝土主要构件各型号混凝土的总用量为 9465.48m³，其中 C50 等级混凝土的用量为 406.49m³，其比例为 4.29%。

5.4 可再循环材料的使用

项目总建筑面积为 2.2767 万 m²，建筑材料总重量为 33126.22t，可再循环材料重量为 3354.979t，可再循环材料使用比例为 10.13%。

5.5 土建装修一体化设计施工

项目采用土建与装修一体化设计施工，避免装修施工阶段对已有建筑构件的打凿、穿孔，既保证了结构的安全性，又减少了建筑垃圾的产生，符合建筑节材的设计要求。该项目门诊门厅及中庭装修效果如图 7、图 8 所示。

图 7　项目门诊门厅效果图　　　　　　　　　　图 8　项目中庭效果图

6. 室内环境质量

6.1　采光、通风

采光：该项目各个朝向的窗墙比均大于 0.3，采用了较大面积的玻璃幕墙，有利于室内自然采光，同时在裙房部分设计了大面积的中庭，有效地改善了裙房部分护士站、候诊区等公共区域的自然采光效果；主楼部分为病房区，考虑病人的休息对自然采光要求不高，病房未采取增强自然采光的设计，但是在主楼的活动室、大会议室等进深较大的房间设计了导光百叶，可以将窗口的自然光反射到室内空间，而且不影响遮阳效果，具有良好的节能效益。经过自然采光模拟分析，建筑内部有 76.53% 的面积达到采光系数标准的要求（图 9）。

通风：该项目地处于北亚热带，属典型的亚热带季风海洋性气候，夏季盛行东南偏东风，冬季盛行东北偏北风，年主导风向为东南偏东，根据项目总平面图，项目西侧有层高为 4 层的居住建筑，其余方面无高大建筑物遮挡，建筑主体朝向为南北方向，符合常州地区的建设要求。

项目外窗可开启面积比为 35.72%，幕墙具有可开启部分，可开启部分的比例达到 13.70%，便于实现夏季的自然通风。同时，该项目在裙房设计了中庭，充分利用热压通风的原理促进室内自然通风效果。根据室内自然通风模拟，本项目室内流场分布均匀，平均换气次数大于 $2h^{-1}$，通风效果良好（图 10）。

6.2　围护结构防结露、防潮设计

外墙采用 40mm 厚发泡水泥板及 190mm 厚加气混凝土砌块，传热系数为 0.67W/（m²·K）；屋面采用 75mm 厚岩棉板作为保温材料，传热系数为 0.58W/（m²·K）；外窗采用断桥铝合金中空 Low-E 玻璃，传热系数为 2.4W/（m²·K）和 2.7W/（m²·K），围护结构保温性能良好，避免了结露现象的产生。经结露计算，该项目热桥部分内表面温度为 15.4℃，外窗内表面温度为 13.56℃，均大于室内的露点温度 10.2℃，不会产生结露现象。

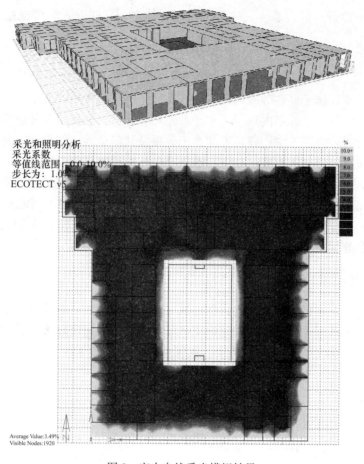

图 9　室内自然采光模拟结果

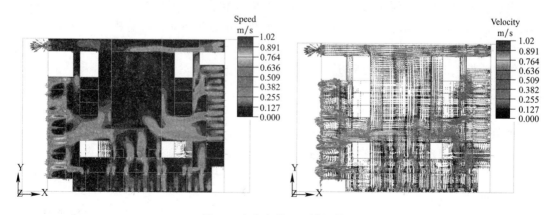

图 10　室内自然通风模拟结果

6.3　室温控制

该项目为医院建筑，建筑主要功能为诊室、病房、医办等，一至三层裙房部分空调采用变制冷剂流量空调系统，可以根据建筑负荷的变化及室内人员的需求进行调节，满足建筑内部人员热舒适的要求。主楼部分采用分体空调，住院人员可根据实际需求自主调节。

6.4 可调节外遮阳

项目位于常州，属于夏热冬冷地区，夏季通过外窗进入室内的太阳辐射热量较大，为了降低空调系统能耗，改善室内热舒适水平和光环境质量，选择活动外遮阳的方式。在具体遮阳形式选择时，充分考虑遮阳装置的遮阳效果及其安全性、实用性，并结合建筑立面设计效果进行设计。经分析比较，在东、西、南向外窗设置了中空百叶外遮阳装置，有效阻挡了夏季进入室内的日照得热，遮阳效果良好，同时不影响建筑的立面效果。采用百叶帘遮阳后，外窗的遮阳系数≤0.45，在室内采光效果不好时，可将百叶收起，不影响建筑自然采光和室内视觉效果。活动外遮阳通过手动形式进行控制，室内医护人员及病人可根据室外的实际日照情况及室内对热舒适、亮度的要求进行自主调节。

6.5 室内空气质量控制

该项目建筑朝向有利于实现室内自然通风，外窗面积较大，并设有自然通风中庭，有助于室内污染物的散发，保证良好的室内空气品质。在人员密度较大的裙房部分，各层回风管设计室内 CO_2 监控与新风联动系统，保证室内良好的空气品质。

7. 运营管理

7.1 智能化系统的应用

该项目为医院建筑，为了保证医疗质量和效率，对智能化提出较高的要求。该项目智能化设计主要包括以下内容：综合布线系统、安全防范系统、卫星及有线电视系统、视频示教、会议系统、公共信息服务系统、公共广播及病房音乐系统、计算机网络系统、大屏公告栏及触摸引导系统、智能一卡通系统、智能叫号排队管理系统、医护呼叫系统、建筑用电智能监控系统、机房工程、建筑设备管理系统等。

7.2 建筑设备监控

该项目设建筑设备管理系统（BAS），有操作站、网络控制器和现场控制器 DDC 组成，系统结构采用现场数字控制器连接到一个全分布式中央控制系统中，中央控制系统可对建筑设备进行远程、多点实时监测、控制、记录，并提供信息资源共享。主要监测的参数和内容如下：

（1）空调系统的监测：对新风机组、空气处理机组、净化新风机组、送排风机等运营状态进行监视、启停控制、故障报警、运行信息的统计记录等。

（2）电气系统监控：高低压变配电系统采用了数字化综合运行保护、控制和监视系统，能够通过三方集成控制器接入建筑设备管理系统，实现与建筑设备管理系统的信息传递功能。数字控制器用于楼层配电柜状态监视和室内公共区域照明控制。

（3）水泵监控：对生活水泵的运行状态进行监视和故障报警；对生活水箱和集水坑的

水位监视和超位报警。消防水池监控由火灾自动报警与联动控制系统实现。

（4）电梯监控：通过现场数字控制器对电梯的运行状态进行监视和故障报警。

8. 项目创新点、推广价值及效益分析

8.1 创新点

（1）雨水回收利用技术：该项目位于江苏省常州市，年降雨量1074mm，适于进行雨水收集利用。将建筑屋顶的雨水进行收集，经处理后用于室外绿化灌溉、道路浇洒等。为了保证非传统水源的水质满足室外用水的水质要求，雨水需经过必要的处理措施，雨水收集系统设自来水补水系统，并设自动监控系统，可保证供水的稳定性。

（2）中空百叶的活动外遮阳形式：在具体遮阳形式选择时，充分考虑遮阳装置的遮阳效果及其安全性、实用性，并结合建筑立面设计效果，在东、西、南向外窗设置了中空百叶外遮阳装置，有效阻挡了夏季进入室内的日照得热，遮阳效果良好，同时不影响建筑的立面效果，不影响建筑自然采光和室内视觉效果。该项技术适合在夏热冬冷地区使用。

（3）导光百叶的使用：在主楼活动室、大会议室等进深较大的房间外窗采用了导光百叶，不仅可以阻挡强烈眩光进入，还可以控制光线进入角度，并按需要的方向导入光线。该系统既可以消除光线进入室内时产生的耀眼区域，还可以让充足的光线进入室内，保证室内舒适的工作和活动环境。

（4）高强度钢的使用：该项目为9层建筑，建筑主体部分全部采用三级钢，在保证建筑安全性的前提下，充分节约了建筑钢材的使用量。同时，该项目还部分使用了高性能混凝土，有效节约了建材。

8.2 推广价值

南夏墅街道卫生院项目按照国家绿色建筑三星级的目标进行设计，综合采用被动节能技术与主动式绿色建筑技术，达到节约资源的目的。

该项目为我国绿色医院的发展和建设提供了一定的工程基础，项目采用的绿色照明技术、太阳能热水、排风热回收、围护结构保温隔热设计、土建与装修一体化、室内二氧化碳监控等绿色技术均具有较好的实用性，适合在我国各地的绿色医院建筑中推广实施。

该项目采用的雨水收集、处理及回用技术，工艺过程简单，出水水质能够满足室外绿化灌溉及其他用水的水质需求，其设计和工程经验可供武进高新区至整个常州市的绿色建筑借鉴和参考，在常州乃至江苏地区具有很好的推广价值。

8.3 综合效果分析

南夏墅街道卫生院项目整体按绿色建筑设计，有效降低建筑能耗，减少建筑对环境的影响，符合我国建筑未来的发展方向。建筑分别从室外绿化系统、透水地面、雨水回用、自然采光与自然通风设计、绿色照明系统、智能化系统等方面进行资源和能源节约，全面系统地运用成熟稳定的绿色技术，体现绿色建筑的经济性和实用性，大大节约能源和资源。

经过综合经济性分析，采用各种绿色技术后，该项目全年的运行费用可减少约 40.55 万元，绿色技术的投资成本可在 5 年内收回，经济效益较好。

南夏墅街道卫生院项目是常州市武进高新区管委会大力支持的绿色三星级项目，体现了政府推广绿色低碳理念和产品的决心，展示了政府领导武进地区实现节能减排的决心，因此该项目同时也具有良好的社会效益。

27　广西临桂县人民医院医技住院综合楼

项目名称： 广西临桂县人民医院医技住院综合楼
项目地址： 广西壮族自治区桂林市临桂县人民路
建筑面积： 32013.05m²
资料提供单位： 中国建筑技术集团有限公司、临桂县人民医院

1. 工程概况

广西临桂县人民医院医技住院综合楼位于桂林市临桂县人民路及会元路交界处，用地范围包括桂林医学院附属医院临桂院区的原有用地及增补用地，整个场地地形比较平坦，南面与城市主要道路人民路相邻，东面为园区的居住区，有一个机动车出入口与南面的人民路连接，交通便捷（图1）。工程规划占地面积2730.84m²，地上主要为病房、手术室、重症监护室等，建筑面积28375.88m²，地下室为车库及设备用房，建筑面积3637.17m²，总建筑面积32013.05m²。该工程总投资8025.50万元，采用框架-剪力墙结构，安全等级为二级，设计使用年限为50年，抗震设防类别为乙类，抗震设防烈度为七度，框架抗震等级为三级。项目立项时间为2010年09月25日，建设周期为2年。

图1　广西临桂县人民医院医技住院综合楼效果图

2. 节地与室外环境

2.1 项目选址、用地指标及公共服务设施

广西临桂县人民医院医技住院综合楼位于桂林市临桂县人民路及会元路交界处，用地范围包括桂林医学院附属医院临桂院区的原有用地及增补用地，南面与城市主要道路人民路相邻，东面为园区的居住区，建设场地内无文物、基本农田及其他保护区，亦无洪涝灾害等危险源。项目场地通过土壤氡检测，区域内实测土壤氡浓度平均值为 $1139Bq/m^3$，最大值为 $1781Bq/m^3$，均小于 $20000Bq/m^3$，符合《民用建筑工程室内环境污染控制规范》GB 50325 中对土壤氡浓度的技术要求。

项目规划用地面积 $6904.25m^2$，建筑面积 $32013.05m^2$，容积率为 1.87，绿地率为 40%，建筑密度为 26.4%。

广西临桂县人民医院医技住院综合楼地处人民路 212 号，地理位置优越，交通便捷，项目周边主要公共服务设施有：临桂县幼儿园、临桂县社会主义学校、天之骄子幼儿园、临桂县动物卫生监督所、好又好超市、二塘市场等。

2.2 室外环境

2.2.1 声环境

项目评价区位于人民路西北侧，来往车辆和行人为主要噪声源，加上医院来往的车辆和看病人员的噪声，对周边环境的影响稍大。但是据 2008 年度桂林市环境质量概要，临桂县城各功能区监测结果均低于国家标准，该项目位于桂林市临桂县，项目所在地的声环境质量没有超标，符合《声环境质量标准》GB 3096 中的 2 类标准：白天不大于 60dB（A），夜间不大于 50dB（A）。

2.2.2 光环境

项目建筑幕墙采用反射比小于 0.16 的全隐框（钢塑复合骨架隔热型）双钢化低辐射中空玻璃，满足《玻璃幕墙光学性能标准》GB/T 18091 的要求。建筑幕墙配置 8mm 厚 Low-E＋9A＋8 双钢化低辐射中空玻璃，满足《建筑玻璃应用技术规程》JGJ 113、《钢化玻璃》GB 15763.2、《玻璃幕墙光学性能标准》GB/T 18091 的相关标准，且能够进一步降低光线透过率，减小遮阳系数与传热系数，不仅利于节能、消除光污染，也增加了玻璃幕墙强度和隔热效果。

该项目采用 Sunlight 软件，综合运用多种日照分析手段，经评定，建筑主要朝向日照小时数均能满足冬至日日照大于 3h 的要求。另外，通过模拟分析得出，处于本项目北面的 7 栋居住建筑，在本楼建前与建后大寒日有效日照小时数均能满足规范要求，即本楼的建设未对周边居住建筑造成日照影响。该项目平面等时线分析结果如图 2 所示。

2.2.3 热环境

项目合理设置了屋顶绿化、垂直绿化、透水地面铺装等，有效缓解了项目城市热岛效应。

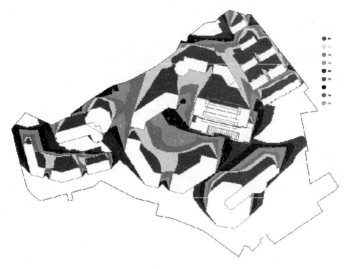

图 2　项目平面等时线分析结果

2.2.4　风环境

采用 Fluent 软件按夏季、冬季、过渡季平均风速三个工况对建筑周边的人行区风环境舒适性、自然通风可行性进行了分析，其主要结果如下：

夏季主导风向下，室外风速小于 2.6m/s，周边最大风速放大系数最大为 1.3。部分建筑背风面有旋涡产生，但是风速均在 0.7m/s 左右，因此不会成为滞留区，不会影响项目周边的环境质量。

冬季主导风向下，人行区域 1.5m 高处风速均小于 5m/s，不存在冬季风速较大的区域，建筑背风面形成的旋涡区，风速在 0.7m/s 左右，无滞留区形成；且人员行走区域的风速过渡平缓，因此可保证冬季室外人员行走的舒适性；周边最大风速放大系数为 1.45，符合建筑室外风环境指标要求。

过渡季主导风向下，人行区域 1.5m 高处风速均小于 4.5m/s，周边最大风速放大系数最大为 1.5。建筑背风面有旋涡产生，但是风速均在 0.6m/s 左右，因此不会成为滞留区，不会影响项目周边的环境质量。此外，建筑迎风面与背风面均有一定的压差，有利于过渡季节开窗进行自然通风（图 3）。

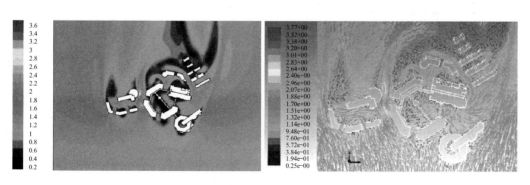

图 3　夏季通风模拟分析结果

2.3 出入口与公共交通

项目周边 500m 范围内有临桂县医院、医学院附属医院（分院）、人民路市场、会元路等 4 个公交站点，距项目主要出入口的步行距离分别为 169m、51m、271m、417m，公交线路主要为 86 路和 89 路，交通十分方便（图 4）。

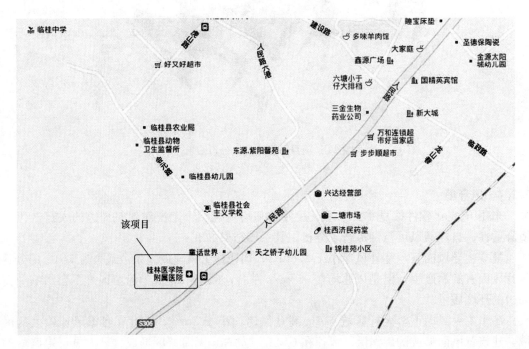

图 4　项目所在地交通图

2.4 景观绿化

该项目屋顶可绿化面积为 1146.29m²，屋顶绿化面积为 793.98m²，屋顶绿化面积占屋顶可绿化面积比例为 69.93%。四层、五层设置屋顶花园，主要种植佛甲草，其具有良好的抗旱性、降温和节水效果（图 5）。在已做防水的楼层顶板上，铺设阻根层、蓄排水板、土工布以及 50~100mm 厚的种植介质后，种植佛甲草。在建筑的侧立面，采用垂直绿化方式，主要种植的植物有常春藤、霹雳、爬山虎等攀爬植物，在不影响美观的同时，还能够有效降低热岛效应。

种植的绿化植物有：乔灌木——大叶榕、枫香、银杏、桂花、日本晚樱、大叶紫薇、木槿、小叶紫薇、紫荆、棕竹、孝顺竹、海桐球、凤尾兰等；地被——大叶黄杨、红花继木、小叶女贞、九里香、金丝桃、杜鹃、花石榴、栀子、鸭脚木、春羽、南天竹、美人蕉（红黄）、迎春、紫花满天星、萱草、紫竹梅、麦冬、佛甲草等。

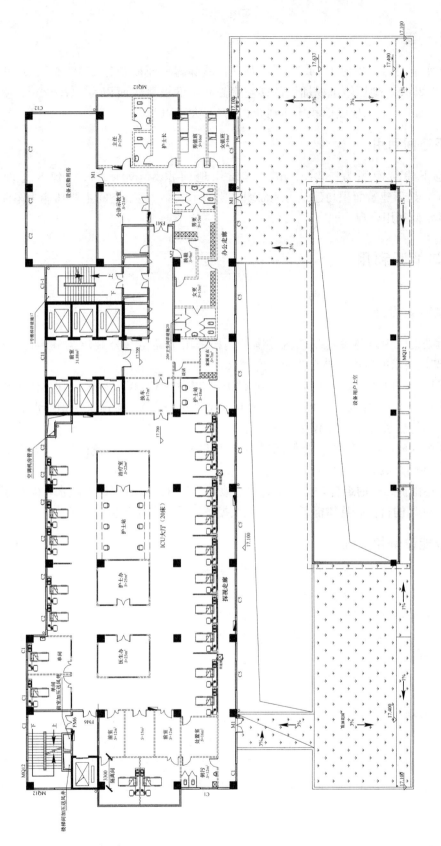

图5　五层屋顶绿化平面图

2.5 透水地面

室外透水地面的面积为 1544.39m²，其中自然裸露地面面积为 216.52m²，绿化地面面积为 1010.25m²，地面停车场铺设的镂空率≥40%的植草砖面积为 317.62m²，室外地面面积为 2355m²，透水地面面积比达到 65.56%，大于 40%。

2.6 地下空间利用

项目地下建筑面积为 3637.17m²，建筑用地面积为 6904.25m²，建筑总面积为 32013.05m²，地下建筑面积与建筑占地面积之比为 133%。地下空间主要功能为车库及设备用房，其空间利用合理。

3. 节能与能源利用

3.1 建筑节能设计

项目所处地区为夏热冬冷气候区，围护结构采用了满足《公共建筑节能设计标准》GB 50189 节能要求的做法，满足节能标准要求。

外墙采用 200 厚加气混凝土砌块（B05 级）＋20 厚 EVB 保温砂浆，其主体传热系数为 $0.67W/(m^2 \cdot K)$，加权平均传热系数为 $0.86W/(m^2 \cdot K)$。屋顶采用钢筋混凝土加挤塑聚苯板，其传热系数为 $0.70W/(m^2 \cdot K)$。

对于外窗部分，均采用铝合金低辐射中空玻璃窗（6＋12A＋6 遮阳型），自身遮阳系数为 0.64，传热系数为 $3.4W/(m^2 \cdot K)$。

通过上述围护结构的组合，并采用高效的地源热泵机组提供空调冷热水，实现了项目建筑节能率 60% 的目标。具体能耗模拟模型及模拟结果如图 6 和表 1 所示。

3.2 高效能设备和系统

该项目利用土壤及开式冷却塔作为室外冷热源，采用两台热泵机组和一台冷水机组共同为大楼提供冷热量，采用一台双机头高温热泵热水机组为大楼提供 24h 不间断生活热水。单台地源热泵机组的制冷量为 797.3kW，功率为 131kW，螺杆式地源热泵机组制冷性能系数为 6.09。冷水机组制冷量为 1328kW，功率为 284kW，螺杆式冷水机组制冷性能系数为 4.68，其制冷性能系数均符合《公共建筑节能设计标准》GB 50189 的规定。

3.3 节能高效照明

广西临桂县人民医院医技住院综合楼病房内设一般照明、床头照明，夜间照明由病房医用组合终端提供，公共走廊采用嵌入式高效格栅灯，楼梯间采用吸顶灯，大厅、公共走廊及出口处均增设应急照明灯及疏散标志灯，便于火灾时疏散之用。

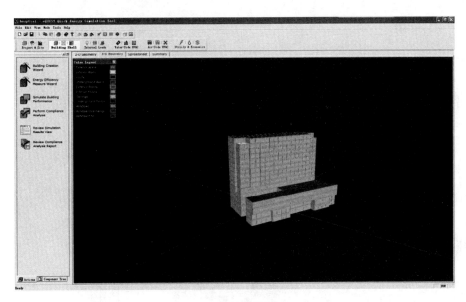

图 6　能耗模拟模型

能耗模拟结果　　　　　　　　　　　　　　　　　　　　　　　　　　　　　表 1

耗电量种类	设计建筑耗电量 （kWh×1000）	参考建筑耗电量 （kWh×1000）	设计建筑能耗占 参考建筑能耗比例	节能率
空调	1128.30	1500.21		
供暖	295.45	375.05		
设备	611.27	818.30	—	—
照明	333.65	477.34		
其他	178.28	238.67		
总计	2546.95	3409.57	74.7%	62.70%

　　所有照明灯具均采用高效节能型灯具，配电子镇流器（要求功率因数 0.92 以上）。走廊等公共照明采用分组分区控制，病房床头灯采用节能调光开关控制。选用高效低损耗干式变压器等节能电力设备，电梯、水泵等各用电设备采用变频节能控制。

3.4　可再生能源利用

　　广西临桂县人民医院医技住院综合楼利用土壤及开式冷却塔作为室外冷热源，采用两台热泵机组和一台冷水机组共同为大楼提供冷热量，采用一台双机头高温热泵机组为大楼提供 24h 不间断生活热水，有效的利用可再生能源，且利用可再生能源提供全部生活热水（图 7）。

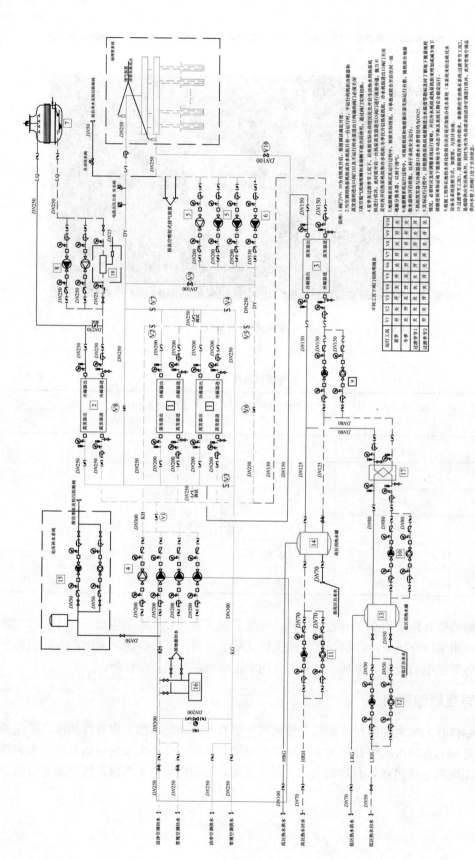

图7 地源热泵系统图

4. 节水与水资源利用

4.1 水系统规划设计

结合项目实际情况，根据《民用建筑节水设计标准》GB 50555 的要求对建筑用水量进行计算，并编制水量平衡表。

项目非传统水源为雨水，收集的雨水经处理后用于室外绿化灌溉、广场道路浇洒等，非传统水源的利用率为 0.5%。

为避免对周围环境产生影响，雨水回用供水管道上不得装设取水龙头，设取水口时，应设锁具或专门开锁工具，水池、阀门、水表、给水栓、取水口均要有明显的"雨水"标识。

4.2 节水措施

项目生活给水采用分区供水，一至五层由院区管网直供，下行上给；六至十五层由设于地下室的无负压变频供水设备供水，上行下给，六至九层支管设减压阀减压，阀后压力为 0.2MPa。

该项目室外排水采用雨污分流，污废水经化粪池预处理后直接排入院区污水管网，污废水经处理后满足《医院污水排放标准》GBJ 48。

项目生活给水管采用内衬塑热镀锌钢管和 PP-R 管，消防给水管采用热镀锌钢管，管材具有良好的水力条件，减少水力损失，不会对供水造成二次污染，与阀门、柔性接头、流量计等连接时采用法兰连接。所有阀门均采用高性能、零渗漏阀门。系统中选用的阀门、管材、管件等的工作压力均应满足相应系统所需工作压力要求。

该项目选用的节水器具主要有陶瓷阀芯的节水龙头、感应节水型坐便器、感应洗手器，有效地节约了水资源。

4.3 非传统水源利用

广西临桂县人民医院医技住院综合楼屋面雨水经屋面雨水收集后由室外专门雨水收集管网收集（初期雨水经弃流），进入聚丙烯组合式储水模块蓄水池，蓄水池兼有雨水处理功能，经处理的雨水水质符合绿化用水水质标准后，用于绿地灌溉和室外道路浇洒，非传统水源的利用率为 0.5%（图 8）。

4.4 绿化节水灌溉

该项目绿化灌溉采用微喷灌、滴灌等高效节水灌溉技术，水源为收集处理后达标的雨水。

4.5 雨水回渗与集蓄利用

在合理规划公共绿地的同时，为增加雨水渗透量，非机动车道路和其他硬质铺地采用透水地面或多孔材质，地面停车场铺设镂空率大于 40% 的植草砖等，增加雨水渗透量，保证地下水涵养。

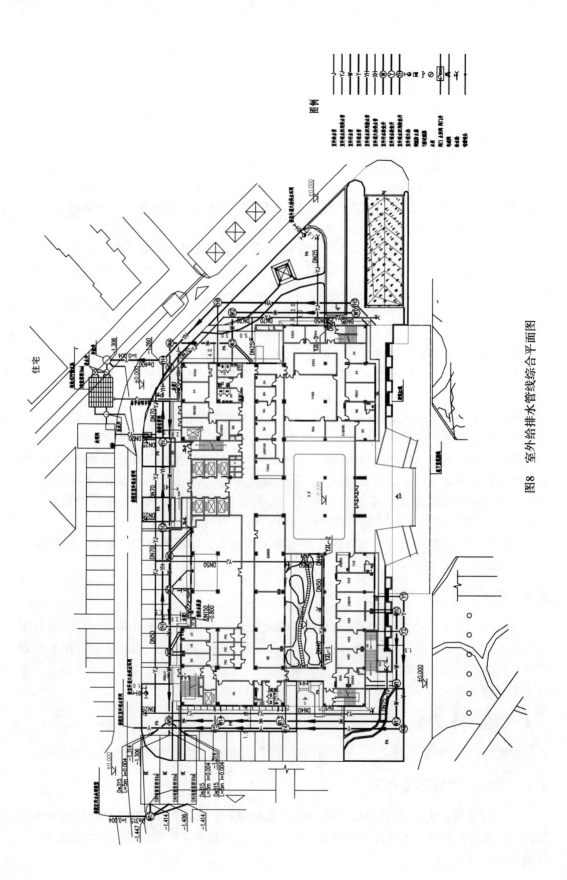

图8 室外给排水管线综合平面图

252

屋面雨水经收集后排入专门的雨水收集管网收集（初期雨水经弃流），进入聚丙烯组合式储水模块蓄水池，蓄水池兼有雨水处理功能，经处理的雨水水质符合绿化用水水质标准后，回用于绿地灌溉和室外道路浇洒。

5. 节材与材料资源利用

5.1 建筑结构体系节材设计

采用框剪结构，安全等级为二级，设计使用年限为 50 年，抗震设防类别为乙类，抗震设防烈度为七度。建筑造型上采用了少量的装饰性构件，构件造价为 41.03 万元，工程总造价为 8360 万元，其造价占建筑工程总造价的比例小于 5‰。女儿墙高度为 1.6m，不超过规范要求的 2 倍。

5.2 预拌混凝土使用

现浇混凝土全部采用预拌混凝土，由桂林市佳源混凝土有限责任公司提供，这样能减少施工现场噪声和粉尘污染，并能节约能源、资源，减少材料损耗。

5.3 高性能混凝土使用

该项目结构体系为框剪结构，HRB400 及以上的钢筋作为主筋的用量为 979.18t，主筋总用量为 1300.88t，HRB400 及以上钢筋作为主筋的比例为 75.27%，大于 70%；混凝土承重结构中 C50 及以上的混凝土用量为 1261.61m³，承重结构混凝土总量为 11900.86m³，C50 及以上混凝土用量比例为 10.60%，小于 70%。

5.4 可循环材料和可再生利用材料的使用

选用可再循环建筑材料和含有可再循环材料的建材制品，如钢材、玻璃、铜、铝合金、木材、石膏制品等，并注意其安全性和环境污染问题。该项目建筑材料总重量为 105437.4t，其中可再循环材料总重量为 15633.85t，可再循环材料的使用比例为 14.83%，大于 10%。

5.5 土建装修一体化设计施工

广西临桂县人民医院医技住院综合楼土建和装修统一设计，结构施工与装修工程一次施工到位，避免了重复装修与材料浪费。

6. 室内环境质量

6.1 日照、采光、通风

采用 Sunlight 软件，综合运用多种日照分析手段，经评定，该项目建筑主要朝向日照小时数均能达到冬至日日照大于 3h 的要求。另外，通过模拟分析得出，处于本项目北面的 7 栋居住建筑，在本楼建前与建后大寒日有效日照小时数均能满足规范要求，即本楼的建设未对周边居住建筑造成日照影响。

外窗可开启面积比例为 36.89％，大于 30％，幕墙的可开启面积比设计值为 14.38％。通过计算机软件对该项目自然通风进行模拟分析，结果表明各楼层室内通风效果较好，建筑布局及户型设计均有利于加强夏季自然通风效果（图 9）。

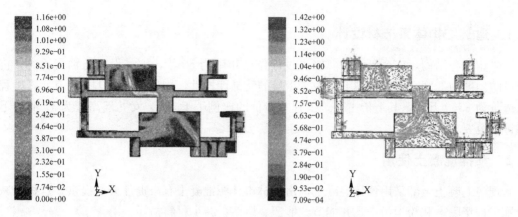

图 9　室内自然通风模拟结果

6.2　围护结构防结露、防潮设计

该项目处于夏热冬冷气候区，按照《公共建筑节能标准》或热工图集进行外墙、屋顶、楼板的节点设计，外墙及热桥部位均设置无机保温砂浆，屋面阳角及墙体泛水附加层在转折处均有防水涂膜，内增加一层无纺布。经计算，冬季病房等主要功能空间、卫生间的热桥部位内表面温度分别为 17.6℃ 和 15.65℃，外窗内表面温度分别为 11.48℃ 和 10.30℃，屋面内表面温度分别为 17.51℃ 和 15.57℃，均大于其各自露点温度 10.2℃ 和 8.2℃，可避免内表面结露。

6.3　室温控制

该项目空调末端采用风机盘管＋新风系统，用户可实现独立开启并进行温度调控。

6.4　降噪措施

该项目噪声主要来自新风机房、地源热泵机房、水泵房、发电机房、室内机电设备等，为降低噪声，将有噪声的机房（地源热泵机房、水泵房、发电机房、通风机房等）布置在地下室，远离病房和办公区，减少设备运行对办公及病人修养的影响。

空气处理机组、通风机等采用减振基础或减振吊架安装，直接与运转设备连接的管道采用减振吊架安装。各类空调机房、水泵房、制冷机房等需做建筑吸声、消声、隔声处理，以降低设备运转噪声对建筑使用功能的影响。室内空调设备采用低噪声节能产品，所有风机盘管出风段均采用软连接，降低噪声。空调送回管设置消声装置，满足室内环境对噪声的要求。外窗采用中空玻璃窗，增加窗户气密性，降低噪声。

7. 运营管理

7.1 智能化系统的应用

该项目智能化系统主要包含综合布线系统、有线电视系统、闭路监视系统、护理呼叫系统、背景音乐系统、火灾自动报警联动控制系统、防雷接地系统、宽带数据系统等，智能化系统符合《智能建筑设计标准》GB/T 50314 和《智能建筑工程质量验收规范》GB 50339 的设计要求。

7.2 建筑设备及系统的高效运营

该项目设有地源热泵机房监控系统，其主要功能包括监测水泵、机组的启停状态，故障时报警；监测地源换热器供回水温度，自动计算分集水器供回水温差及供回水温度的变化；监测空调供回水温度及流量、冷却塔供回水温度及流量以及高低区热水供回水温度；监测空调供回水压差，根据压差值自动调节压差调节阀，使供回水压差保持在设定值。

新风、空调机组的监控主要实现以下功能：过滤器阻塞报警；冬（夏）季根据送风温度调节冷（热）水盘管回水管路上的电动调节阀，使室温达到要求；表冷器防冻保护；当盘管处温度低于 5℃时，关闭新风电动调节阀、送风机，开启盘管回水管路上的电动调节阀；新风阀与送风机联锁，送风机开启，新风阀开启，送风机关闭，新风阀关闭等。

采用智能照明控制系统，对走廊等公共照明实行自动控制与集中管理，并根据环境特点，采用分组分区控制，电梯、水泵等各用电设备采用变频节能控制。

8. 项目创新点、推广价值及效益分析

8.1 创新点

该项目利用土壤及开式冷却塔作为室外冷热源，采用两台热泵机组和一台冷水机组共同为大楼提供冷热量，采用一台双机头高温热泵机组为大楼提供 24h 不间断生活热水，利用可再生能源提供全部生活热水，合理有效地利用了可再生能源。

8.2 推广价值

广西临桂县人民医院医技住院综合楼在设计过程中采用最切合实际的绿色建筑设计方案，运用较为成熟的绿色技术，而非新材料、新技术不合理的堆砌，可有效减少建筑对环境的影响，符合我国节能建筑政策。同时，采用地源热泵系统、自然通风等建筑节能技术、节水喷灌等节水技术、绿色照明系统等，大大节约能源和资源，使该项目成为名副其实的绿色医院。项目在满足医疗功能需求的同时，妥善、有机地协调好医院与环境的融合，在切实保护医院接触人员的健康、保护周围社区的健康、保护全球环境和自然资源的

同时，使项目真正成为一个可借鉴、可应用、可复制的绿色医院建筑，具有很高的推广价值。

8.3 综合效果分析

该项目在保证建筑室内舒适、健康的基础上，通过系统合理的构建及相关技术的集成，可以较大程度地提高系统的能源利用效率。地源热泵系统在该项目中所产生的环境效益非常明显，对于环境保护，具有重要的现实意义。

28 浙江大学医学院附属妇产医院科教综合楼

项目名称：浙江大学医学院附属妇产医院科教综合楼
项目地址：浙江省杭州市学士路
建筑面积：38685m²
资料提供单位：中国建筑科学研究院、浙江大学医学院附属妇产医院

1. 工程概况

浙江大学医学院附属妇产科医院科教综合楼位于医院北侧，是医院总体规划中的第三期建筑，主要为科研用房及部分门诊、住院用房，设计病床数 329 张。受西湖景观限制，建筑高度控制在 46m 以内。工程总用地面积 5384m²，总建筑面积 38685m²，其中地下 11640m²，建筑基底面积 2661m²。科教综合楼地下 3 层，地上 12 层，建筑高度 45.5m，建筑结构形式为框剪结构，项目总投资 17000 万元，建设周期为 3 年（图 1）。

图 1 浙江大学医学院附属妇产医院科教综合楼效果图

浙江省杭州市浙江大学医学院附属妇产科医院科教综合楼在设计之初确定以绿色建筑二星级为目标，从节地、节能、节水、室内环境舒适、节材、运营等六大方面全方位进行设计，打造浙江省首个绿色星级生态医院。它以独特的"绿色医院"理念和领先的"节能健康"理念作为建筑设计标准，实现高效节能的绿色医院建筑。

2. 节地与室外环境

2.1 项目选址、用地指标及公共服务设施

妇产科医院科教综合楼处于城市核心商业区，西邻浣纱路，东临岳王路，北对庆春

路，南侧通过连廊和原有病房楼相接。

2.2　室外环境

该项目东面隔岳王路为娃哈哈大酒店，南面为本单位病房大楼，西面隔浣纱路为向阳新村现状住宅，北面为岳王公园。分析该项目对周边居住建筑的日照影响，根据日照分析报告结论，向阳新村大部分居室大寒日有效日照时间在该项目建设后满足 2h，所以该项目对周边居住建筑无日照影响。

通过计算机软件模拟，优化建筑形体，使项目各建筑布局合理，项目室外风环境能够满足人行主要区域风速小于 5m/s 的要求，风速放大系数小于 2。

玻璃幕墙采用断热铝合金 Low-E 玻璃，反射比不大于 0.16，满足《玻璃幕墙光学性能标准》GB/T 18091 反射比不大于 0.30 的要求；景观照明无直射入空中，对周边项目无光污染干扰。

根据环评报告，2006 年 4 月 24 日 10：00～11：00 及 5 月 8 日、5 月 20 日对项目及边界噪声的监测结果可知，项目西侧场界外的测点能达《声环境质量标准》GB 3096 中的 4 类标准，但受浣纱路交通噪声的影响，西侧区域内的测点略有超标，其他测点昼间均能达《声环境质量标准》GB 3096 中的 2 类标准，项目东 2 测点昼夜环境均能达标。

2.3　出入口与公共交通

项目从整体上合理地规划交通组织，采用人车分流设计，机动车自西侧坡道进入地下车库，自东侧坡道出去，与人流互不交错。项目周边 500m 范围内有 68 路、111 路、251 路、270 路、49 路、591 路、8 路、801 路、92 路、208 路公交车。

2.4　景观绿化

为了最大限度地节地，第五层、第六层及顶层分别设有屋顶花园，绿化面积总计1091.8m²，占屋顶可绿化面积的 43.7%。绿化采用半集中型，五、六层屋顶面积较小，其中五层屋顶宽度仅 4m 多，故布置低矮小型植株，如：苏铁、红枫、美人蕉等。屋顶布置有冷却塔等设备，绿化空间不大，所以采用错落布置方形树池的绿化形式。该项目为医院建筑，绿化面积小，主要为植物造景，投资较少，为病人提供了更为接近自然生态的医疗环境，增强了人们的"亲地感"和"舒适感"，不仅美化了医院环境，还起到隔声和调节微气候的作用。此外，绿化物种采用乡土植物，不但体现城市特色，形成地域景观，而且乡土植物具有很强的适应能力，栽培成活率高，可以减少病虫害和日常维护费用。场地内的绿化空间，绿化率达 30% 以上。

2.5　透水地面

项目车行道、人行道均采用透水地面，不仅可减少地面气温升高和气候干燥状况，而且能改善生态环境，强化天然降水的地下渗透能力，补充地下水，减少因地下水位下降而造成的地面下陷。项目的绿地率为 30.3%，折合为绿化面积 1620m²，室外地面面积为2723m²，则透水地面的面积占室外地面总面积的比例为 59.5%。

2.6 地下空间利用

该项目合理利用了地下空间，地下建筑面积为 11640m²，建筑占地面积 5384m²，地下建筑面积与建筑占地面积之比为 216.20%，其中地下停车位 209 个，可以满足医院日常停车需求，既提高建筑用地的利用率，又为就医人员提供一个安全宽敞的室外空间，为车辆通行提供了通畅快速的行车空间；除了地下车库之外，地下室还设有水泵房、配电房、排烟机房等空间，将产生噪声或者污染物的空间统一安排在地下室，可有效提高病房及就医房间的室内环境质量。

3. 节能与能源利用

3.1 建筑节能设计

项目采用围护结构保温隔热体系、固定遮阳＋活动外遮阳体系、太阳能光伏和太阳能热水系统、照明自动控制系统、地下车库光导照明、实时监测系统等新技术，实现建筑节能 60% 以上。

项目外墙采用煤矸石烧结多孔砖砌筑，外墙外保温选用 40mm 聚氨酯现喷。为达到国家规定的防火要求，在所规定的相应位置设置了防火隔离带，并在保温材料面层采用不燃材料作防护层，将保温材料完全覆盖。屋面保温材料采用保温隔热性能都比较好的挤塑聚苯板，并采用倒置式屋面做法，大大提高了防水层的使用年限。透明部分采用的玻璃幕墙，各外窗均采用 Low-E 中空玻璃，部分幕墙位置设置活动遮阳，能与固定式外遮阳结合，有效地阻挡了太阳的热辐射。外窗采用的窗框为隔热铝合金多腔密封窗框，隔热金属型材窗框 $K \leqslant 5.8 W/(m^2 \cdot K)$，框面积 $\leqslant 20\%$，保证了外围护结构的气密性，减少了空气渗透作用。

3.2 高性能设备和系统

该项目二层、四层和五～十一层外区门诊用房采用风机盘管加新风系统，内区新风系统独立设置，新风机采用全热交换机冷热水系统新风机。十二层大餐厅、中餐厅采用变频空调室内机加新风系统，新风通过全热交换型水系统新风机（不带旁通）与室内排风交换后送入室内。同时，项目所使用的电梯为节能电梯。

3.3 节能高效照明

该项目的气体放电灯均要求采用高效低谐波的电子镇流器，功率因数不小于 0.90；所有采用直管荧光灯管选用节能型三基色 T8 灯管（36W 管光通量＞3200lm，30W 管光通量＞2500lm，18W 管光通量＞1300lm）。有装修要求值的场所视装修要求商定，一般场所为荧光灯。光源显色数 $Ra > 80$（手术室 $Ra > 90$），色温一般应在 3300～5300K 之间（病房、餐厅＜3300K）。

地下车库、大厅、标准层护理单元、走廊照明、电梯厅出入口或护士站采用集中分组间隔控制；楼梯间照明采用红外移动探测及声光控开关的节能自熄开关控制；一～四层的公共走廊在电梯厅出入口或楼梯口设开关集中分组控制；除地下层、设备层及机房层以外的火灾事故照明采用分区集中 EPS 应急电源装置供电，平时兼用，对公共场所及走廊，如在夜间仅开启部分或全部事故照明为满足安防所需即可。

3.4 能量回收系统

病房楼卫生间及手术室洗手设置热水供水系统。室内热水采用集中热水供应系统，热交换器为蒸汽间接加热的制热方式，热水出水温度为 55℃。热水共设两个区，五～十二层为上区，三、四层的手术区为下区，均采用上行下给式供给方式。上区热交换器选用两台半即热式浮动盘管热交换器，设于屋顶水箱间；下区热交换器选用两台快速热交换器，设在四层裙房屋面上。冷水在热交换器中加热后，经室内热水管网输送到大楼室内各用水点，蒸汽来自锅炉，热水管网采用机械循环供水方式。所有冷水进热交换器均设置电子除垢仪，型号为 TL-2.5，以保证热水循环水质及保护热交换器。大楼热水日用量为 80t，最高日最大时用水量为 14t。总耗热量为 2.9×10^6 kJ/h，热媒蒸汽耗量为 1.58t/h。选用 5 台 750kW 风冷热泵机组，其中 4 台为部分热回收机组，带热回收型的风冷热泵机组置于机房层屋面，每台机组热回收量不少于 150kW，回收产生的热量经水-水热交换后供大楼卫生热水使用，夏季可制热水 11.5t/h。要求机组空调供/回水温度，夏季 7℃/12℃、冬季 45℃/40℃，热回收机组卫生热水供/回水温度 55℃/50℃。有别于普通风冷热泵，部分热回收机组可在夏季制冷时把机组的冷凝温度进行回收利用，同时又减少了采用蒸汽锅炉提供热水所造成的热能的消耗，巧妙地将这部分热能加以利用，实现了低投入高回报的经济效益。

排风热回收系统的应用可显著降低新风负荷。(1) 二层外区门诊用房采用风机盘管加新风系统，内区新风系统独立设置，新风机采用全热交换型水系统新风机（不带旁通），空调季节新风经全热交换及冷热处理至室内等焓点后送入室内。(2) 四层内区等候用房采用风机盘管加新风系统，内区新风系统独立设置，新风机采用全热交换型水系统新风机（不带旁通），新风处理方法与三层内区等候用房相同。(3) 五～十一层外区病房采用风机盘管加新风系统，内区办公、护士办公等用房采用风机盘管加新风系统，内区新风系统独立设置，新风机采用全热交换型水系统新风机（不带旁通），新风处理方法与三层内区等候用房相同。(4) 十二层大餐厅、中餐厅采用变频空调（VRV）室内机加新风系统，新风通过全热交换型水系统新风机（不带旁通）与室内排风交换后送入室内。

3.5 可再生能源利用

屋顶设置太阳能光伏电源装置，容量为 63.75kW，作为地下车库的平时照明之用。楼顶太阳能电池方阵由 8 块串联成一个串联方阵，共计 25 个串联方阵，分别并入 3 个汇流箱，之后分别接入 1 台直流接线柜，最后接入 1 台 30kW 并网逆变器。椭圆形墙面幕墙太阳能电池方阵由 3 块串联成一个串联方阵，共计 83 个串联方阵，分别并入 7 个汇流箱，之后分别接入 1 台直流接线柜，最后接入 1 台 30kW 并网逆变器。理论计算太阳能光伏全年发电量为 65750.1kWh，每年可节约标准煤约 21961kg，二氧化碳减排量约 54.24t，二氧化硫减排量约 0.44t，粉尘减排量约 0.22t。该建筑全年总用电量为 3123816kWh，可再生能源发电量占建筑总用电量的 2.1%。

4. 节水与水资源利用

4.1 节水规划设计

根据 30 年气象数据统计，杭州年平均降雨量 1200～1600mm，年总降雨日 140～170d，整个建筑群体汇水面积较大，建筑整体雨水径流量丰富，项目采用雨水回用系统。所有部位均采用节水器具。

4.2 节水措施

该项目采用节水坐便器、龙头及节水喷灌等多种节水技术，节水率达到 27%。

4.3 非传统水源利用

采用雨水回用系统，雨水汇集分别来自于本建筑的科教综合楼的屋顶雨水、5 楼裙房屋面雨水和 200m² 的地面行车道雨水，雨水污染程度较少，处理后用于水景补水、绿化浇灌和道路冲洗，富余雨水用于全院其他区域绿化用水和道路冲洗用水，采用雨水收集利用系统后，年节约新鲜自来水 4456.8m³。非传统水源利用率达到 43.0%。

4.4 绿化节水灌溉

绿化灌溉采用微灌、喷灌，喷头节水性能良好。

4.5 雨水回渗与集蓄利用

浙江大学医学院附属妇产科医院科教综合楼通过结合杭州市年平均降雨量 1200～1600mm 的地理特点，通过渗水地面、地下蓄水库等方式收集雨水，经过初期弃流、沉淀等处理后，用于景观补水、绿化浇灌和道路冲洗。

5. 节材与材料资源利用

5.1 建筑结构体系节材设计

该项目建筑风格简洁，充分考虑了减量化设计，节约使用材料。建筑北面采用玻璃幕墙结构，其余各面均设计简约，并配有固定外遮阳及活动式外遮阳，建筑外墙及屋顶都没有无功能作用的装饰构件。

5.2 可循环材料和可再生利用材料的使用

采用绿色施工技术，使用本地化建材，减少运输过程的资源、能源消耗，降低环境污染。在建筑设计选材时考虑材料的可循环使用性能，在保证安全和不污染环境的情况下，建筑设计选材时可再循环材料使用重量为 6156t，占所有建筑材料总重量的比例为 10.38%。

5.3 土建装修一体化设计施工

该项目采用土建和装修统一设计，结构施工与装修工程一次施工到位，避免了重复装修与材料浪费。

6. 室内环境质量

6.1 日照、采光、通风

日照、采光：该项目建筑为医院建筑，各类功能房间复杂、种类多，一层核磁共振机房、药库等；三层NICU监护大厅、分娩室、冰冻室等；四层胚胎培养室手术室等功能房间因其功能特殊性，对自然采光无特别要求。对于占本综合楼绝大多数的主要功能空间：病房、诊室，自然采光有利于病人的治疗和康复，有必要进行自然采光。通过二层、四层、五～十一层的病房、诊室，采光系数进行模拟，结果见图2，分析统计得出整楼76.6%以上的主要功能空间采光系数达到《建筑采光设计标准》GB 50033规定（诊室最小采光系数要求为2.2%，病房最小采光系数要求为1.1%），自然采光较好。

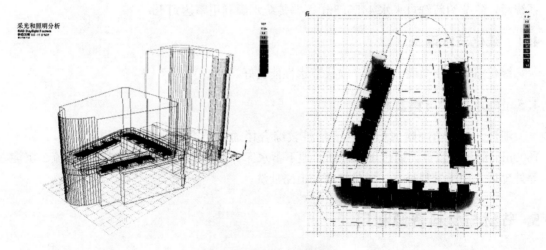

图2 项目采光模拟效果图

6.2 围护结构防结露、防潮设计

项目外墙采用煤矸石烧结多孔砖砌筑，外墙外保温选用的保温材料是40mm聚氨酯现喷。为达到国家规定的防火要求，在规定相应位置设置防火隔离带，并在保温材料面层采用不燃材料作防护层，防护层将保温材料完全覆盖，屋面保温材料采用保温隔热性能都比较好挤塑聚苯板，并用倒置式屋面做法，大大提高了防水层的使用年限，传热系数 K 和热惰性指标 D 满足标准要求。

6.3 室温控制

二层外区门诊用房、五～十一层外区病房、内区办公、护士办公等用房采用风机盘管加新风系统，用户可实现独立开启并进行温度调控。

6.4　降噪措施

将产生噪声或者污染物的空间如水泵房、配电房、排烟机房等统一安排在地下室，可有效提高病房及就医房间的室内环境质量。

6.5　室内空气质量监控系统

在人数较多的会议室、餐厅等地设 CO_2 浓度探头，探头安装于室内 1.5m 高度外，能根据 CO_2 的浓度调整新风量，具有报警提示功能。报警装置与各层新风机组（排风机）、全热交换器联锁控制，当二氧化碳浓度超出限值时，对应位置的新风机、排风机、全热交换机组同时开启运行，满足房间的舒适度要求。

6.6　可调节外遮阳

结合建筑本身的功能特点，选用固定遮阳＋活动外遮阳体系。黄色病房区域沿窗安排了卫生间，病房的实际采光面较小，房间进深比较大，加大了热辐射向房间内的递减。所以，固定式遮阳百叶可以使得病房空间节能效率大大提高，并且更为经济。主楼东西两向设置遮阳百叶，在立面幕墙形式中形成特殊的横向排列。通过预制混凝土单元有效解决建筑遮阳构件的搭接，更安全、更节能；红色门诊区域有多个大型的候诊开放空间，人员的流动量大，人员也相对比较集中，沿窗的一侧没有任何遮挡，整个受光面大，尤其西晒对室内热环境的影响较大，故采用活动外遮阳，根据具体的节能效率进行自动遮阳，活动的百叶可以在夏季提供 90°的全面遮挡，并且镂空的单元百叶可以满足室内对于采光的要求。下午百叶会随着时间和日光强度的变化自动进行方位调节，减少夏季室内太阳辐射得热，大幅降低空调运行能耗，达到明显的节能效果。蓝色等候区：北面建筑顶部设置高清显示屏，给整个建筑带来精彩的视觉冲击。也代表了新时代建筑追求科技数字化和多维度的一种变化。同时，由于北面没有直接的日照，故可以不做遮阳措施。

7.　运营管理

7.1　智能化系统的应用

该项目设计了以下节能高效的建筑智能化系统：综合布线系统，包括语音信号、数字信号的配线；通信系统，提供先进的通信手段及各种先进的通信业务和多媒体信息服务；室内移动通信信号覆盖系统；计算机网络系统；安全防范系统：视频监控系统、入侵报警系统、电子巡更系统、出入口管理系统；停车场管理系统；背景广播系统；有线电视系统；公共显示系统；排队叫号系统；医用呼叫对讲系统；建筑设备管理系统；能源计量系统；机房工程综合管路系统。

7.2　建筑设备及系统的高效运营

项目建筑通风、空调、照明等设备自动监控系统技术合理，系统高效运营。楼宇自动化控制系统对整个大楼内的机电设备进行监控管理，该系统一方面为大楼提供健康、舒适、洁净的空气环境，另一方面监控和保障各种设备的正常运行。楼宇自控系统包含的内容有：空调机组系统、热泵机组（冷热媒）系统、VRV空调系统、水系统、电能量计量系统（每层分回路计量），照明分层控制并有状态显示。温湿度（焓值）变送器、二氧化碳及混合空气传感器吸顶安装。新风温度传感器挂墙安装距地或楼板2m；其余水阀、温度、压力等安装在管道上的仪表根据现场定位。

8. 项目创新点、推广价值及效益分析

8.1 创新点

该项目在主楼东西两向设置遮阳百叶，在立面幕墙形式中形成特殊的横向排列。通过预制混凝土单元有效解决建筑遮阳构件的搭接，使其更安全、更节能。门诊楼采用活动外遮阳，可根据节能效率自动遮阳，活动的百叶可以在夏季提供 90° 的全面遮挡，镂空的单元百叶可满足室内采光的要求。百叶会随着时间和日光强度的变化自动进行方位调节，减少夏季室内太阳辐射得热，大幅降低空调运行能耗，达到明显的节能效果。

8.2 推广价值

项目从节地、节能、节水、节材、室内环境、运营管理等六方面采用了 20 余项新技术，在节能方面更是表现突出，采用了围护结构节能设计、活动外遮阳、太阳能光伏、节能照明、节能电梯、中央空调排风热回收、集中供热废热利用、日光照明、高效空调设备、空气质量检测系统等技术，该项目为浙江省首个绿色星级生态医院建筑，对今后绿色医院建筑的设计具有一定的借鉴意义。

8.3 综合效果分析

该项目绿地率为 30.3%，透水地面的面积占室外总面积的 59.5%，可再生能源发电量是建筑用电量的 2.1%，可再循环材料使用重量占建筑材料总重量的 10.38%，非传统水源利用率达到 43.0%。该项目采用了多种节能技术，建筑节能达 60% 以上，年节能减排二氧化碳 2375t，年减排碳 747.8t，年减排二氧化硫 71.5t，年减排氮氧化物 35.7t。

改扩建篇
夏热冬暖地区

29 柳江县人民医院门诊综合大楼

项目名称：柳江县人民医院门诊综合大楼

项目地址：广西壮族自治区柳州市柳江县柳南路

建筑面积：25842m²

资料提供单位：中国建筑技术集团有限公司、柳江县人民医院

1. 工程概况

柳江县是柳州市市辖县，三面环抱柳州市。柳江县人民医院位于柳江县城拉堡镇柳南路 66 号，东面为 15m 宽的酒厂路，南面为柳江县农科院，西南方向为柳江中学，北面为柳南路，路宽约 40m。柳江县人民医院门诊住院综合楼项目总占地面积 2561.50m²，总建筑面积 25842m²。门诊住院综合楼南北朝向，地下 1 层，地上 15 层，地上设诊室、办公室、手术室、病房、多功能厅等，地下设车库和附属设施如地源热泵机组等（图 1）。综合楼共设有 5 台电梯，其中药梯、污梯兼消防电梯各 1 台，医务兼消防电梯 3 台。建筑层高：地下一层为 3.9m，地上一～四层为 3.6m，五～十五层为 3.3m。工程总投资为 6500 万元，用地面积为 11187.54m²，建筑的安全等级为二级，设计使用年限为 50 年。抗震设防类别为丙类，抗震设防烈度为六度。项目立项时间为 2006 年 12 月 12 日，建设周期为 4 年。

图 1　柳江县人民医院效果图

2. 节地与室外环境

2.1 项目选址、用地指标及公共服务设施

柳江县人民医院位于柳江县城拉堡镇柳南路 66 号，东面为 15m 宽的酒厂路，南面为柳江县农科院、西南方向为柳江中学，北面为柳南路，建设场地内无文物、基本农田及其他保护区，亦无洪涝灾害等危险源。通过对场地进行土壤氡浓度检测，其结果显示土壤氡浓度最大值为 3674Bq/m³，平均值为 2065Bq/m³，均小于 20000Bq/m³，符合《民用建筑工程室内环境污染控制规范》GB 50325 中对土壤氡浓度的技术要求。

项目规划用地面积 11187.54m²，建筑面积 25842m²，容积率为 1.95，绿地率为 35%，建筑密度 18.6%。

项目周边公共服务设施有：柳江县农科院、柳江中学、柳江县拉堡小学、柳江县检察院等。

2.2 室外环境

声环境：柳江县人民医院门诊综合大楼所在地声环境等效连续 A 声级监测结果符合《声环境质量标准》GB 3096 中 2 类标准要求：白天不大于 60dB（A），夜间不大于 50dB（A）。

光环境：建筑幕墙框料选用复合节能型材，玻璃幕墙采用 6＋9A＋6mm 钢化中空镀膜玻璃，其反射率满足《玻璃幕墙光学性能》GB/T 18091 的要求（反射比不大于 0.3），同时满足节能设计要求，避免对周边建筑带来光污染。且能够进一步降低光线透过率，减小遮阳系数与传热系数。不仅利于节能、消除光污染，也增加了玻璃幕墙强度和隔热效果。

采用 Sunlight 软件通过运用多种日照分析手段综合评定，该项目建筑主要朝向日照小时数均能达到冬至日日照大于 3h 的要求。另外，该项目西靠医院内东干道，干道对面为住院部，综合楼大门朝北开，正对医院大门，四周无居住建筑，故不会给周边居住建筑造成日照遮挡影响。

风环境：采用 Fluent 软件，设置夏季、冬季、过渡季平均风速 3 个工况对建筑周边的人员行走区域风环境舒适性、自然通风可行性进行了分析，其主要结果如下：

（1）夏季主导风向下，室外风速小于 3.4m/s，周边最大风速放大系数最大为 1.8。由于南侧建筑遮挡，建筑背风面有空气回流情况，但是局部涡流处风速约在 1.2m/s 左右，因此无滞风区域产生，不会影响项目周边的环境质量。

（2）冬季主导风向下，人行区域 1.5m 高处风速均小于 5m/s，不存在冬季风速较大的区域，建筑背风面形成的旋涡区，风速在 1.5m/s 左右，无滞留区形成；且人员行走区域的风速过渡平缓，因此可保证冬季室外人员行走的舒适性；周边最大风速放大系数为 1.45，符合建筑室外风环境指标要求。

（3）过渡季主导风向下，人行区域 1.5m 高处风速均小于 2.6m/s，周边最大风速放大系数最大为 1.86。建筑背风面有旋涡产生，但是风速均在 0.6m/s 左右，因此不会成为滞留区，不会影响项目周边的环境质量。此外，建筑迎风面与背风面均有一定的压差，有利于过渡季节开窗进行自然通风（图 2）。

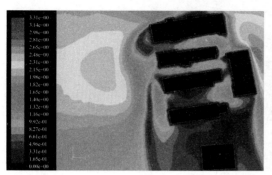 

图 2　室外风环境模拟结果

2.3　出入口与公共交通

该项目按照《无障碍设计规范》GB 50763 的要求，采用无障碍卫生间、主要出入口设置坡度为 1：10 的无障碍坡道。无障碍厕所入口及无障碍隔间厕位考虑乘轮椅者进入、回旋与使用尺寸距离。无障碍专用厕所、无障碍隔间、洗手盆、大便器、小便器临近的墙壁上，安装能承受身体重量的安全抓杆。

柳江县人民医院门诊综合大楼周边 500m 内有柳江县人民医院公交站点，公交线路主要为 40 路、43 路环线和 71 路环线，交通十分方便（图 3）。

图 3　项目所在地交通图

2.4　景观绿化

柳江县人民医院门诊综合大楼绿化率为 35%，景观植物配植以乡土植物为主，采用乔、灌木的复层绿化，形成十分丰富的景观。该项目种植的绿化植物有：银杏、大叶紫薇、本地蒲葵、海桐球、桂花、黄素梅地被、九里香、花叶良姜、红继木球、佛甲草等，均为本地植物，实现乔、灌、草的复层绿化（图 4）。

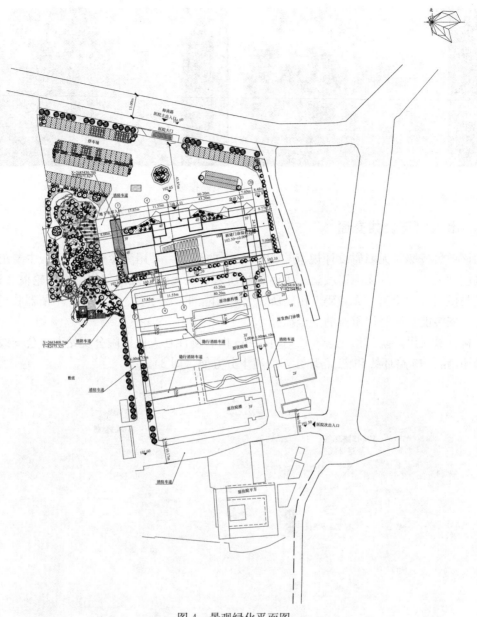

图 4　景观绿化平面图

2.5　透水地面

室外透水地面的面积为 5280.64m² （其中绿化地面面积为 3915.64m²，地面停车场铺设的镂空率≥40%的植草砖面积为 1365m²），室外地面面积为 9181.54m²，透水地面面积比达到 57.51% （>45%）。

2.6　地下空间利用

柳江县人民医院门诊综合大楼地下建筑面积为 2556.7m²，建筑用地面积为 11187.54m²，建筑总面积为 25842m²，地下建筑面积与建筑占地面积之比为 99.81%。地下空间主要功能为车库及设备用房，其空间利用合理（图 5）。

270

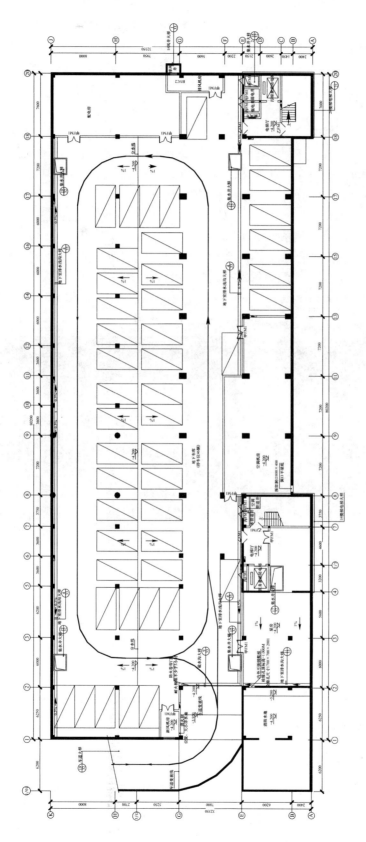

图5　地下一层平面图

3. 节能与能源利用

3.1 建筑节能设计

柳江县人民医院门诊综合大楼处于夏热冬暖气候区，围护结构采用了满足《公共建筑节能设计标准》GB 50189 节能要求的做法，满足节能标准要求。

外墙采用 200mm 厚烧结页岩多孔砖＋25mm 厚无机保温砂浆，其主体传热系数为 1.37W/(m²·K)，加权平均传热系数为 1.45W/(m²·K)。屋顶采用钢筋混凝土加挤塑聚苯板，其传热系数为 0.71W/(m²·K)。对于外窗部分，采用铝合金低辐射中空玻璃窗（6＋12A＋6 遮阳型），自身遮阳系数为 0.50。

通过上述围护结构的组合以及该项目采用高效的水源热泵机组提供空调冷热水，实现了建筑节能率 60% 的目标。能耗分析情况如图 6 和表 1 所示。

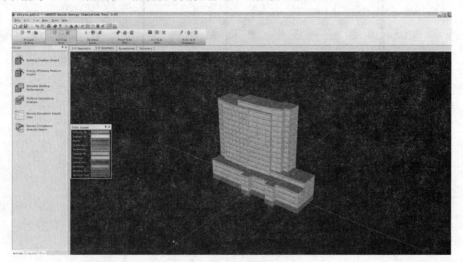

图 6 能耗分析模型

能耗模拟结果   表 1

耗电量种类	设计建筑耗电量 （kWh×1000）	参考建筑耗电量 （kWh×1000）	设计建筑能耗占 参考建筑能耗比例	节能率
空调	837.80	1228.90		
供暖	167.56	245.78	—	—
设备	541.70	541.70		
照明	479.70	567.70		
总计	2026.76	2584.08	78.43%	60.78%

3.2 高效能设备和系统

柳江县人民医院门诊综合大楼采用集中式中央空调系统，夏季制冷，冬季制热。系统冷热源采用地源热泵机组，地源采用深井水。空调系统采用 3 台地源热泵机组，两台制冷量为 591kW，功率为 91kW，机组制冷性能系数 6.49，另一台机组制冷量为 445kW，功率为 68.6kW，机组制冷性能系数为 6.49。

3.3 节能高效照明

柳江县人民医院门诊综合大楼在变配电室低压侧设置功率因数集中自动补偿装置，要求补偿后低压侧功率因数不小于 0.92，高压侧功率因数达到 0.90。荧光灯、气体放电灯就地设置补偿装置，使功率因数不小于 0.90。各场所采用直管荧光灯、节能型荧光灯，荧光灯均为三基色荧光灯，并配置高效电子镇流器，色温在 3300~5300K 之间，显色性要求一般场所 $Ra \geqslant 80$ 以上，手术室要求 $Ra \geqslant 90$。

3.4 可再生能源利用

柳江县人民医院门诊综合大楼空调末端采用集中式中央空调系统，该系统采用地源热泵机组，利用深井水，夏季制冷，冬季制热（图 7）。冷热源系统采用 3 台地源热泵机组，

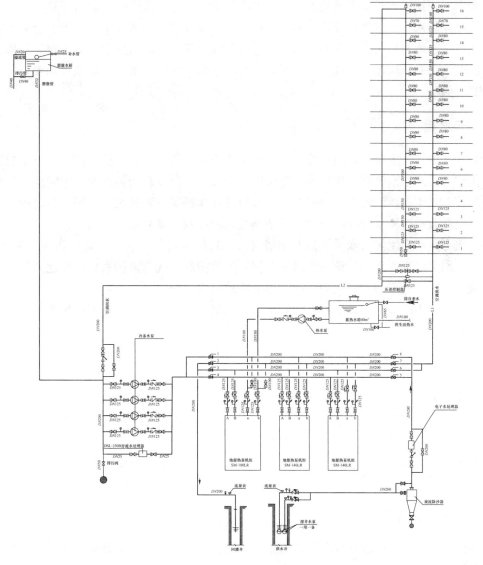

图 7 地源热泵系统图

其中两台制冷量为591kW，功率为91kW，机组制冷性能系数为6.49；另一台采用热回收式热泵机组，在制冷的同时可以回收机组热量提供生活热水，制冷量为445kW，功率为68.6kW，机组制冷性能系数为6.49。夏季，3台机组同时开启进行制冷，其中热回收热泵机组回收热量提供生活热水；冬季，两台相同型号的机组开启向空调系统供热，热回收热泵机组提供生活热水。该系统有效地利用了可再生能源，并在夏季免费提供生活热水。使整个大楼能够有效地节能运行。

4. 节水与水资源利用

4.1 水系统规划设计

根据《建筑给水排水设计规范》GB 50015的要求进行建筑用水量的计算，并对生活用水、绿化用水、广场道路浇洒、地下车库冲洗用水等进行分项计量，编制水量平衡表。

非传统水源采用收集处理的雨水，用于室外绿化灌溉。雨水供水管上不得装设取水龙头，设取水口时，应设锁具或专门的开锁工具，水池、阀门、水表、给水栓均要有明显的"雨水"标识。

4.2 节水措施

给水：柳江县人民医院门诊综合大楼给水系统分为两个区，四层及四层以下部分为低区，由室外市政给水管网直接供水；五层以上为高区，由设有变频调速泵组的供水管经减压阀减压后供水。生活给水变频智能加压水箱设有3台变频调速泵，两用一备，由远传压力表（设在泵房内）将管网压力信号反馈至变频柜控制水泵的运行。

污水：病房卫生间污水系统设专用通气管，每隔两层设结合通气管与污水立管连接；其他辅助用房污废水系统不设专用通气立管，仅设伸顶通气管。污水经化粪池处理后，排入医院原有污水处理站，经处理达标后排至市政污水管网。

该项目选用的节水器具主要有全自动感应水龙头、节水型坐便器及小便斗，有效地节约了水资源。

4.3 非传统水源利用

柳江县人民医院门诊综合大楼所在地降雨量为1519mm，考虑收集屋面雨水经处理后回用，同时采用绿地、植草砖等多种雨水入渗措施增加渗透，超过雨水收集和渗透能力的雨水将溢流至雨水管道接入市政雨水管网。考虑雨水回用用途对水质的要求，将屋面雨水通过雨水排放收集系统进行收集，经初期弃流池后，进入雨水收集池，然后进入全自动清洗过滤车间，处理后供绿化灌溉。

4.4 绿化节水灌溉

柳江县人民医院门诊综合大楼绿化灌溉采用微喷灌的高效节水灌溉技术，水源为该项目收集处理的雨水。

4.5 雨水回渗与集蓄利用

在合理规划公共绿地的同时，为增加雨水渗透量，非机动车道路和其他硬质铺地采用透水地面或多孔材质；地面停车场铺设镂空率大于40%的植草砖等，增加雨水渗透量，保证地下水涵养。屋面雨水通过雨水排放收集系统进行收集，经初期弃流池后，进入雨水收集池，然后进入全自动清洗过滤车间，处理后供绿化灌溉。

5. 节材与材料资源利用

5.1 建筑结构体系节材设计

柳江县人民医院门诊综合大楼为框剪结构，安全等级为二级，设计使用年限为50年。抗震设防类别为丙类，抗震设防烈度为六度。建筑造型上采用少量装饰性构件，装饰性构件的造价为17.09万元，工程总造价为3825.6万元，其造价占建筑工程总造价的比例小于5‰。同时建筑女儿墙高度为1.3m，不超过规范要求的2倍。

5.2 预拌混凝土使用

柳江县人民医院门诊综合大楼现浇混凝土全部采用由广西柳州大都混凝土有限公司提供的预拌混凝土，能够减少施工现场噪声和粉尘污染，并节约能源、资源，减少材料损耗。

5.3 高强度钢使用

该项目结构体系为框剪结构，HRB400及以上的钢筋作为主筋用量为659.08t，主筋总用量为878.57t，HRB400及以上钢筋作为主筋比例为75.02%，大于70%。

5.4 可循环材料和可再生利用材料的使用

选用可再循环建筑材料和含有可再循环材料的建材制品，如钢材、玻璃、铜、铝合金、木材、石膏制品等，并注意其安全性和环境污染问题。该项目建筑材料总重量为68497.54t，其中可再循环材料总重量为10666.76t，可再循环材料的使用比例为15.57%，大于10%。

5.5 土建装修一体化设计施工

柳江县人民医院门诊综合大楼，土建和装修统一设计，结构施工与装修工程一次施工到位，避免了重复装修与材料浪费。

6. 室内环境质量

6.1 日照、通风

日照：采用Sunlight软件，通过综合运用多种日照分析手段综合评定，该项目建筑主要朝向日照小时数均能达到冬至日日照大于 3h 的要求；另外，项目四周无居住建筑，故不会给周边居住建筑造成日照遮挡影响。

通风：柳江县人民医院门诊综合大楼外窗可开启面积比例为 36.34%（>30%），幕墙的可开启面积比例为 22.05%。通过计算机软件对自然通风效果分析表明，各楼层室内通风效果较好，建筑布局及户型设计均有利于加强夏季自然通风效果（图 8）。

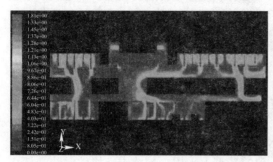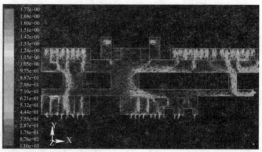

图 8　室内自然通风模拟结果

6.2　围护结构防结露、防潮设计

柳江县人民医院门诊综合大楼外墙及热桥部位均设置无机保温砂浆。经计算，冬季病房等主要功能空间、卫生间的热桥部位内表面温度分别为 19.1℃ 和 15.1℃，外窗内表面温度分别为 15.4℃ 和 12.13℃，屋面内表面温度分别为 21.7℃ 和 17.73℃，均大于其各自露点温度 10.2℃ 和 8.2℃，可避免内表面结露。

6.3　室温控制

柳江县人民医院门诊综合大楼空调系统末端采用风机盘管＋新风系统，用户可实现独立开启并进行温度调控。

6.4　降噪措施

该项目建筑的噪声源主要是排风机房、配电房、泵房、新风机房、空调机房、室内机电设备等。将有噪声的机房均布置在地下室，远离病房和办公区，减少设备运行对病人及办公人员的影响。并采取了建筑吸声、消声、隔声处理，以降低设备运转噪声对建筑使用功能的影响。

空气处理机组、通风机等采用了减震基础或减震吊架安装；直接与运转设备连接的管道采用了减震吊架安装；室内空调设备采用低噪声节能产品，所有风机盘管出风段均采用了软连接，降低噪声；空调送回风管设置了消声装置，满足室内环境对噪声的要求；外窗采用中空玻璃窗，增加窗户气密性，降低了噪声。

7. 运营管理

7.1　智能化系统的应用

柳江县人民医院门诊综合大楼智能化系统主要包含：

有线电视系统：电视信号由室外有线电视网的市政接口引来，进楼处设置手孔井，主干线从地下室弱电井引至三层微机房，在候诊区、大堂、病房等处设置有线电视信号插座。

综合布线系统：电话及宽带系统采用综合布线系统。电话进线由电信部门负责，线路从室外引入地下室弱电井，直至三层微机房，机房内设置电话程控交换机设备及配线架。

此外，该项目智能化系统还包含视频安防监控系统、呼叫对讲系统、消防报警及联动系统、电气火灾监控系统、网络布线系统、电话通信系统、背景音乐系统等。符合《智能建筑设计标准》GB/T 50314 和《智能建筑工程质量验收规范》GB 50339 的设计要求。

7.2 建筑设备及系统高效运营

空调系统冷冻水供回水总管间设置了压差控制器；每个风机盘管设置了动态平衡电动两通阀；房间内设置了温控器和三速开关，以便调节室温；空气处理机设置了动态平衡调节阀，使冷冻水系统各支路利于调节水力平衡。

各净化空调采用新风集中预处理工艺，利用进口品牌机械式定风量装置向每个循环风系统分配新风，确保层流病房内正压稳定；此外，房间内的排风机与自动门的开关联动，当自动门打开时，排风机自动停止，自动门关闭时，排风机自动运转，最大限度地减少自动门开关时对房间正压的影响。

空调机组自控系统采用先进可靠的可编程控制器、温湿度传感器、比例积分调节阀及加湿器等设备对各洁净用房的温湿度进行精确控制，以节省系统能耗；控制系统可对机组运行情况及各级过滤网的堵塞情况进行监控，发现有机组故障及过滤网堵塞现象能及时进行声光报警提示。

新风预处理机组采用先进可靠的变频器对风机进行控制，新风自动控制系统可根据层流病房开启/关闭时所需新风量发生变化时，新风送风管道内风压的变化来自动调整送风量，以达到精确控制风量、恒定风量及节省能耗的目的。整个控制系统可以实现在机房控制及层流洁净室（功能房）内控制，操作维护非常方便。

8. 项目创新点、推广价值及效益分析

8.1 创新点

柳江县人民医院门诊综合大楼空调末端采用集中式中央空调系统，该系统采用地源热泵机组，其中一台为带热回收热泵机组，利用深井水，夏季制冷，冬季制热。热回收热泵机组在夏季制冷的同时还可以免费制取生活热水。该系统有效利用了可再生能源，并在夏季免费提供了生活热水。使整个大楼能够节能运行。

项目考虑收集屋面雨水经处理后回用，同时采用多种绿地、植草砖等多种雨水入渗措施增加渗透，超过雨水收集和渗透能力的雨水将溢流至雨水管道接入市政雨水管网。考虑雨水回用用途对水质的要求，将屋面雨水通过雨水排放收集系统进行收集，经初期弃流池后，进入雨水收集池，然后进入全自动清洗过滤车间，处理后供绿化灌溉。

8.2 推广价值

该项目应用的节能门窗、地源热泵系统、雨水收集系统、节水器具、自然采光、自然

通风、建筑智能化、可再循环材料等先进、成熟的绿色建筑技术及产品，在公共建筑中均可推广使用。该项目按《绿色建筑评价标准》GB/T 50378 二星标准设计，具有良好的适用、环保、安全、经济、美观、耐久性能。

8.3 综合效益分析

该项目采用多项绿色建筑技术措施，有效地降低了建筑外围护结构能耗，使得建筑运营过程中，资源、能源消耗量远低于同类建筑，为社会节约了大量的能源。项目整个体系采用了新型墙体材料，并在设计施工中注意节材环保；采用了节能光源应用技术，有效节约了能源；大量绿化植物，减少了雨水蒸发量，增加了二氧化碳吸收量，减少了热岛效应；计算机模拟优化后的规划方案，使其拥有良好的自然通风和采光，为住户提供一个良好的绿色生态环境。该项目多项技术手段的综合利用，既节省了电能和化石燃料的使用，也节省了宝贵的水资源，同时还减少了废热、废水和温室气体的排放，减缓了城市热岛效应，具有极好的环境保护作用，使该项目真正成为了生态、环保、绿色、与自然和谐发展的可持续建筑。

30　深圳市宝安区妇幼保健院中心区新院

项目名称：深圳市宝安区妇幼保健院中心区新院
项目地址：广东省深圳市宝安区玉律路
建筑面积：99007.98m²
资料提供单位：中国建筑科学研究院、深圳市宝安区妇幼保健院

1. 工程概况

深圳市宝安区妇幼保健院中心区新院位于深圳市宝安区玉律路和玉林路交叉口，总用地面积为 29803.9m²，占地面积为 12184.16m²，总建筑面积为 99007.98m²，该项目由门、急诊楼、医技楼、行政后勤楼及住院楼组成，住院楼为框架剪力墙结构，其余各楼和地下室为框架结构，是一所三级甲等标准专科医院，其中门诊楼和行政楼地上层数均为 4 层，住院楼和医技楼分别为 22 层和 5 层，地下一层用作设备用房和车库，总床数为 600 床，日门诊量为 3000 人·次/日（图 1、图 2）。场地西南面为一个中学的建设用地，北面为长途客运站、公共交通以及邮电设施等用地，现为公交站等，东、南面为居住建筑。

图 1　宝安区妇幼保健院
中心区新院项目鸟瞰图

图 2　宝安区妇幼保健院
中心区新院项目效果图

该项目以"绿色建筑"和"节能健康"理念作为建筑的设计标准，融合公共共享空间、围护结构保温隔热体系、非传统水源利用、综合绿化、完善的智能化系统等绿色生态技术为一体，在满足医疗使用功能的前提下，本着"以人为本"的原则，创造出亲切宜人、安谧宁静的室内外环境和空间气氛，并实现节能、节地、节水、节材和环境保护要求。该项目立项时间为 2007 年 3 月 21 日，预计竣工时间为 2015 年 10 月。

2. 节地与室外环境

2.1 项目选址、用地指标及公共服务设施

深圳市宝安区妇幼保健院中心区新院位于深圳宝安区中心区玉律路和玉林路交叉路口，地质类型以花岗岩为主，部分开发前为裸地，住院楼部分开发前地面平整，无文物，自然水系，湿地，基本农田，森林和其他保护区，建设场地内无文物、基本农田及其他保护区，亦无洪涝灾害等危险源。该项目场地通过土壤氡检测，结果显示所检区域内实测土壤氡浓度平均值为 3590Bq/m³，均小于 20000Bq/m³，符合《民用建筑工程室内环境污染控制规范》标准中对土壤氡浓度的技术要求。项目规划用地面积 29803.9m²，建筑面积 99007.98m²，容积率为 2.55，绿地率为 35％，建筑密度为 40％。周边配套包含医疗卫生、文化体育、商业服务、金融邮电、社区管理、行政管理等。

该工程设有 3 座 10kV 变电所和一座发电机房，均布置在地下一层。地下一层主要为地下车库和设备用房，变电所和发电机房上方为绿化地面，非人员活动频繁区，不会对人员造成电磁辐射危害。

2.2 室外环境

声环境：该项目评价区范围内，来往车辆和建筑施工是主要噪声源，根据宝安区妇幼保健院环境噪声昼夜不同时段检测，结果显示昼间平均噪声为 54.3dB，夜间平均噪声为 43.9dB，项目所在地的声环境质量没有超标，达到《声环境质量标准》GB 3096 中的 1 类标准：白天不大于 55dB（A），夜间不大于 45dB（A）。

光环境：该项目幕墙采用 6+12A+6 的 Low-E 中空玻璃，位于城市干道两侧的建筑物 20m 高度以下、其余路段的建筑物 10m 高度以下的玻璃幕墙，采用反射率小于 0.15 的低反射玻璃，其余部分的玻璃幕墙可采用反射率为 0.3 的玻璃。

景观照明以庭院灯为主要照明（全夜灯），选用了暖白光源的带炭灰色镀锌外壳和强化玻璃片罩的灯具，不会对周围环境造成光污染。

采用 TSun7.5 软件对日照模拟分析可知，该工程住院部满足冬至日 2h 的日照要求；项目东侧有拟建住宅项目，该满足Ⅳ气候区大寒日 3h 日照要求，不会对周边的居住建筑造成影响（图 3）。

热环境：宝安区妇幼保健院中心区新院合理设置了屋顶绿化、地面绿化、透水地面等，有效缓解了城市热岛效应。

风环境：通过 CFD 软件对建筑室外风环境模拟，该项目夏季、过渡季和冬季 10％大风情况下，建筑周围人行区距地 1.5m 高处的风速分别为 3.6m/s、2.5m/s 和 4.0m/s，风速放大系数分别为 1.72、1.5 和 1.61；夏季、过渡季和冬季平均风速下距地 1.5m 高处风速分别为 2.0m/s、1.6m/s 和 3.5m/s，风速放大系数大于 0.3 的比例分别为：100％、90％和 80％（图 4）。

2.3 出入口与公共交通

深圳宝安区妇幼保健院中心区新院交通便利，北面距离该项目主出入口约 162m 处有

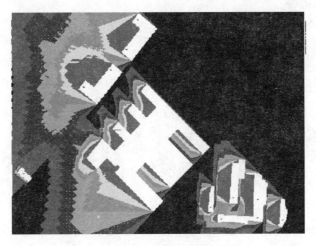

图 3   日照模拟分析结果

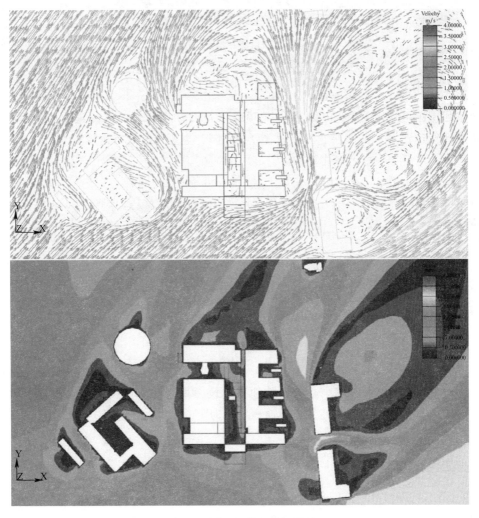

图 4   夏季通风模拟分析结果

一公交车站，该公交车站公交站点有 A、B、C、D、E 五个，具体为：A. 公交中心总站，途径公交路线为 319 路、320 路、396 路、613 路、630 路、707 路和 b631 外；B. 罗田公交总站，途径公交路线有 789 路；C. 福中福，途径公交线路有 319 路、320 路、613 路等；D. 福中福总站，途径公交路线有 396 路、b630 内和 b630 外；E. 西乡福中福商业城，途径公交线路有 776 路（图 5）。

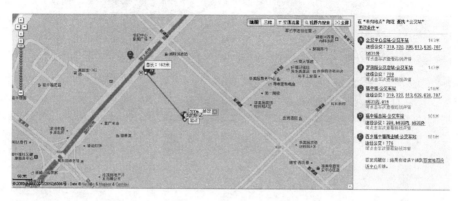

图 5 项目所在地交通图

2.4 景观绿化

该项目屋顶可绿化面积为 6385m²，屋顶绿化面积为 3818m²，屋顶绿化面积占屋顶可绿化面积比例达到 59%。四层、五层设置屋顶花园，主要种植的植物种类为天堂鸟、大红花、四季米兰及草坪等乡土绿化物种。

选用秋枫、香樟、蓝花楹、白兰等 21 种乔木和鸡蛋花、黄槐、石榴等灌木等 25 种适合深圳地区生长的乔灌木，并实现复层绿化，此外还配有天堂鸟、蜘蛛兰、大红花等多种地被类物种。

2.5 透水地面

该项目总用地面积为 29803.9m²，其中绿地面积为 10631m²，植草砖面积为 513m²，合计透水地面面积为 11144m²，室外地面面积为 17620m²，室外绿地与室外面积之比为 63.2%。

2.6 地下空间利用

深圳市宝安区妇幼保健院中心区新院地下建筑面积为 23120.01m²，建筑占地面积为 12184.16m²，地下建筑面积与建筑占地面积之比为 190%。地下空间主要功能为车库及设备用房，其空间利用合理。

2.7 施工污染控制

宝安区妇幼保健院中心区新院制定了合理施工污染控制方案，并严格执行。施工过程中采用围墙、沉淀池、洗车台、定期洒水、灯具设置灯罩、大噪声机械施工设置隔音板等环境保护措施，控制施工产生的污染及对周边的影响（图 6、图 7）。

图6 洒水控制扬尘

图7 洗车台

3. 节能与能源利用

3.1 建筑节能设计

该项目地处夏热冬暖气候区，围护结构采用了满足《公共建筑节能设计标准》GB 50189 和《〈公共建筑节能设计标准〉深圳市实施细则》SZJG 29 节能要求的做法，满足节能标准要求。

该项目在建筑围护结构选材上，采用加气混凝土砌块墙体，屋面用 30mm 厚挤塑聚苯板或种植屋面，传热系数分别为 0.568W/(m²·K) 和 0.759W/(m²·K)，屋顶平均传热系数为 0.725W/(m²·K)；墙体采用 50mm 厚保温岩棉，外墙平均传热系数为 1.341W/(m²·K)，外窗和幕墙采用较低透光 6+12A+6Low-E 玻璃，传热系数为 3.2W/(m²·K)。项目能耗计算如表1所示。

项目能耗计算结果 表1

住院大楼			
建筑分项能耗	单位	参照建筑	实际建筑
全年采暖能耗	kWh/m²	—	—
全年空调能耗	kWh/m²	81.11	77.04
全年总能耗	kWh/m²	81.11	77.04
能耗比例	—	—	98%
办公＋门诊			
建筑分项能耗	单位	参照建筑	实际建筑
全年采暖能耗	kWh/m²	—	—
全年空调能耗	kWh/m²	84.95	81.88
全年总能耗	kWh/m²	84.95	81.88
能耗比例	—	—	96.4%
医技＋急诊			
建筑分项能耗	单位	参照建筑	实际建筑
全年采暖能耗	kWh/m²	—	—
全年空调能耗	kWh/m²	78.9	78.73
全年总能耗	kWh/m²	78.9	78.73
能耗比例	—	—	99.8%

3.2 高效能设备和系统

该项目选用节能电梯，符合香港特压机电署颁布的《升降机及自动梯装置能源效益守则》(Code of Practice for Efficiency of Lift and Escalator installations)，并采用变频控制、启动控制等节能控制方式。该项目冷热源设置两套设备，其中一套为水冷冷水机组，选用两台 3164kW 的离心式冷水机组和一台 1392kW 的螺杆式冷水机组；另一套为风冷系统，选用 3 台制冷量为 802kW 带热回收功能的风冷热泵机组，性能系数分别为 5.83、5.61 和 3.65，选用两台蒸发量为 1.5t/h 的天然气蒸汽锅炉，锅炉热效率为 90.2%，属于节能等级产品。

空调水系统为一次泵定流量系统（末端变流量），空调机组和新风机组的表冷器回水管上均安装电动二通调节阀，通过改变水流量控制所需空气温度，风机盘管表冷器回水管均安装电动二通阀，室内安装恒温器带风机三速开关，通过三速开关改变电机输入电压，以调节风机转速来调节风机盘管制冷量。

3.3 节能高效照明

项目正常供电电源从不同的区域变电站引两路 10kV 专用市电，两路电源同时工作，互为备用。应急电源选用 1 台常载 1280kW 柴油发电机组作应急电源。当市电停电时，从变电所市电开关辅助接点取发电机启动信号至发电机，经 0~10s 延时后，发电机自启动；手术室及 ICU 病房用电集中设置 UPS 电源。

项目病房、诊室、餐厅、餐厅走道、检验室、实验室、消控室等采用 T5 高效节能荧光灯，所有荧光灯均采用高功率因素的电子镇流器，功率因素不低于 0.9，卫生间、走廊、候梯厅、前室采用电子节能灯。

室外景观灯采用定时控制，室内每个房间的灯的开关数不宜少于 2 个（只设置一个光源的除外），同一室内装设有两个以上灯具时，开关所控灯具按与灯具采光窗距离远近分组，以充分利用自然光；车库灯具实现分组控制；楼梯和走道灯具采用时间控制。

3.4 冷凝热回收

项目热水采用集中式热水供应，在地下室设备用房内，集中设置热交换站，采用热交换器制备热水，冷水由暖通专业提供余热预冷。经预热的水再进入导流型半容积式加热至所需热水温度。热水日用水量 160m³。选用两台蒸发量为 1.5t/h 的天然气蒸汽锅炉，供给生活热水补充热源或备用热源。建筑局部有热水需求时，分别设置电热水器，就地供给各热水用水点。

本系统为机械循环，每个供水分区设置循环泵两台，互为备用，事故自动切换，泵前回水管上的电接点温度计温度按 50℃启泵，60℃停泵控制。

深圳市宝安区妇幼保健院中心区新院选用的三台制冷量为 802kW（228RT）的风冷热泵机组带热回收功能，热回收量 1019kW，冬季制热量 822kW，夏季制冷时回收风冷热泵机组的冷凝热，用于生活热水的预热及净化空调、恒温恒湿空调调温热源；过渡季节、冬季制热用于生活热水的预热及空调热水，同时回收余冷，供给净化空调及大型医疗设备空调及内区。

4. 节水与水资源利用

4.1 水系统规划设计

从市政给水管上分别引入两条 DN200 给水管供给本工程生活、消防用水，地下室、一层由市政管网供水，二～十四层生活用水由地下室生活水池、高区生活加压水泵供给。热水采用集中式热水供应，在地下室设备用房内，集中设置热交换站，采用热交换器制备热水，冷水先由回收的冷凝热进行预热，再进入导流型半容积式加热至所需热水温度。合理回收屋面雨水，处理后用于景观补水。并根据用水用途对绿化、生活、垃圾处理、污水处理和冷却塔补水等设置水表进行分项计量，此外还对项目总用水、各项用途总用水和各科室用水分别设置水表，进行分级计量。

由于深圳年降雨量为 1966.4mm，雨量较为丰富，综合考虑医院建筑的特点，合理对屋面雨水进行了回收，处理后用于景观补水。

雨水处理后，COD、SS 指标满足《建筑与小区雨水利用工程技术规范》GB 50400 的要求。

4.2 节水措施

该项目水源取自玉林路和玉律路市政给水管网，供水压力 0.25MPa，竖向分 3 个供水区，低区：地下一层、一层的建筑给水直接由该工程环网供水；中区：二～十四层由中区变频泵组加压供水，高区：十五～二十二层由高区变频泵组加压供水。排水系统室内生活污、废水采用分流制，室外雨水、污水采用分流制。

生活污水均靠重力自流至室外污水管网，然后经过污水处理设施进行处理，达到污水排放标准后，排入市政污水管网。该项目坐便器、蹲便器、水龙头和小便斗均选用节水型，有效地节约了水资源。

雨水采用重力流排水系统，采取屋面绿化和地面绿化就地入渗措施，并合理进行雨水回收，处理后用来景观补水。

4.3 非传统水源利用

收集屋面雨水经过弃流沉淀和消毒处理后，用来景观补水，不足部分由自来水补给，水质满足国家标准要求；雨水回用管道外壁涂成浅绿色，并在其外壁打印明显耐久的雨水标志，绿化雨水回用取水口设带锁装置，工程验收时应逐段检查，防止误接。非传统水源利用率为 0.4%。

4.4 绿化节水灌溉

绿化灌溉采用微喷灌、滴灌高效节水灌溉技术，水源为该项目收集处理的雨水。

4.5 雨水回渗与集蓄利用

结合深圳雨水资源丰富，年降雨量为 1966.4mm，年平均降水日数为 146d 的特点，对屋面的雨水进行收集，雨水回收经过初期弃流、沉淀等处理后，用来景观补水，雨水清水池容积为 50m³。采用了绿化、植草砖、高渗水地面等多种形式便于雨水的入渗。雨水采用重力流排水系统，采取屋面绿化和地面绿化就地入渗措施，并合理进行雨水回收，处理后用来景观补水。

5. 节材与材料资源利用

5.1 建筑结构体系节材设计

深圳市宝安区妇幼保健院中心区新院住院楼为框架剪力墙结构，其余各楼和地下室为框架结构，安全等级为二级，设计使用年限为 50 年。抗震设防类别为乙类和丙类，抗震设防烈度为七度。建筑造型上采用少量装饰性构件，构件造价为 66.87 万元，工程总造价为 346828.91 万元，其造价占建筑工程总造价的比例为 1.92‰。女儿墙高度为 1.5m，不超过规范要求的 2 倍。

5.2 预拌混凝土使用

深圳市宝安区妇幼保健院中心区新院住院楼现浇混凝土全部采用由深圳市振惠通有限公司提供的预拌混凝土，能够减少施工现场噪声和粉尘污染，并节约能源、资源，减少材料损耗（图 8）。

5.3 高强度钢使用

深圳市宝安区妇幼保健院中心区新院住院楼采用框架剪力墙结构，门诊楼、医技楼和行政后勤楼等采用框架结构，设计使用年限为 50 年。钢筋混凝土结构中的受力钢筋使用 HRB400 级钢筋的用量为 6559.23t，占主筋总用量的 74%。

5.4 可循环材料和可再生利用材料的使用

该项目设计选材时使用可循环材料，如钢材、铜、木材、铝合金型材料、石膏等，可再循环材料利用总量为 12789.12t，占所有建筑材料总量的 6.89%，小于 10%。并对施工过程中的废弃物分类收集和回用（图 9）。

图 8　预拌混凝土入场实拍

图 9　施工废弃物出售回用

5.5 土建装修一体化设计施工

土建和装修统一设计，做好预埋预处理，指导项目施工施行，有效避免拆除破坏、重复装修。

6. 室内环境质量

6.1 日照、采光、通风

日照和采光：经过日照分析，该项目不会影响东、南面的居住建筑日照。该项目地下室车库利用采光天窗与楼梯间引入自然光，适当的措施改善地下室的采光效果，经过采光模拟分析，地下室车库约 12.07% 空间的采光系数大于 0.50%（图 10）。

通风：该项目外窗可开启面积比为 37.3%，幕墙可开启面积比例为 24.68%。过渡季节可以开窗进行自然通风，不仅有利于室内人员的心理健康，也可降低空调运行能耗，节省运行费用。

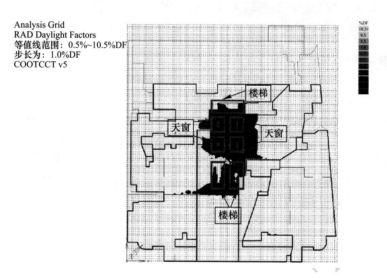

图 10　地下车库采光效果图

6.2 围护结构保温隔热设计

该项目地处夏热冬暖气候区，采取合理的保温隔热措施，屋面采用 30mm 厚挤塑型泡沫保温板，外墙采用 50mm 岩棉保温，玻璃为 6＋12（A）＋7Llow-E 玻璃，防止围护结构内部和表面结露、发霉现象。

经计算，办公室、病房、治疗室等室内热桥、外窗、屋面和架空楼板部位内表面温度分别为 17.12℃，11.29℃，16.99℃，13.77℃，均高于其露点温度 10.2℃；卫生间等室内热桥、外窗、屋面和架空楼板部位内表面温度分别为 15.28℃、9.96℃、15.17℃ 和 12.19℃ 均高于其露点温度 8.2℃。

6.3　室温控制

空调系统末端采用风机盘管＋新风系统，用户可实现独立开启并进行温度调控。

6.4　降噪措施

进行合理布局，将噪声较大的设备设置在地下室或设备机房内，选用高效、低噪声设备，对于噪声要求较高的房间选用超低噪声设备或采取消声器等降噪措施，所有振动设备配有减振装置，所有机房墙体内表面做吸声处理，机房门为隔声门，风机噪声用管道或机壳消声或消声器消声。病房区不与建筑平面的边缘相连接，通过卫生间隔离减少室外的噪声，外窗采用中空 Low-E 玻璃，具有良好的隔声性能。

该项目外界主要噪声源为交通噪声，最不利的交通噪声源为玉兰路的交通噪声，为 54.7dB（A）。综合室内噪声源情况，受噪声影响最大的房间为与新风机房相邻的二层硬件工程师办公室。对于外界噪声，该项目对室外主干道与建筑中间进行合理绿化，避免外界噪声对室内的影响；对于室内噪声，选用噪声低的设备，并对新风机房等设备用房进行隔声处理。经计算，项目噪声影响最大环境的室内背景噪声值为 37.36dB，满足国家标准二级要求。

6.5　无障碍设计

该项目无障碍设施满足《城市道路和建筑物无障碍设计规范》要求，设计范围包括停车场、栏杆扶手、公共卫生间等；公共通道及候梯厅地面防滑，在地面高差处设坡道和扶手；设置有带休息平台的直线型楼梯，踏步有踢面和扶手；无障碍电梯的电梯厅深度大于 1.8m，按钮高度在 0.90～1.10m 之间，电梯门洞宽度大于 0.9m，电梯设显示与音响，清晰显示轿箱上、下运行和层数位置及电梯抵达音响，电梯口设提示盲道，轿箱侧面设高 0.9～1.1m 带盲文的选层按钮，电梯门口做反坡 20mm，并以斜坡过渡。

7.　运营管理

7.1　智能化系统的应用

该项目智能化系统设计包括信息设施系统、信息化应用系统、建筑设备管理系统、公共安全系统、机房工程、智能化集成系统 6 个大项，23 个子系统/子项。

医院特有智能化系统包括医院信息管理系统、排队叫号系统、探视系统、视频示教系统、医用呼叫对讲系统、药房配药系统、医学影像存档与通信系统、婴儿防盗系统。

其他智能化系统主要包括：信息设施系统：包括语音综合通信系统、信息网络系统、综合布线系统、室内移动通信覆盖系统、有线电视系统、广播系统、会议系统、信息导引及发布系统、时钟系统等 9 个子系统；智能化卡应用系统（出入口控制、电子巡查、停车场管理）；建筑设备管理系统；公共安全系统：包括视频安防监控系统、入侵报警系统、电子巡查系统等 3 个子系统；机房工程；智能化集成系统。

7.2 建筑设备及系统的高效运营

该项目电力监控系统采用分散、分层、分布式结构设计，按间隔单元划分、模块化设计，分布式处理。系统整个网络结构上分为三层结构：设备层、通信管理层及所级监控管理层。

电力监控系统具有如下功能：（1）全中文汉化界面功能显示功能：如开关状态或测量数据动态显示、配置各种报表，曲线显示画面等；（2）动态刷新显示工况图：包括高、低压电气测量参数、运行参数和状态量参数，日常数据电度显示、选点召唤等，各线路按电压等级以不同颜色区分；（3）模拟量显示：包括各模拟量的意义、对应的开关号及实时测量数据；（4）开关量显示；（5）连续记录显示；（6）事故顺序记录显示；（7）实施数据采集和处理；（8）故障录波功能；（9）报警处理和历史事件查询；（10）运行报表、负荷曲线自动生成和打印；（11）系统自诊断和自恢复。此外，监控系统能够与计算机管理网、建筑设备监控系统、火灾自动报警系统及变配电系统内的其他智能设备和自动装置通信。

BAS能够对空调机/风柜回风的温湿度进行自动控制，根据回风风道温湿度传感器检测回风温度，送至DDC与设定值比较，根据比较结果，控制冷/热水电动调节阀的开度，使温湿度维持在所需要范围；室外空气温湿度传感器检测室外新风温度，送至DDC，根据新风温度调整回风温湿度设定值，达到节能目的。

每个房间的灯的开关数不宜少于2个（只设置一个光源的除外），同一室内装设有两个以上灯具时，开关所控灯具宜按与灯具采光窗距离远近分，以充分利用自然光，节约能源。

8. 项目创新点、推广价值及效益分析

8.1 创新点

该项目选用的3台制冷量为802kW（228RT）的风冷热泵机组带热回收功能，热回收量1019kW，冬季制热量822kW，夏季制冷时回收风冷热泵机组的冷凝热，用于生活热水的预热及净化空调、恒温恒湿空调调温热源；过渡季节、冬季制热用于生活热水的预热及空调热水，同时回收余冷，供给净化空调及大型医疗设备空调及内区，有效地节约了资源。此外，该项目利用楼层架空作为绿化休闲功能，有助于增加病人活动空间。

8.2 推广价值

深圳市宝安区妇幼保健院中心区新院以"绿色建筑"和"节能健康"理念作为建筑环境的设计标准，融合围护结构保温隔热体系、综合绿化、公共共享空间等绿色生态技术为一体，在满足医疗使用功能的前提下，本着"以人为本"的原则，创造出亲切宜人、安谧宁静的室内外环境和空间气氛，充分利用深圳的南方气候特征，结合医院的功能要求，创造室内外空间相互融通的地域化建筑，该项目设计在医院建筑中具有很高的推广和复制前景。

8.3 综合效果分析

经济效益：该项目为实现绿色建筑，增加技术主要为雨水回用系统和带热回收功能的风冷热泵机组，合计增加的初投资为196.2万元，可以节约的年运行费用为241万元，具有良好的经济效益。

环境效益：该项目年预计节约用电259万kWh，电费按照1元/kWh计算，年节约电费259万元，每年可节约4318tce，每年可以减少二氧化碳排放量为1.41t，雨水回用年节约用水量1010m³。

社会效益：该项目通过多种绿化形式，为病人创造一个亲近自然的优美环境，设置了公共活动共享空间，有利于公众的交流；人性化设计有利于病人的身心健康；完善的智能化系统为病人提供了便捷的服务；绿色建筑创造良好的室内外环境。此外，通过排风热回收、高效空调系统等节能技术实现舒适的室内环境，低成本投入，带来高品质的室内外环境，最大限度地节约能源和运行费用，社会效益良好。

国 外 篇

31 挪威奥斯陆的 Akershus 大学医院

位于挪威奥斯陆的 Akershus 大学医院是欧洲最现代的医院之一，医院建筑面积为 137000m²，共 5 层。Akershus 大学医院外围护结构所用的材料多种多样，具体如下：

（1）治疗部：外立面使用玻璃、灰浆和铝制板材；

（2）庭院：外立面使用白漆铝板；

（3）病房：立面铺砌深色瓷砖；

（4）小儿科：采用木质立面；

（5）教堂：采用橡树板材和锌铜合金材料覆面；

（6）前楼和到达接待区：立面采用玻璃、灰浆和玻璃盖瓦。

整体和变化

该医院外围护结构各种材料的应用方式多种多样，这些应用在板材和透明感这一建筑主题下浑然一体。采用这种方式在各个单体之间建造一个建筑体，在创造透明感和深度上产生了微妙的效果。一个带有玻璃房顶的中央大道将各个建筑联系起来，这条玻璃街的起点是到达区的迎接大厅，这里的前台为来访者服务。街道蜿蜒数百米，以小儿科独立的迎接区为终点。

结构似城镇

玻璃街是整个项目的一部分，基本都采用本地材料，例如木材、石材和玻璃等被融合为一个整体。冰岛艺术家 Birgir Andresson 设计的大型彩色面板为建筑增添了自然气息，也是整所医院色彩设计的调色板。在 Akershus 大学医院里随处可见艺术，它变换成多种形式、形状和大小，与医院传统的以功能为主的建筑形象构成鲜明对比。玻璃街的结构像一个城镇，兼有广场和开敞空间。玻璃街具有城镇的日常功能，如教堂、药店、美发、园艺、咖啡馆、报亭和交通站，以及其他方便病人、病人家属和工作人员的服务设施。作为这些功能的延续，在这条大道旁边还有其他服务项目，如健康咨询、综合医院和急症门诊等。

病人至上

该医院所有的治疗病房都位于玻璃街的一侧，环绕四个庭院而建。这为病人的日常生活创造了良好的环境，便于病人之间以及病人和医务人员之间的交流。所有病床、病房都位于玻璃街的西南侧，以获得最多的阳光和最美的景观。儿童病房均设有窗口，为儿童和青少年病人创造了良好的视野，使他们躺在床上也可眺望蓝天和周边的绿色。同时，医院为父母陪床提供了齐全的配备，确保儿童和家庭之间的良好互动和交流。尽管所有医院建筑的结构都有严格的逻辑要求，但该医院的空间结构还是要帮助病人获得对实体设计最自然的感知。建筑整体是由结构清晰的单元组成的，而每间病房则是由更小的单体组成。

Akershus 大学医院实体结构设计最突出的特点是为了获得高质量的自然光线，如创造丰富经验的主干道、玻璃顶、玻璃道中央令人惊叹的胶合板和玻璃结构以及病房和治疗部门超大的玻璃窗。这些玻璃结构促进了医院与周围环境要素之间的交流，在大面积的绿色景观、遍地青苔的庭院、本地花岗岩矿、附近的田野和林地之间建立了联系。

该项目意在能源消耗、社会可持续性和经济稳定性上实现可持续发展的高级阶段。建筑所需的能源由医院附近的地热厂提供。建筑配备先进的科学技术，在气力输送和机器人等方面实现了自动化，医院特意创造一种"非机构"的特征。在这里，充足的日光、美丽的装潢、成组的艺术品和流畅的空间序列是主角，同时兼顾后勤、运行和功能。

可持续理念

Akershus 大学医院采用可持续发展的设计手法，使用当地资源、地热为医院提供了 85% 的热能，超过全部能耗的 40%。医院在设计方面缩短功能部门之间的距离，创造清晰的空间组织，并大量应用现代科技（包括机器人），这些设计为医务人员节约了大量时间，从而可以更多地为病人服务。

循环利用能源：医院一年的能耗大概是 20GWh，相当于 1300 个家庭的能耗总和。循环利用能源需要一个地热交换系统和具有储存热量能力的岩床，这样多余的热能（太阳辐射、人体、机器设备、降温和通风设备等产生的热能）便可以储存于地下 200m 深处的 350 个热能井中。这是欧洲最大的热能储存装置，可以为医院提供 85% 的所需热能，占到全部能耗的 40%（含制冷）以上。与之前医院的能耗相比，新医院二氧化碳的排放量降低了 50%。

健康材料：医院使用的所有材料都是健康环保型的，不会对室内环境产生不良影响。大量使用当地建材，如木材和石材，不仅创造了归属感，还保护了环境。在建造阶段，医院十分重视垃圾减量化和使用可回收材料，并降低整个建造过程的能耗。

该医院相关图片如图 1 所示。

图 1　挪威奥斯陆的 Akershus 大学医院效果图

资料来源

http://www.archreport.com.cn/index.php? m＝content&c＝index&a＝show&catid＝6&id＝280

32 延世大学 SEVERANCE 医院

  韩国 SEVERANCE 医院是延世大学的附属医院，是首尔历史最悠久、技术水平最好的一所大型医院，其中有肿瘤中心、康复医院、心血管医院、眼耳鼻喉科医院、儿童医院、急救治疗中心、糖尿病中心、过敏性反应诊所、脑中风治疗室、整形再造中心等（图1）。拥有 1600 张床位，每天门诊量 7000 余人次。

图 1   延世大学 SEVERANCE 医院效果图

采用的绿色节能措施：

（1）高效设施取代旧的加热/空调设备；

（2）将所有的消防出口灯具更换为 LED 灯；

（3）将心血管医院、康复医院的变压器更新为高效率变压器；

（4）提高锅炉的热效率；

（5）将路灯设置为太阳能路灯；

（6）控制空调和供暖的时间；

（7）建立建筑能源管理系统来监测温室气体浓度；

（8）发布节能减排规划及指南。

  延世大学 SEVERANCE 医院通过实施，温室气体排放的能源目标管理系统，使 2011 年减少温室气体的排放量为 5316t，节能费用为 1730000 美元。

  以往，医院一直被视为只是单纯提供医疗技术活动的空间，而今，它已开始向医疗保健模式转变了。创造温馨、轻松的环境，给患者更多的呵护与关怀，体现"人性化"的服务，这就是医疗辅助功能空间的模式——它是指不与医疗活动发生直接关系的空间。韩国 SEVERANCE 医院在这方面做了有益的实践：

  （1）人性化空间：为患者及陪护者、医务人员等提供日常需要的便利，如电话亭、饮水台、吸烟室、谈话交流室、咖啡冷饮室、宗教礼拜堂等；

（2）商业化空间：设置购买鲜花、礼品的商店，建立银行、邮政、书店等设施，还有咖啡、冷饮厅及旅馆；

（3）公共聚合性休闲空间：如各类中庭共享空间、医院街、大厅、休息厅、室内花园、屋顶花园等，以缓解人们进入医院后的紧张情绪，使其在轻松愉快的氛围中等候诊疗。

资料来源

http://anli.chaej.com/asia/201502/09_948.html♯ad-image-0

33 匹兹堡大学医学中心儿童医院

隶属于匹兹堡大学医学中心的匹兹堡儿童医院是宾州西南部地区唯一一家致力于治疗婴儿、儿童和年轻人的医院,在全美的儿科排名中位居前十。匹兹堡大学医学中心儿童医院建立于 2009 年,在匹兹堡劳伦斯维尔附近成立,占地 140000m²,拥有 296 个住院床位,42 床急诊科和 36 床儿童重症监护室,在最近几年中接纳了 13406 位住院病人。每年该医院将会处理 5818 例住院手术以及 18940 例门诊手术,急诊室已接纳了 70643 位病患。通过医生、护士以及家人的努力,使病患在一个舒适的环境中得到治疗,医院高质量的服务基准建立在 5 条原则上:以家庭为中心、病人安全与服务质量、技术规范、绿色园区和安静的楼内环境。

采用的绿色节能措施:

(1) 水资源的回收利用;

(2) 尽量采用低挥发性的、本地的、可循环的建筑材料;

(3) 采用空气过滤系统;

(4) 采用热电联产系统。

34 美国戴尔儿童医院

坐落于美国得克萨斯州中部奥斯汀市的戴尔儿童医学中心（Dell Children Medical Center of Central Texas）作为医疗空间设计领域的先驱，率先取得了 LEED 认证。这家新型的艺术儿童医院于 2007 年 7 月开业，呈现给世人一种开创性的医院设计理念。这家医院融合了得州中部社区活动文化，是当地 700 英亩新城发展项目的一部分，医院位于奥斯汀市前市政机场所在地，占地 473000 平方英尺，拥有 169 个床位。这座医院的设计大幅度减少或消除了对周围环境和就医者造成的负面影响，医学中心包括一座天然气发电厂，一个充满阳光和新鲜空气的庭院，可以接触大自然的景观和通道，并采用环境友好型的装饰方法，创造出独特的康复治疗环境（图1）。

医疗设计较其他各种空间更具有它的特殊性，要求专业并且人性化。在过去的几年中，医疗设计向前迈进了一大步，戴尔儿童医学中心这个项目表明了这种可能性的存在，并将在该行业的未来成为典范。该项目的设计不但极大地满足了当前的要求，同样为持续发展提供了条件。

美国全国范围内每年护理人员流失率的平均水平在 10%～15% 之间，而新的医院通常会在第一年中达到 30%，但是戴尔儿童医学中心在第一年的人才流失率仅为 2.4%。由最新测量分析数据显示，中心不断提高病患和员工满意度，这在人员招聘和保留方面成效卓著，其中绿色环保设计所带来的影响不可小觑。

图1 美国戴尔儿童医院效果图

资料来源

http://sheji.pchouse.com.cn/zuopinku/shinei/0907/5629_all.html#content_page_1

35   美国密歇根儿童医院专科中心

位于美国底特律的密歇根儿童医院专科中心（Children's Hospital of Michigan Spe-
cialty Centre），坐落于原开发地带内，其面积为 10.65 万平方英尺，该中心进行的近 30
年来底特律医疗中心中央园区的第一次大规模扩建，是对现有医院的功能补充和为未来医
疗水平提高预留空间的一次探索，同时体现了可持续性设计的元素，大大提高了儿科医疗
和看护能力，改善了康复服务的效率。该项目于 2013 年获得 LEED 认证（图 1）[①]

图 1   美国密歇根儿童医院专科中心效果图

专科中心设置了耐旱的植被景观，并铺设了多孔的块石路面，能够控制暴雨的径流。
高性能的建筑系统如热水器的热能效率达到了 98%，锅炉系统效率达到了 99%，此类可
持续性策略优化了项目的节能效果。

中心的室内空间安装了日光传感器和监控器，减少了人工照明的能耗，高性能的窗户
在夏季能够反射热量，冬季则保持住了热量。这些系统都降低了供暖和制冷所需的能耗。
在施工过程中，该项目亦十分注重环保，对约 158t 的施工废弃物进行了填埋或回收。

该项目还设置了自行车停车位和优先停放区，鼓励低排放小轿车的使用，同时建立了
步行道。

采用的绿色节能措施：

（1）耐旱的植被景观；

（2）多孔的块石路面铺装；

（3）高性能的建筑系统；

---

① http://www.igreen.org/2013/0227/3072.html

（4）日光传感器和监控器；

（5）高性能的窗户；

（6）施工废弃物回收；

（7）设置自行车停车位和优先停放区，鼓励低排放小轿车使用。

36 圣玛丽/德卢斯诊所

　　圣玛丽/德卢斯诊所已取得 LEED 金质认证。该建筑建在德卢斯市区的一处废弃土地上，建筑面积约为 2 万 m²，选址于此在于鼓励人们乘坐公共交通工具，以最大限度减少停车位数和停车场地。该诊所的运营能源消耗比美国供热制冷空调工程师协会《ASHRAE90.1-1999》标准的相关规定要少 22%。其外墙面采用绝缘材料，墙面上竖有塑封的排水管道，确保能够承受当地极端寒冷的气候。该项目使用了节水型园艺设计，此种园艺无需灌溉，使用水量比一般情况下减少了 52%。另外一种绿色管理方案的采用减少了室内药品的曝光度，经过屏蔽处理的室外照明灯具所发出的光污染也明显减少。该建筑将原地块中约 60% 的建筑垃圾进行了回收再利用，其建设过程中使用的约 15% 的建筑材料都含有一定的可再生材料成分。另外，至少 20% 的建筑材料均从当地供应商购买，从而将运输过程中所造成的污染降低到最小，该诊所后期的室内装修和家具均采用 FSC（森林管理委员会）认证的木材。

资料来源

http://www.doc88.com/p-4025124443271.html

37 大学医院医疗卫生系统 Ahuja 医疗中心

大学医院医疗卫生系统 Ahuja 医疗中心的开发设计过程中，建筑师和医院的管理层试图创建一种帮助病人身体康复和体现健康生活的建筑环境。因此，该医院的设计和建设一直都高度遵循可持续设计原则，建成后为病人提供一种优越而又独特的护理模式。

康复环境：医疗中心内的康复花园成为病患们的绿洲，帮助他们放松心情，并获得心灵的安抚。医院的员工也可以在其中享受到短暂的工作缓解和放松。

能量消耗：该医院的设计力图最大化地引进自然光，从而在提高能源效率的同时，提高患者对于光线的满意度。医疗中心的屋顶为白色，因此其所吸收的热量和能量较少。在设计、施工和后期运营过程中，采用回收再利用方案来尽可能减少建筑垃圾，改进节水和节能实践，并通过消除有毒材料和尽量少地使用强化清洁剂来提高室内空气质量。

节约水源：作为环保型设计的一部分，该医疗中心内的园林景观区设计有生物沼泽，以减少流动水的使用，同时还可以对经雨水冲刷而来的地面停车场的汽油和其他垃圾废弃物进行过滤处理。

景观绿化：医疗中心院内设有大量的人行道和花园，现有的自然景观将会得到良好的保护，而且由于这些自然景观不需要像人造景观那样进行大量的维修和灌溉养护，因此节省了很多资源。在景观造园过程中均选用本地土生植被和树木，一方面可以还原自然栖息地，另一方面也能够节省养护资源和费用。

绿色设计成效：室内装修采取健康环境营造策略，提倡采用既符合美学标准又无毒气排放的装修材料。自然主题的装修风格、多质木材的选用和多种柔和色彩选择等，都能够提升病人和医院内部员工的健康幸福感。同时，富有艺术性的环境能够引起患者及其家属的兴趣，对他们起到一定的振奋精神的作用。该医疗中心设有与城市公共交通设施相联系的专用通道，以鼓励人们乘坐公共交通工具。

医疗中心的设计考虑了建筑与自然的融合。医院周边有一处保护湿地，建筑的形体与该湿地及其他要素相结合，将外部环境引入医疗中心内部。为了尽可能多地扩大绿色空间，设计适当减少了停车场地与交通用地，同时也降低了建设成本，减少了对建设场地的分割，确保了建筑周边场地和环境的完整性。

资料来源

http://www.doc88.com/p-4025124443271.html

38   Presbyterian 医院

Presbyterian 医院总建筑面积 1.62 万 m²，是得克萨斯州医疗资源管理公司管辖下的第一家申请 LEED 的医院。医院通过安装低流量流水装置节省了约 1/3 的饮用水资源，同时还采用水冷式制冷机组、高效率设备、节能空调和绿色照明系统，从而使整个医院大楼节能 15%。院区内设计有一个花园和环绕花园的步行道，为病患提供了独特的室外康复环境。病房的设计考虑到室内病患的视野，使其即使在病房内也能欣赏到庭院里的景色。

该医院的设计遵循可持续理念，安装了节能型的水冷式制冷机，并对从垃圾堆埋场运来的至少 50% 的建筑废弃物进行回收再利用。

医院建设场地周边种植有大量树木，该院的规划设计理念即基于寻找建设场地自然与文化的平衡。场地设计围绕创建室外空间展开，具体做法包括建立树木保护公园、设置室外餐饮空间和建设可进入庭院、田间小径和台地、休息等候室、公共空间和病房等与这些室外空间相连通。

资料来源

http://www.doc88.com/p-4025124443271.html